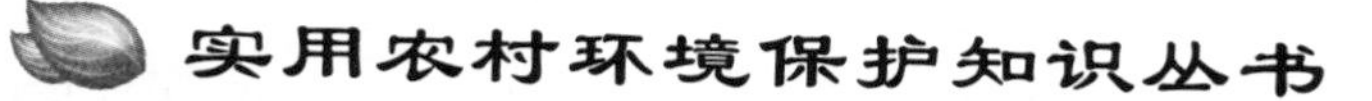

农村生活垃圾处理与资源化利用技术

赵由才　赵敏慧　曾　超　李杭芬　编著

北　京
冶　金　工　业　出　版　社
2018

内 容 提 要

本书共分5章，介绍了生活垃圾源头分类与资源化利用，农村生活垃圾源头分类理论与实践，农村生活垃圾干废物资源化利用技术，农村生活垃圾源头分类收集与示范以及农村生活垃圾末端收运与处置技术等。

本书可供职业及高等学校师生、环保从业人员、环境工程技术人员、政府和企业管理人员等阅读参考。

图书在版编目(CIP)数据

农村生活垃圾处理与资源化利用技术/赵由才等编著．—北京：冶金工业出版社，2018．1

（实用农村环境保护知识丛书）

ISBN 978-7-5024-7666-3

Ⅰ．①农…　Ⅱ．①赵…　Ⅲ．①农村—生活废物—垃圾处理②农村—生活废物—废物综合利用　Ⅳ．①X799．3

中国版本图书馆CIP数据核字（2017）第305550号

出 版 人　谭学余

地　　址　北京市东城区嵩祝院北巷39号　邮编　100009　电话　(010)64027926

网　　址　www.cnmip.com.cn　电子信箱　yjcbs@cnmip.com.cn

责任编辑　杨盈园　美术编辑　杨　帆　版式设计　孙跃红

责任校对　郑　娟　责任印制　牛晓波

ISBN 978-7-5024-7666-3

冶金工业出版社出版发行；各地新华书店经销；三河市双峰印刷装订有限公司印刷

2018年1月第1版，2018年1月第1次印刷

169mm×239mm；12.75印张；249千字；195页

44.00元

冶金工业出版社　投稿电话　(010)64027932　投稿信箱　tougao@cnmip.com.cn

冶金工业出版社营销中心　电话　(010)64044283　传真　(010)64027893

冶金书店　地址　北京市东四西大街46号(100010)　电话　(010)65289081(兼传真)

冶金工业出版社天猫旗舰店　yjgycbs.tmall.com

前　言

生活垃圾（简称为“垃圾”），是人类生活生产活动过程中的必然产物，既是一种废弃物，也是一种资源。长久以来，由于经济水平低、居住相对分散，加之传统的生活垃圾处理方式主要是垃圾中的厨余物用做饲料或者还田再利用、有价废品被回收，故农村生活垃圾产生量少，对环境产生的影响也较小。因此，农村生活垃圾管理一直未被重视。然而，随着我国城镇化进程快速推进和经济飞速发展，农村居民生活水平不断提高，农村生活垃圾量也随之迅速上升，构成也复杂化。虽然针对城市生活垃圾收运、分选、处理处置和资源化利用等方面技术，已经比较成熟，但农村生活垃圾有机质含量低、灰土含量高、热值低，缺少针对村镇生活垃圾的处理和资源化利用技术，未被妥善处理的农村生活垃圾严重污染了周边环境。

我国大部分地区农村生活垃圾的处理处置方式主要是简易填埋、临时堆放焚烧和随意倾倒等，当前有效地解决办法是城乡一体化，农村生活垃圾收集运输到县城统一卫生填埋或焚烧发电。生活垃圾源头分类是其减量化、资源化重要前提，应抓紧推进实施。国家已经决定终止绝大部分生活源废物的进口，这将有利于农村和城市生活垃圾的源头分类分流与利用。

本书全面系统地讲述了农村生活垃圾管理和资源化利用技术，包括农村生活垃圾源头分类减量和资源化利用技术、农村生活垃圾产生特征、农村生活垃圾管理模式特点、农村生活垃圾流动过程中行为学、生活垃圾源干废物资源化技术、农村生活垃圾分类收集支付意愿调查与管理、末端收运与处理技术以及福建省示范区内农村生活垃圾产量预测、源头分类收集与示范研究建设和运行等，为农村生活垃圾污染控制、源头分类减量和资源化利用提供参考。

本书主要由赵由才、赵敏慧、曾超、李杭芬共同编著。赵敏慧、谢伟雪、宋楠、曾超、赵由才、李炳云、李小皎编写第1章；曾超、李杭芬、赵敏慧、赵由才编写第2章；曾超、宋楠、李杭芬、赵由才编写第3章；李杭芬、曾超、赵由才、赵敏慧编写第4章；赵敏慧、谢伟雪、李金辉、赵由才编写第5章。本书适合高等学校师生、环境保护从业人员、环境工程师、职业学校师生、政府和企业技术和管理人员等参考阅读。

由于作者水平所限，书中不妥之处，恳请读者批评指正。

作　者

2017年9月

目　　录

1 生活垃圾源头分类与资源化利用

生活垃圾，是人们日常再熟悉不过的了，人们立刻会想到的是日常生活中的瓜果皮核、菜叶、废弃塑料、一次性餐盒、易拉罐、废弃纸张等，走过垃圾房有些人掩鼻而过，看到的是一堆废物，但有些人却看到了有用的资源。

人们在生产生活过程中不可能对原料进行百分之百的利用，在其过程中必然会产生一定量的废物。在自然资源的开采和人类对产品的消费过程中，也会产生各种废物，垃圾的产生似乎是不可避免的。从原始人类开始，人类的祖先为了应对变化无穷的大自然，学会了制造和使用工具，在北京周口店的北京猿人山洞里，发现了猿人烧火留下的灰烬，还有猎食动物后剩余的骨头，这些现今的考古物品对当时的北京猿人来说都是垃圾。从二百多万年前制造第一个石器时敲落的废片，到现在垃圾箱内的各类废物、太空中的人类垃圾，垃圾见证了人类文明的发展史，也从“天然”到“人工”一路转变，与自然越来越难以融合。因此可以说，垃圾是伴随着人类活动而产生的，垃圾量与种类随人类社会的发展而变化。

城市的迅速扩张、膨胀带来的是垃圾产生量的爆炸性增加，堆积如山的垃圾已经成为世界各国城市发展中最难处理的社会问题之一。随着城市化程度的提高，现代商品经济带来的各种琳琅满目的商品，其结果就是导致数量庞大的垃圾也随之流入到环境中，人类有史以来没有像今天这样面对垃圾的困扰。仅北京日产垃圾约 2 万吨以上，若按每辆卡车 7m 长、5t 载的质量计算，装载这些垃圾的卡车将能包围紫禁城大半圈，垃圾已成为名副其实的“护城河”。凯蒂·凯利在她的《垃圾》（1973 年）一书中也谈到，美国每年都市固体废弃物量需用 500 万辆卡车来装运，把这些垃圾“头尾相接”，可以绕地球两圈。

1.1 生活垃圾概述

1.1.1 生活垃圾定义

从学术角度讲，生活垃圾是指在日常生活中或者为日常生活提供服务的活动中产生的固体废物以及法律、行政法规规定视为生活垃圾的固体废物。按照《中华人民共和国固体废物污染环境防治法》的规定，固体废物是指人类在生产建设、日常生活和其他活动中产生的污染环境的固态、半固态废弃物质。例如，水处理产生的污泥，在含水量为90%~99%时，其形态为半固态，甚至液态，也被归入固体废物的范畴。

从某种意义上来讲，垃圾中的废与不废只是相对的，具有很强的时空性。从时间方面讲，随着人类改造自然的能力逐步提高和科学技术的不断发展，被认识和利用的物质越来越多，昨天的垃圾有可能成为今天的资源。从空间角度看，垃圾仅仅是相对于某一过程或某一方面没有使用价值，而并非在一切过程或一切方面都没有使用价值，某一过程的垃圾往往是另一过程的原料。所以说垃圾是“放错了地方的资源”这一理念被更多人理解和接受。

1.1.2 生活垃圾特征

生活垃圾作为人类社会必然产物，具有如下特性：

(1) 无主性，即被丢弃后不易找到具体负责者。

(2) 分散性，丢弃后分散在各处，需对其进行收集。

(3) 危害性，对人们的生产、生活和周围环境产生不利影响，危害人体健康。

(4) 错位性，一个时空领域的废物在另一个时空领域可能是宝贵的资源。目前，我国市政部门收运的、需要进行末端无害化处置的生活垃圾大约1.6亿吨/年，其污染控制与资源化是城市公共管理及服务的重要组成部分，是社会文明程度的重要标志，也是关系民生的基础性公益事业。发达国家生活垃圾治理已经从末端处置向全量资源化方向发展，而我国目前还处于以末端处置为主、资源化为辅的初步阶段。

1.1.3 生活垃圾性质

认识生活垃圾，可以通过感官直接判断垃圾的颜色、嗅味、新鲜或腐败的程度，也可以通过各种性质指标来进行更深入的了解，垃圾的性质主要包括物理、化学和生物化学性质。

1.1.3.1 生活垃圾的物理性质

一般用垃圾的组成、含水率、容重3个物理量来表示生活垃圾的物理性质，生活垃圾的物理性质与垃圾的组成关系密切。

生活垃圾（又称为城市固体废物）主要来自居民生活与消费、市政建设和维护、商业活动、市区园林绿化及市郊耕种生产、医疗、旅游娱乐等过程，包括一般性垃圾、人畜粪便、厨房弃物、污泥、垃圾残渣和灰尘等物质。主要固体废弃物来源及构成物见表1-1。

表 1-1 生活垃圾构成及来源

来 源	构 成 物
居民生活	食物垃圾、废纸、玻璃、金属、塑料陶瓷、灰渣、植物、废电池、粪便、杂土等
商业及市政机关	同上。另有建材废物、易燃易爆、传染性、放射性废物、汽车、轮胎、废电池、电器、器具等
市政建设和维护	脏土、瓦砾、树枝叶等
农牧业	秸杆、蔬菜、水果、杂草、树枝叶、粪便、死禽畜等
医疗	金属、放射形物质、粉尘、污泥、器具建材、棉纱等

生活垃圾的组成一般以各成分质量占干基垃圾的质量百分比来表示，即湿基率。测定需要采样、烘干、分拣、称重，经计算得到各垃圾组分百分比含量。

含水率是指单位质量垃圾的含水量，它随季节变化、气候、垃圾组分而变化，与垃圾中动植物含量、食品垃圾的含量有关，其典型值变化范围一般为15%~40%。可以通过垃圾的含水率计算出以垃圾干物质为基础的各种成分的含量，进一步研究垃圾特性；如果垃圾直接用于堆肥或焚烧，含水率是处理过程中需要重点控制和调节的参数；垃圾如果送去堆场或者填埋场，也可根据含水率参数科学估算出堆放场或填埋场产生的渗滤液数量。因此，含水率是研究垃圾特性、确定垃圾处理过程中必不可少的参数。

单位体积垃圾的质量为垃圾的体积密度。垃圾的体积密度也是垃圾的重要特性之一，它是选择垃圾桶、收集装置及处理利用构筑物和填埋处置场所大小等必不可少的参数，它随垃圾成分、垃圾压实程度而不同。某些垃圾组分的体积密度见表 1-2。

表 1-2 某些垃圾组分的体积密度

物料	体积密度/$g \cdot cm^{-3}$	物料	体积密度/$g \cdot cm^{-3}$	物料	体积密度/$g \cdot cm^{-3}$
轻的黑色金属	0.100	报纸	0.099	庭院废物	0.071
铝	0.038	塑料	0.037	橡胶	0.238
玻璃	0.295	硬纸板	0.030		
杂纸	0.061	食物	0.368		

1.1.3.2 生活垃圾的化学性质

A 元素组成

垃圾的元素组成对于选择垃圾处理工艺非常重要。生活垃圾中的化学元素一般是指 C、H、N、O、S 等元素，以及灰分的质量分数。测定垃圾的化学元素组成可以估算垃圾的发热值，用来确定垃圾焚烧方法的可行性，以及估算垃圾堆肥等好氧处理方法中生化需氧量。

B　挥发分与灰分

生活垃圾中的挥发分是指垃圾中有机物含量，即以垃圾在600℃温度下的灼烧减量为指标。相应的，灰分是指垃圾中不能燃烧也不挥发的物质，是反应垃圾中无机物含量的参数。

C　发热值

生活垃圾的发热值指单位质量的生活垃圾燃烧释放出来的热量，以 kJ/kg 计。垃圾热值的大小可用来判断垃圾的可燃性和能量回收潜力。通常要维持燃烧，就要求其燃烧释放出来的热量足以提供加热垃圾到达燃烧温度所需要的热量和发生燃烧反应所必须的活化能。否则，便要添加辅助燃料（如煤）才能维持燃烧。

根据燃烧产物中水分的状态，热值有高位热值和低位热值两种表示法。低位发热值指单位质量有机垃圾完全燃烧后，燃烧产物中的水分冷却为20℃的水蒸气所释放的热量；同样将其水分冷凝为0℃的液态水所释放的热值为高位发热值。生活垃圾发热值对分析垃圾的燃烧性能，对能否采用焚烧处理工艺提供重要依据。

1.1.3.3　生活垃圾的生物特性

生活垃圾的生物特性包括可生化性和生物污染性。

生活垃圾中含有大量的有机物，能提供生物体所需的碳源，是进行生物处理的物质基础。城市生活垃圾中有机物的生物可降解性能如何，生物处理过程中微生物所需的环境条件及营养物质是否得到满足，都决定着生活垃圾的生物处理的可行性。

生活垃圾对人体最危险的就是生物污染，含有病毒、细菌、原生及后生动物、寄生虫卵等生物性污染物，如果未经处理而进入水体，会造成水体生物污染并可引发传染性疾病爆发流行。因此，如何经过无害化处理，使其稳定并消除是非常重要的。

1.2　生活垃圾源头分类

在生活垃圾的大家族中，成员相当繁多，可以根据不同的分类标准和方法对其进行分类。

1.2.1　依垃圾产生区域不同

依垃圾产生区域不同，生活垃圾可分为城市生活垃圾和村镇生活垃圾或农村生活垃圾。

1.2.1.1 城市生活垃圾

城市生活垃圾，不仅是指城市居民日常生活中产生的固体废物，还包括为城市日常生活提供服务的活动的市政建设和维护、商业活动、市区园林绿化及市郊耕种生产、医疗、旅游娱乐等过程中产生的固体废物，包括城市居民家庭、餐饮服务业、旅游业、市政环卫业、交通运输业、建筑垃圾、水处理污泥、企事业单位办公和灰尘等物质都属于城市生活垃圾，但不包括工厂排出的工业固体废弃物。

城市是人类社会主要的经济和生活活动的中心，是人类文明的集中地，也是工业、商业、交通汇集的非农业人口聚居的地方。堆积如山的垃圾，带给人们的不仅仅是感官上的厌恶和精神上的困扰，更为严重的是会对整个城市的生态系统造成消极负面的破坏性影响，成为城市发展过程中沉重的负担，并最终威胁人们的健康。据统计，我国是世界上垃圾包袱最沉重的国家之一，城市垃圾年产量20世纪80年代为1.15亿吨，90年代已达1.43亿吨，目前，城市垃圾排放量已超过了1.8亿吨。按此计算，1.8亿吨除以4吨（一辆卡车的载重量）等于4500万辆；4500万辆乘以5米（每辆卡车长度）等于22万公里。看来，人们正在“以垃圾筑起新的（万里）长城”。据预测，在未来十多年我国城市垃圾总量仍将以每年5%~8%的幅度递增。生活垃圾已经表现出侵占土地、污染土地、大气、水资源、影响环境卫生等重要的城市生态问题，人们也将深切地感受到垃圾给人们生活及健康安全带来的切肤之痛。

城市生活垃圾污染与废水、尾气废气的污染不同，其污染具有呆滞性较大、扩散性较小、影响时间较长等特性，它对环境和人类的污染主要通过水、气、土壤及食物链的方式进行的。其污染途径如图1-1所示。

1.2.1.2 农村生活垃圾

随着村镇居民生活消费水平的提高，以及各种日用消费品的普及，村镇生活垃圾产量也是逐年增加，其组成也逐步趋近于城市生活垃圾。城乡生活水平存在巨大差异，农村生活垃圾的管理和处理与城市的差异也很大。农村生活垃圾的主要特性为：产生源点多、量大，组分复杂，布局分散，不利收集。从调查的情况分析，村镇生活垃圾容易受燃料种类、局部开发、节令变化、集市贸易等因素的影响，在产量和组分上发生较强的波动。此外，由于我国幅员辽阔，地区间经济发展、生活习惯、自然地理、气候情况等差距较大，造成不同区域村镇生活垃圾产生状况与组分有其各自的特点，这决定了村镇生活垃圾处理技术和管理模式的多样性和复杂性。

农村生活垃圾收运设施数量严重不足，收运过程密闭化和机械化程度低，各

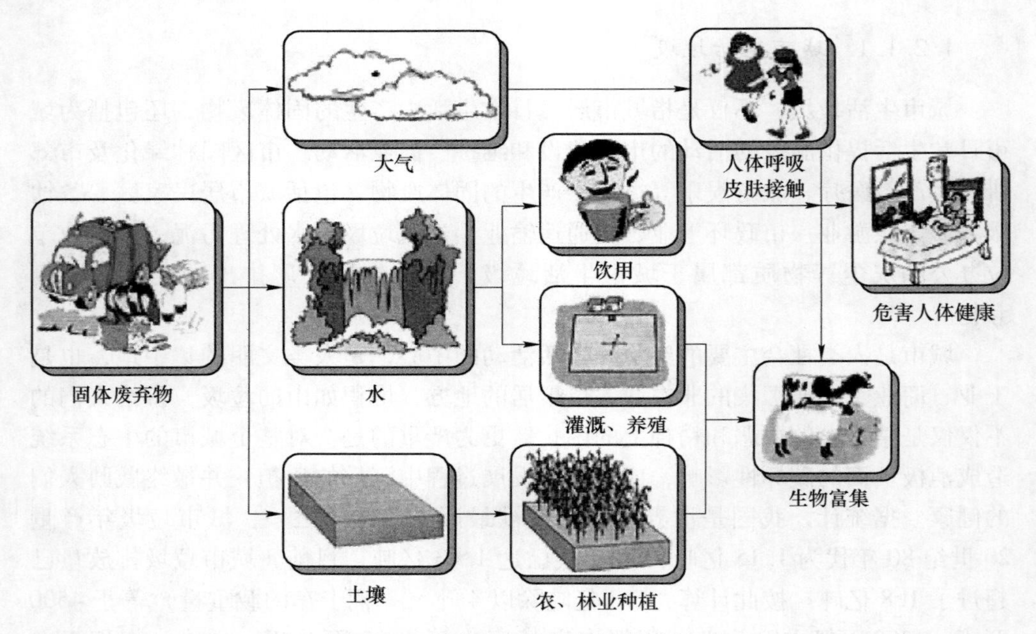

图 1-1　城市生活垃圾的污染途径

项设施不配套。如许多小城镇缺乏必要的垃圾收集桶、果皮箱，居民将生活垃圾任意倾倒在街头巷尾、房前屋后。一些地区用垃圾桶或敞开式垃圾坑代替小型转运站，而由于垃圾桶/坑容积有限、无专人管理，又成为新的污染源。垃圾清理和运输基本以人力、手工作业为主，不仅劳动强度大，收运也不及时。运输过程中，由于车辆密封性差，垃圾中的灰尘和渗滤液沿街滴洒飘散，更加剧了小城镇街区环境脏乱差的局面。

1.2.2　依垃圾产生源的不同

根据垃圾产生源的不同，我国将生活垃圾主要分为团体垃圾、街道保洁垃圾和居民生活垃圾三大类。

团体垃圾则是指机关、团体、学校和第三产业等在工作和生活过程中产生的废弃物，其成分随发生源不同而发生变化。这类垃圾与居民生活垃圾相比，往往成分较为单一，平均含水量较低，易燃物较多。

街道保洁垃圾主要来自于清扫马路，街道和小巷路面，其成分与居民生活垃圾相似，但是泥沙、枯枝落叶和商品包装物较多，易腐有机物较少，平均含水量较低。

居民生活垃圾来自居民生活过程中的废弃物，主要有易腐有机垃圾、煤灰、泥沙、塑料、纸类等组成。它在城市生活垃圾中不仅数量占居首位，而且成分最

为复杂，其成分构成易受时间和季节影响，变化大且不均匀。

1.2.3 依生活垃圾的性质

可以根据生活垃圾的化学成分、热值等性质指标进行分类。

按热值可分为高位热值和低位热值垃圾。低位热值垃圾指单位质量有机垃圾完全燃烧后，燃烧产物中的水分冷却为20℃的水蒸气所释放的热量；同样将其水分冷凝为0℃的液态水所释放的热值为高位发热值。生活垃圾发热值对分析垃圾的燃烧性能，对能否采用焚烧处理工艺提供重要依据。

按化学组分可分为有机和无机垃圾，其成分见表1-3。

表1-3 生活垃圾分类

分类	项目	成 分
无机物	玻璃	碎片、瓶、管、镜子、仪器、球、玩具等
	金属	碎片、铁丝、罐头、零件、玩具、锅等
	砖瓦	石块、瓦、水泥块、缸、陶瓷件、石灰片
	炉灰	炉渣、灰土等
	其他	废电池、石膏等
有机物	塑料	薄膜、瓶、管、袋、玩具、鞋、录音带、车轮等
	纸类	包装纸、纸箱、信纸、卫生纸、报纸、烟纸等
	纤维类	破旧衣物、布鞋等
	有机质	蔬菜、水果、动物尸体与毛发、废弃物品、竹木制品等

1.2.4 依处理及资源化方式的不同

国内外通常依处理和处置方式或者资源化回收利用的可能性来对生活垃圾进行简易分类，这种分类标准和种类并不统一，可根据地区差异有所差别。比如可分为可回收物、餐厨垃圾、有害垃圾和其他垃圾等。

1.2.4.1 可回收物

可回收物指再生利用价值较高，能进入回收渠道的垃圾。家庭中常见的可回收物包括：纸类（报纸、传单、杂志、旧书、纸板箱及其他未受污染的纸制品等）、金属（铁、铜、铝等制品）、玻璃（玻璃瓶罐、平板玻璃及其他玻璃制品）、除塑料袋外的塑料制品（泡沫塑料、塑料瓶、硬塑料等）、橡胶及橡胶制品、牛奶盒等利乐包装、饮料瓶（可乐罐、塑料饮料瓶、啤酒瓶等）等。

随着城市大规模建设的发展，建筑垃圾排放量增长迅猛，成为城市发展必须要面对的问题。在国外发达国家，建筑垃圾中的许多废弃物经过分捡、剔除或粉

碎后，大多可作为再生资源重新利用。日本对于建筑垃圾的主导方针是：尽可能不从施工现场排出建筑垃圾；建筑垃圾要尽可能的重新利用；对于重新利用有困难的则应适当予以处理。比如港埠设施，以及其他改造工程的基础设施配件，大都利用再循环的石料，来代替相当量的自然采石场砾石材料。美国住宅营造商协会开始推广一种“资源保护屋”，其墙壁是用回收的轮胎和铝合金废料建成的，屋架所用的大部分钢料是从建筑工地上回收来的，所用的板材是锯末和碎木料加上20%的聚乙烯制成，屋面的主要原料是旧的报纸和纸板箱。这种住宅不仅利用了废弃的金属、木料、纸板等建筑垃圾，而且比较好地解决了住房紧张和环境保护之间的矛盾。

1.2.4.2 餐厨垃圾

家庭、饭店、单位食堂等饮食单位产生的食品残余物，一般统称为厨余垃圾，其中被煮熟而未被食用丢弃的为餐厨垃圾。厨余垃圾的化学组分主要为淀粉、纤维素、蛋白质、脂类和无机盐等，具有含水率高、易腐败等特点。随着经济的发展及生活水平的提高，厨余垃圾的产生量持续增加，目前世界各国绝大部分城市垃圾中餐厨垃圾的比例已经占到了40%左右。因此，餐厨垃圾的处理日益受到各界关注，在我国很多城市的垃圾分类中，也往往把厨房垃圾单独列出一类。

1.2.4.3 有害垃圾

A 电子垃圾

电子垃圾是当今信息时代的副产物，同时也徘徊于“危险废物”与“可回收物质”之间。电子产品更新换代的速度实在太快，以至于有那么多的电子垃圾来不及处理。2007年3月，联合国下属机构发起一个名为“解决电子垃圾问题”的环保项目。据项目介绍，全球每年产生的电子垃圾将很快超过4000万吨，如果把运送电子垃圾的卡车排列起来，可以绕上半个地球。一边是不断推陈出新的电脑、手机、数码相机，一边则是越堆越高的电子垃圾。信息时代，电子垃圾已经成为世界上发展最为迅速的废物，如海啸时的巨浪向地球席卷而来，全世界所有国家的领导人和环保主义者都在为庞大的不断增长的电子垃圾而苦恼。

B 医疗垃圾

另一种让人头疼的有害废物是医疗垃圾。医疗废物具体包括感染性、病理性、损伤性、药物性、化学性废物。这些废物含有大量的细菌性病毒，而且有一定的空间污染、急性病毒传染和潜伏性传染的特征。如果不加强管理、随意丢弃，任其混入生活垃圾、流散到人们生活环境中，就会污染大气、水源、土地以及动植物，造成疾病传播，严重危害人的身心健康。在我国的一些小城市和乡村，随意丢弃医疗垃圾的想象十分严重，这些垃圾往往具有直接或间接感染性、

毒性以及其他危害性。

日本厚生省规定对于医疗废物的医院内部灭菌处理采用表 1-4 的方式：焚烧、熔融、高压蒸汽灭菌或干热灭菌、药剂加热消毒及其他法规规定的方法。医院通常采用焚烧方式处理医疗废物，炉灰必须在指定的安全型填埋场进行处置。

表 1-4 日本医疗废弃物处理方式

分类	标志	包装	存放	处理方式
可燃废弃物（非传染性）	有害物危险标志	塑料容器	堆放	医院内处理残渣填埋
可燃废弃物（传染性）	有害物危险标志 橙黄色标志	红色专用垃圾袋	专门保管场所	消毒灭菌医院内处理残渣填埋
不可燃废弃物（非传染性）	—	塑料容器	堆放	医院内处理残渣填埋
不可燃废弃物（传染性）	有害物危险标志 橙黄色标志	红色专用垃圾袋或专用收集袋	专门保管场所	消毒灭菌医院内处理残渣填埋

目前发达国家均采用高温焚烧方法对医疗废物进行集中处置，对于焚烧后的底灰和尾气必须达到无菌、无毒才能够排放；并对从事医疗废物集中焚烧处理的单位实施许可证制度管理。

在家庭生活中，也会产生不少医疗垃圾，如注射器、针头、带血的棉球和纱布、胰岛素药瓶、过期药品等，这些废弃物随意丢弃，不仅可能刺伤环卫工人、传染疾病，还可能造成环境污染。一种可行的方法就是将它们封装好送到附近医院的医疗垃圾筒中，另外，我国的一些城市已经开展了对过期药品的回收活动。

C 家庭有害垃圾

家庭产生的有害垃圾一般指含有毒有害化学物质的垃圾。除了上述提到的废弃电脑、手机、过期药品等垃圾，还包括电池（蓄电池、钮扣、电池等）、废旧灯管灯泡、过期日用化妆用品、染发剂、杀虫剂容器、除草剂容器、废弃水银温度计等。

1.2.4.4 其他垃圾

除去可回收垃圾、有害垃圾、厨房垃圾之外的所有垃圾的总称。主要包括：受污染与无法再生的纸张（纸杯、照片、复写纸、压敏纸、收据用纸、名信片、相册、卫生纸、尿片等）、受污染或其他不可回收的玻璃、塑料袋与其他受污染的塑料制品、废旧衣物与其他纺织品、破旧陶瓷品、妇女卫生用品、一次性餐具、烟头、灰土等。

1.3 生活垃圾源头分类现状

生活垃圾源头分类是垃圾减量化、无害化和资源化的基础。很多国家从 20 世纪 70 年代开始，已经逐步施行了生活垃圾的分类投放和收集，诸如美国、日本、德国、瑞士、瑞典、新加坡等。特别是在发达国家，垃圾分类已被公众广泛接受，分类制度相对完善。而分类后的废旧报纸、废塑料、玻璃、废金属、废电器等，其回收和再利用技术体系也比较成熟，甚至很多废料再生制品占据着很大市场份额，创造了可观的经济效益。而对于我国生活垃圾全过程处置，前端是盲点和重点。我国城市垃圾分类开展已久，但分类效果并不理想，农村地区的分类基础则相对更加薄弱。生活垃圾源头分类不仅可以实现其最终处置量的减少，降低垃圾清运及处理费用，同时可有效避免有毒有害物质造成的二次污染，也是实现其高效资源化处置的前提和重要手段。

1.3.1 国外生活垃圾源头分类现状

英国、美国、日本、瑞士、瑞典、德国等国家从 20 世纪 70 年代已经开始注重生活垃圾分类收集。美国将生活垃圾从家庭开始就分为纸类、塑料类、普通垃圾三类进行收集；瑞典的厨房内一般放置有纸张、塑料、玻璃瓶、金属和厨房垃圾的垃圾收集容器。此外，巴西与我国均属于发展中国家，其城市生活垃圾在源头（消费者）仅分为干垃圾和湿垃圾两类。值得借鉴的是，巴西成立了再生资源利用协会（拾荒者合作社），垃圾分类后由政府环卫部门和社会富余劳动力合作社等负责上门分类收集。在这种分类模式下，其铝制易拉罐、钢制易拉罐、纸箱、玻璃等的回收率在国际均处于领先地位，该模式的运行效果很成功。

许多发达国家都积累了大量有关环境管理与政策调控的经验，普遍注重发展循环经济，同时加强法规、政策和市场的引导与激励，以科技为支撑，综合协调各方面的作用来进行生活垃圾管理。他们在很早以前就将农村生活垃圾纳入城市生活垃圾的收集、转运与处理体系，通过科学管理的手段实施源头分类减量策略，目前已经基本上不存在农村生活垃圾问题。同时，不论是城市生活垃圾还是农村生活垃圾，其垃圾分类收集及处理体系一般都认为已经做到非常完善。下面以日本和德国为例介绍其生活垃圾分类情况。

1.3.1.1 日本

作为世界上垃圾分类工作做得最著名的国家之一，日本的垃圾分类水平在国际上都处于领先地位，有关生活垃圾分类的法律法规早已十分完备。通过第一层基本法《促进建立循环社会基本法》（2000 年 12 月公布实施），第二层综合性法律《固体废物管理和公共清洁法》（1970 年制定）和《资源有效利用促进法》

（2001年4月实施），以及第三层针对产品的特定类法律如《家用电器回收法》、《建筑及材料回收法》等，日本政府为实施垃圾分类、回收提供了制度保障。

除了法律的约束外，日本还非常注重民众参与垃圾分类的积极性。从可借鉴性来看，其生活垃圾分类已形成公民参与为中心，多主体协同治理的模式，这也是日本垃圾分类管理成功的关键所在。日本政府很早就在中小学开展环境保护教育，把垃圾分类纳入到教育工程中，这种长期的教化对于提升日本民众的环保与垃圾分类意识起到了重要作用。同时，严谨细致的家庭垃圾分类教育也贯穿于日本人生活的方方面面。垃圾要分类，要定时定点扔垃圾，早已成为家喻户晓、老幼皆知的规矩。在日本生活，几乎每个人在扔垃圾时都要遵从政府分发给各家的垃圾分类指南。政府还定期举办垃圾分类培训课程供市民或外来者进行学习。日本经验告诉我们，成功推行垃圾分类依赖于国民在此方面的素质，而国民素质的提升离不开长时间、多方面的教育与宣传投入。

日本的垃圾分类具有精细化的特点，而且不同市（区）均有所差异，但都与其资源利用方式或末端处理方式相适应。日本将生活垃圾统称为废弃物，家庭产生的生活垃圾以及单位产生废纸、餐厨垃圾等被归为一般废弃物中。在实行垃圾分类的初期，日本仅将垃圾分为可燃烧（厨房垃圾、废纸、木片等）与不可燃烧（玻璃、陶瓷器、金属类等）两类。随着垃圾分类的细化程度提升，许多地区将生活垃圾主要分为可燃垃圾、不可燃垃圾、大件垃圾（自行车、家具、电视等）、资源垃圾（瓶罐、塑料制品、报纸等）和有害垃圾等。在大类垃圾下又设小类，例如，资源垃圾类垃圾在分类时又分为瓶类、罐类、PET瓶类、纸类和布类等，每种小类垃圾均要使用不同的垃圾袋进行分装。

1.3.1.2 德国

作为第一个系统的以立法来应对固体废物管理问题的欧盟国家，德国的生活垃圾分类也非常成功。1990年，德国出台了对其社会和经济影响最大的垃圾减量和回收环境政策。此后又分别出台了包装物法、循环经济和垃圾法等法律法规，这些法令确定了生产者和经营者负责、污染者付费的机制，促使企业寻找并使用垃圾量产生较少的工艺或使用可回收材料等，不仅有利于环保型产品的开发，也促使可回收垃圾的资源化利用。至今，循环经济的指导思想已经在德国确立，其生活垃圾分类回收体制已运行超过20年。

德国的垃圾分类方法由各州规定，大体分为有机垃圾、轻型包装、旧玻璃、有害垃圾、大件垃圾和其他垃圾等，分别经由不同颜色的垃圾箱进行回收。居民住宅楼一般配置有3~4个分类垃圾桶用于收集不可回收垃圾、纸制品、玻璃瓶和其他垃圾等。例如，市民免费到市政厅领取黄色袋子用于回收带有绿点标志的轻型包装类垃圾（如空饮料罐、塑料包装和利乐砖饮料包装等），由专门人员在

每个月固定的时间上门收集（收集桶为黄色），收集前工作人员还会广泛发布通知以提醒居民；废玻璃分成白色玻璃、绿色玻璃和棕色玻璃三类，通过专门的装有感情器的玻璃回收箱回收，待装满后自动通知市政厅回收，而且由于扔玻璃可能会造成噪音影响他人休息，回收时间只限于每天上午 10 时到晚上 8 时；实行塑料瓶押金回收制度（特别针对含有可循环使用标志的瓶子），押金瓶包括啤酒瓶、矿泉水瓶和易拉罐等，区别于贩卖瓶子，市民在购买饮料时便已经预付了瓶子押金，这迫使人们要通过回收机器归还瓶子（获得押金凭证）而不是选择乱扔，当再次购物时可使用该押金凭证；废纸和纸板等收集到小型或大型的蓝色废纸桶；生物垃圾由仅回收有机可堆肥的棕色桶收集，包括剩饭菜、蔬果皮、鸡蛋或干果壳、咖啡滤纸、茶叶袋，以及花园废弃物如树叶和剪下的草皮等；其他杂类垃圾（即不包含有毒有害垃圾，也不包含可重复利用成分）由黑色垃圾桶收集，包括烟灰、吸尘袋、烟蒂、橡胶废料、妇女卫生用品、纸尿布、皮革和人造皮革等；废旧电池和蓄电池等有毒有害垃圾装到从商店或超市等免费领回的小箱子，体积满后则可送到商店或超市回收，等等。总之，各国的城市生活垃圾分类收集的实践过程表明，实现可持续的垃圾分类收集是一个相当复杂、艰难的工作，在具备相当经济实力的前提下，依靠有效的宣传教育、立法以及提供完善的垃圾分类收集条件或设施等，积极鼓励城市居民主动将垃圾分类存放，才能使垃圾分类收集工作推广、持续下去。

需要指出的是，国外发达国家生活垃圾分类做得很好，但分类后废物，并不全是自己资源化利用，而是将一部分垃圾出口到发展中国家，包括中国。这些废物中，许多并不是可再生利用的，而是污染严重的危险废物。这些废物的进出口，严重污染了进口国家的生态环境。中国政府已经开始严格控制废物的进口。很显然，废物资源化利用，受到许多因素影响，特别是政策、大宗原材料价格等。如果分类后的各种废物，无法清洁和盈利性资源化利用，仍然是不可持续的。

1.3.2 国内生活垃圾源头分类现状

我国开展生活垃圾源头分类收集及其研究起步较晚，目前大部分城市和农村地区尚未开展生活垃圾分类，通常采取混合投放、收集和清运模式。在推行生活垃圾分类的地区或示范区，虽然垃圾收集设施进行了分类，但人们几乎也都是混合投放的，或者人们对垃圾进行了分类，但由于下游收运体系不完善，导致源头分类开展受阻。一般的，我国城市和农村地区生活垃圾源头分类的推进，存在管理体系不完善、分类设施不健全、分类意识有待提升、分类模式不适宜等问题，严重制约着我国生活垃圾减量化、资源化、无害化处理处置进程，总的来说，我国垃圾分类依然任重而道远。

1.4　生活垃圾资源化利用

垃圾作为放错地方的资源，对垃圾的合理利用就在于垃圾的资源化、减量化、无害化。如果能大力地对垃圾进行资源的回收利用或者资源化的综合加工利用，不但会减少垃圾的处理量和堆积量，同时有利于资源的循环利用，降低社会经济发展中的资源环境成本，无疑具有深刻的现实意义和重要的应用价值。本节的干废物是特指生活垃圾推行源头分类收集得到的干垃圾，是一类区别于湿垃圾（如厨余垃圾）的废物总称。通常湿垃圾一般通过生化处理转化为肥料而资源化利用，干垃圾则被运往焚烧厂或填埋场进行处理处置。

近20年来，随着经济改革的进一步深化，居民收入不断增加，人民的生活水平不断提高，包装产品的消费促使包装的快速发展，商品包装形式越来越繁多，过分包装和豪华包装的情形比比皆是，垃圾中的废纸、玻璃、金属、塑料、织物等可回收物的消费快速增长，是生活垃圾干废物增长的重要原因之一。同时也意味着垃圾中含有更多的可回收物成分。目前，我国包装废弃物约占城市生活垃圾的25%，其体积占到城市生活垃圾的40%以上。在物品的生产初期，可以采用绿色设计来考虑包装材料的选择，而对于普通民众来说，人们能做到的就是尽量减少那些会进入垃圾堆的包装，重复利用是个很好的选择。

据调查，某些类型的废弃物回收价值比较高，包括纸类、金属、塑料、玻璃等，通过综合处理回收利用，不但可以减少污染，更重要的还能节省资源。如每回收1t废纸可造纸850kg，节省木材300kg，相当于节约木材3m^3，或少砍伐树龄为30年的树木20棵，比等量生产减少污染74%；每回收1t塑料饮料瓶可获得0.7t二级原料；每回收1t废钢铁可炼好钢0.9t，相当于节约矿石3t，比用矿石冶炼节约成本47%，减少空气污染75%，减少97%的水污染和固体废物；每回收1t废玻璃后可生产一块篮球场面积大小的平板玻璃，或200g瓶子2万只，每回收1t废玻璃还可节约100kg燃料，一个玻璃瓶被重新利用所节省的能量，可使灯泡亮4h。还有人进行过测算，瓶罐公司使用再生的玻璃粒生产玻璃瓶罐，每吨可节约682kg石英砂、216kg纯碱、214kg石灰石、53kg长石粉。可见，干废物回收所带来的社会效益和经济效益将是十分可观的。

因此，对生活垃圾干废物进行回收处理和资源化利用将变得越来越必要、越来越迫切，需要尽快地摆上议程，并尽快地发展改善其执行状况。下面将分别对垃圾中主要成分的资源化利用进行介绍。

1.4.1　白色污染（废塑料）与资源化

生活中塑料制品到处可见，给人们带来很大的方便，但同时也造成大量丢弃的塑料垃圾。通过对城市垃圾中的成分分析调查可知，近二三十年来垃圾中的塑料成分在逐渐地增加，而且垃圾中的废塑料在环境中非常稳定，不易分解，可存留200年以上，因此加剧了它们对环境的污染影响。另外一方面，塑料制品在使用过后，由于其性质稳定有利于回收利用。

1.4.1.1　白色污染概述

说到白色污染，应该没有人不认识它们，因为“白色污染”这名词在各类媒体上（包括报纸、电视、网站等等）的“见光度”非常高，而且在人们的脑海中很可能就会浮现出如图1-2所示的情形。人们在校园、公园、社区、大街等环境中，随意丢弃的一次性饭盒、塑料袋、包装废弃物之类的污染物随处可见，玷污了我们美丽的生活环境。但要是问起“白色污染”的准确定义，恐怕就没有几个人能够说出来了。

图1-2　白色污染的情景

所谓“白色污染”是指由农用薄膜、包装用塑料膜、塑料袋和一次性塑料餐具（有时统称为塑料包装物）的丢弃所造成的环境污染。由于废旧塑料包装物大多呈白色，因此称之为“白色污染”。更为准确的定义白色污染，是指人们对难降解的塑料垃圾（多指塑料袋）污染环境现象的一种形象称谓。它是指用聚苯乙烯、聚丙烯、聚氯乙烯等高分子化合物制成的各类生活塑料制品使用后被弃置成为固体废物，由于随意乱丢乱扔，难于降解处理，以致造成城市环境严重污染的现象。它们并不都是白色，只是由于农用薄膜、塑料包装袋、一次性塑料餐盒这些“典型”大多是白色，这才有了这么一个“美名”。

白色污染的前身就是塑料用品。塑料是一种合成的高分子化合物，又可称为高分子或巨分子，也是一般所俗称的塑料或树脂，可以自由改变形体样式，是利用单体原料以合成或缩合反应聚合而成的材料，由合成树脂及填料、增塑剂、稳定剂、润滑剂、色料等添加剂组成的。

塑料的主要成分是合成树脂，其中还添加了某些特定用途的添加剂（如提高塑性的增塑剂、防止老化的防老化剂）；有些热塑性塑料（聚乙烯塑料），可以

反复加工，多次使用；有些热固性塑料（电木），一旦加工成型就不会受热熔化。

塑料通常具有如下特性：（1）大多数塑料质轻，化学性稳定，不会锈蚀；（2）耐冲击性好；（3）具有较好的透明性和耐磨耗性；（4）绝缘性好，导热性低；（5）一般成型性、着色性好，加工成本低；（6）大部分塑料耐热性差，热膨胀率大，易燃烧；（7）尺寸稳定性差，容易变形；（8）多数塑料耐低温性差，低温下变脆；（9）容易老化；（10）某些塑料易溶于溶剂。

塑料是由石油炼制的产品制成的，塑料的制造成本低，而且耐用、防水，大部分塑料的抗腐蚀能力强，不与酸碱反应，一般不导热、不导电，是电的绝缘体，而且塑料容易被塑制成不同形状的产品，其应用越来越广，如图 1-3 所示。

常见的塑料：聚丙烯（PP）、聚苯乙烯（简称“苯塑”，PS）、聚甲基丙烯酸甲酯（有机玻璃，PMMA）、酚醛塑料（电木，PP）、聚四氟乙烯（塑料王，PTFE）聚乙烯（PE）、聚氯乙烯（PVC）、聚酰胺（俗称尼龙，PA）等。

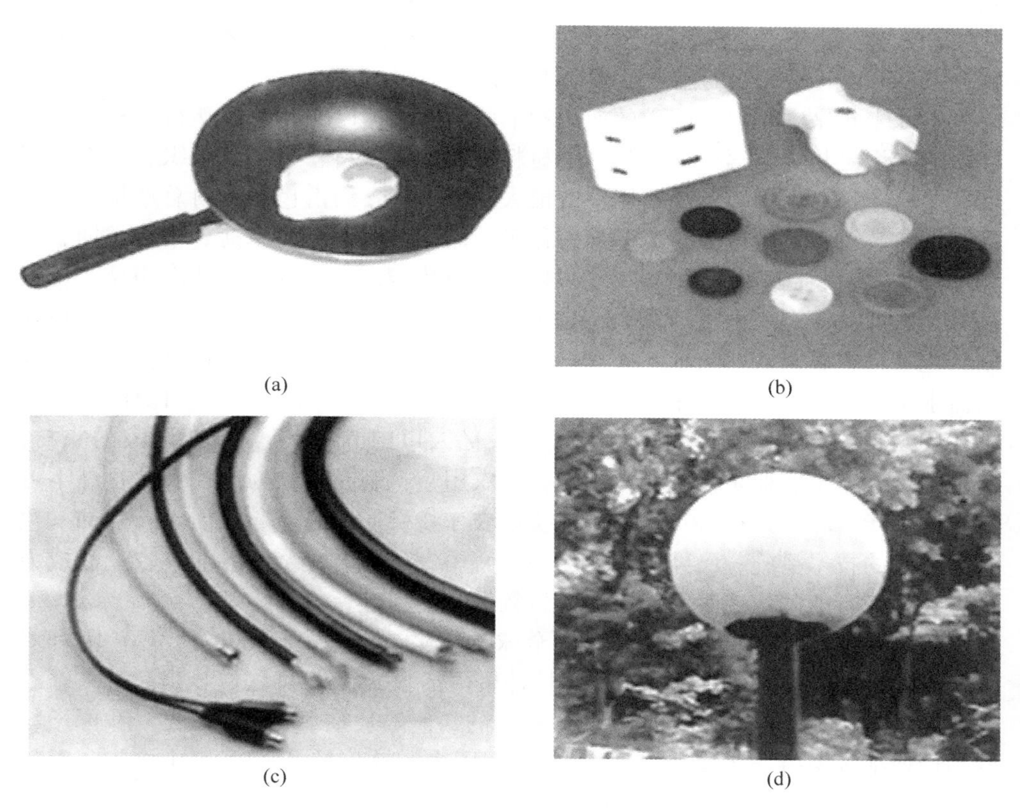

图 1-3　塑料的用途

（a）聚四氟乙烯作内衬的不粘锅；（b）尿素甲醛制品；

（c）电线外面的塑料层是聚氯乙烯；（d）聚苯乙烯制成的灯饰外壳

例如，聚丙烯（PP）塑料具有这样的优点：无毒、无味、密度小、强度、刚度、硬度耐热性均优于低压聚乙烯，有较高的抗弯曲疲劳强度，可在100度左右使用。具有良好的电性能和高频绝缘性不受湿度影响，适于制作一般机械零件，耐腐蚀零件和绝缘零件。常见的酸、碱有机溶剂对它几乎不起作用，可用于食具。

而聚酰胺（即尼龙，PA）常用于合成纤维，其最突出的优点是耐磨性高于其他所有纤维，比棉花耐磨性高10倍，比羊毛高20倍，在混纺织物中稍加入一些聚酰胺纤维，可大大提高其耐磨性；当拉伸至3%~6%时，弹性回复率可达100%；能经受上万次折挠而不断裂。

聚四氟乙烯（PTFE）被美誉为“塑料王”，中文商品名“铁氟龙”、“泰氟龙”等。它是由四氟乙烯经聚合而成的高分子化合物，具有优良的化学稳定性、耐腐蚀性（是当今世界上耐腐蚀性能最佳材料之一，除熔融金属钠和液氟外，能耐其他一切化学药品，在水中煮沸也不起变化，广泛应用于各种需要抗酸碱和有机溶剂的）、密封性、高润滑不黏性、电绝缘性和良好的抗老化耐力、耐温优异（能在+250℃至-180℃的温度下长期工作）。

近几十年来，塑料在国内的使用和消费的发展速度非常快。塑料材料在包装领域的应用更是突飞猛进。塑料包装材料主要包括塑料软包装、编织袋、中空容器、周转箱等，是塑料制品应用中的最大领域之一，约占包装材料总产量的1/3，居各种包装材料之首。各种矿产品、化工产品、合成树脂、原盐、粮食、糖、棉花和羊毛等包装已大量采用塑料编织袋和重包装袋；还有饮料、洗涤用品、化妆品、化工产品等在我国迅速发展，必不可少的复合膜、包装膜、容器、周转箱等塑料包装材料有很大的需求。而食品和药品是国计民生大宗重要物资，相应的包装需求十分旺盛。中国药用包装的增长速度位居世界八大药物生产国榜首。

我国是一个农业大国，2015年13.75亿人口中6.03亿分布在广大的农村，这种国情决定了农业是国民经济的基础。农用塑料制品已成为现代农业发展不可缺少的生产资料，是抗御自然灾害，实现农作物稳产、高产、优质、高效的一项不可替代的技术措施，已经广泛地应用于我国农、林、牧、渔各业，农业已成为仅次于包装行业的第二大塑料制品消费领域。

进入21世纪，我国加入WTO和全球经济发展，进一步促进了我国内需和对外贸易的发展，拉动了BOPP（双向拉伸聚丙烯膜）及塑料软包装制品进入新一轮市场需求的高增长期。经过“十一五”的快速增长期后，“十二五”我国塑料制品行业继续保持稳步发展，见表1-5。据国家统计局统计，2015年橡胶和塑料制品业产量总计7560.7万吨，同比增长0.95%，其中主营业务收入为30866.6亿元，同比增长4.1%，利润总额为1883.5亿元，同比增长4.6%。全年固定资产投资额为6531亿元，同比增长10.1%。

表 1-5 2006~2014 年中国塑料制品产量及增长率统计表

时 间	年度产量/万吨	同比增长/%
2006 年	2801.90	18.68
2007 年	3302.32	14.48
2008 年	3713.79	10.1
2009 年	4479.28	10.64
2010 年	5830.38	21.14
2011 年	5474.31	22.35
2012 年	5781.86	8.99
2013 年	6188.66	8.02
2014 年	7387.78	7.44
2015 年	7560.7	0.95

1.4.1.2 白色污染现状

快速增长的塑料行业，在方便人们生活的同时，也给人们带来反面消极的影响和压力。特别是针对石油资源本来就很贫乏的现状，不但加剧资源的消耗，而且塑料制品在使用后的废弃品给环境造成的污染也在日益加重。

塑料的原材料绝大部分来自石油，所以，在得到越来越多的塑料产品方便人们生活的同时，也在消耗着大量的石油资源。比如塑料袋，它给人们的生活带来了极大的便利，因此其发展速度非常快。目前，我国快速消费品零售全行业每年消耗的塑料袋数量约为 500 亿个，消耗资金约 50 亿元。据专家测算，我国超市、百货商店、菜场等商品零售场所每天使用大量的塑料购物袋，按照生产一吨塑料需要消耗 3t 以上的石油计算，那么生产这些塑料袋至少需要 13000 多吨石油，即全国每年单单生产塑料袋就需消耗 480 多万吨石油。

而石油是我国既短缺又重要的资源，我国所拥有的石油资源只占全世界石油资源的 1.2%左右，现在我国又成为世界上第二大石油消费国家，对石油的需要非常大，并且每年还在以近 10%的速度增加。另一方面，我国本身能提供的石油生产能力非常有限，目前，我国每年需要进口的石油已经超过总量的 50%，而且对外的依赖度还在持续上升。

2010 年石油净进口近 2.5 亿吨，2016 年增至 3.56 亿吨。近年来，国际油价从每桶 30 多美元暴涨到 100 美元以上，大大增加了我国的经济负担，也直接推动了工农业生产成本和物价的上涨。

另外，塑料废弃物给环境造成的“白色污染”非常严峻。据统计，在 2005 年时，世界塑料产量超过 2 亿吨，2016 年全球使用的塑料量将达到 5 亿吨，预计全球塑料消耗量将以每年 8%的速度增长，2030 年塑料的年消耗量将达到 7 亿多

吨，而每年塑料废弃量大概在2.6~3亿吨。面对如此大规模的塑料制品的生产积累，在兴奋之余令人担忧的是，高产量背后意味着将会有相应大量的废弃物产生。统计资料表明，过一定使用周期后，废旧塑料的产生量约占其当年制品产量的70%，这样逐年累积加和，倘若不能有效地采取合理处理政策，这种庞大数量的高分子废弃物将会造成越来越严重的“白色污染”，并最终严重地恶化自然环境和地球生态。

废塑料垃圾被乱弃于城市、铁路沿线、旅游区、水体中、江河航线、绿地或林荫树上，破坏了城市风景，对城市供电系统也造成极大威胁。而食物、饮料的塑料包装物是蚊、蝇和细菌赖以生存和繁殖的温床，极易引起病菌传播。另外，由于塑料原料是人工合成的高分子化合物，分子结构非常稳定，很难被自然界的光和热降解，并且自然界几乎没有能够消化塑料的细菌和酶，难以对其生物降解。所以，使塑料废弃物对环境的潜在危险就更大了。

滞留在土壤里的废塑料（如农业废塑料膜）就破坏了土壤的透气性能，降低了土壤的蓄水能力，影响了农作物对水分、养分的吸收，阻碍了禾苗根系的生长，使耕地劣化。如果每亩玉米（$667m^2$）地有3.9kg残膜，将减产11%~13%。

废弃在地面和水中的废塑料袋，容易被鱼、马、牛、羊等动物当作食物吞入，塑料制品在动物肠胃里消化不了，它们在动物体内无法被消化和分解，食后能引起胃部不适、行动异常、生育繁殖能力下降，甚至死亡，在动物园、牧区、农村和海洋，这种现象屡见不鲜。曾有科学家在解剖海龟尸体时，发现它们的胃中有许多塑料袋，最多的一只体内竟有15个塑料袋。海龟喜欢吃海蛰，它们将丢弃在海洋中的塑料袋当作海蛰吃进肚子里，才会遭此厄运。还有海豚和鲸鱼等海洋动物，也因为误食塑料袋等塑料制品，无法消化排泄而死亡。

废弃塑料对水面特别是海洋的污染已经成为国际性问题，它们影响渔业，恶化水质，还会缠住船只的螺旋桨，损坏船身和机器，给航运业造成重大损失。水中垃圾塑料占55%，其清除费用为陆地的10倍，1995年香港为打捞4765吨海上垃圾，耗资1200万港元。废塑料对海洋生物造成的危害是石油溢漏危害性的4倍，每年仅丢弃在海洋的废弃渔具就在15万吨以上，各种塑料废品在数百万吨以上。

因此，“白色污染”的潜在危害需要人们能有清醒的认识。

1.4.1.3 废塑料的资源化

我国的经济发展将要进入一个转折期，需要从“数量效益型”转变为“质量民生型”。“数量效益型”就是追求物质财富的增长数量（GDP），效益主要是指经济效益，而环境效益和社会效益缺少严格的考核指标。“质量民生型”的“质量”是指在追求经济效益的同时，也追求质量，“民生”就是人民的生活质

量和生命安全。

塑料由于其稳定性是回收价值较大并且能够再生利用的材料，尤其在资源紧缺、人口众多的国家，循环经济和环境保护与国家的可持续发展战略息息相关，已得到国家和社会普遍关注。因此，在我国石油资源消费缺口很大，塑料原料大量依赖进口的状况没有根本性改变的情况下，再生塑料便成为解决原料紧缺的捷径，而且来源丰富、成本低廉。

废塑料的回收利用途径广阔。可以将废塑料直接重新熔融，再生塑化成新的产品。其次，可以利用废塑料进行热能再生。因为塑料热值较高，可直接燃烧，产生热能，然后对热能进行回收利用。再次，可以裂解废塑料制油，把固体塑料转化成液体油品。最后，还可以对废塑料综合利用，主要包括生产建筑材料、多功能树脂胶、防渗防漏剂及防锈剂等。

A 废塑料的直接回收利用

废旧塑料的直接利用系指不需进行各类改性，将废旧塑料经过清洗、破碎、塑化，直接加工成型，或与其他物质经简单加工制成有用制品。国内外均对该技术进行了大量研究，且制品已广泛应用于农业、渔业、建筑业、工业和日用品等领域。

例如，各类塑料瓶的回收已经非常普遍。PET 塑料制成的瓶子广泛用于各种饮料，如可口可乐、百事可乐、芬达等。这些废瓶子回收后，首先将它们与其他类的塑料瓶分离，经过破碎后就能进行再生造粒，这些粒料可以重新制造 PET 瓶，虽然再生粒料不能用于与食品直接接触场合，但可用于三层 PET 瓶的中间层，再制成碳酸饮料瓶。也可以制造纺丝制造纤维，用作枕芯、褥子、睡袋、毡等。还可以得到玻纤增强材料和共混改性的材料（如再生 PET 粒料可与其他聚合物共混，制得各种改性料）。

再如，广泛用于奶制品瓶，食品瓶，化妆品瓶等的 PE 塑料，经过分选、清洗、造粒后，得到的物料可以用于可乐瓶底座，用于管材共挤出中间芯层，或用于填充滑石粉或玻纤制造花茶杯或注塑制品，与本纤维复合，还可用作人工木材。

据资料统计，回收处理 1 万吨废弃塑料瓶，相当于节约石油 5 万吨、减排二氧化碳 3. 75 万吨。可见，废塑料瓶的回收是非常适于循环经济。

B 废塑料制油利用

我国已成为世界第二大石油消耗国，而塑料来自石油。因此，回收废塑料就既可以减少垃圾的排放，又可以降低石油的消耗、节省资源，如图 1-4 所示。

聚乙烯 、聚丙烯、聚苯乙烯等废塑料，是从石油中经一系列工艺提炼而成。如聚乙烯塑料是用乙烯合成的，而乙烯是石脑油，经柴油等各种石油烃类原料裂解制得。因此，可以反过来，用加热和催化的方法对塑料这种大分子物质进行分解处理，得到汽油、柴油、液化气等有用组分。

(a)　　　　(b)

图 1-4　回收废塑料获取石油

(a) 回收；(b) 转化

热分解技术的基本原理是，将废旧塑料制品中原树脂高聚物进行较彻底的大分子链分解，使其回到低摩尔质量状态，从而获得使用价值高的产品。不同品种塑料的热分解机理和热分解产物各不相同。PE、PP 的热分解以无规则断链形式为主，热分解产物中几乎无相应的单体，热分解同时伴有解聚和无规则断链反应，热分解产物中有部分苯乙烯单体。

几乎所有的塑料都能通过裂解得到油、气产品，只不过不同类的塑料、不同的技术方法其产油率有所不同而已。采用催化裂解工艺时，产油率可达 50%，及一部分气体，而采用热裂解工艺时，产出的气体较多，而产油率达不到 50%。

废塑料油化技术最为典型的是废聚乙烯的油化技术，分别有热解法、催化热解法（一步法）、热解-催化改质法（二步法）等三种方法：其一，热解法所得产物组成分散，利用价值不大，热解制得的柴油含蜡量高，凝点高，十六烷值低，制得的汽油辛烷值低；其二，催化热解法（一步法）是热解与催化同时进行，优点是裂解温度低，所需时间短，液体收率高，投资少，缺点是催化剂用量大，而且裂解产生的炭黑和杂质难以分离；其三，热解-催化改质法（二步法）是将废塑料进行热解后对热解产物在进行催化改质，得到油品，是一种应用最多，比较有发展前景的工艺，国内外都很重视这种技术。

目前，废旧塑料裂解油化工艺反应器种类较多，其中有管式，槽式和流化床反应器及催化法四种，它们各自具有工艺特色：

(1) 管式工艺与设备。管式工艺所用的反应器有管式蒸馏器、螺旋式炉、空管式炉、填料管式炉等，皆为外部加热形式。在管式工艺操作中，如在高温下

缩短废旧塑料在反应管内的停留时间，可提高处理量，但塑料的汽化和碳化比例将增加，油的回收将降低。管式法中螺旋式炉的油回收率约为51%~66%，而槽式工艺油的回收率可达57%~78%。

（2）槽式工艺与设备。槽式工艺的热分解与蒸馏工艺比较相似。槽式工艺一般采用外部加热进行熔融和分解，故技术较简单，但该技术应注意部分可燃馏分不得混入空气，严防爆炸；另外，因采用外部加热，加热管表面有固体物析出，需定时清除，以防导热性变差。

（3）流化床法工艺与设备。该技术方法采用内部加热，即利用反应器内部分物料的燃烧来供热。流化床法油的回收率高，燃料消耗少。流化床法用途较广，且对废旧塑料混合料进行热分解时可得到高黏度油质或蜡状物，再经蒸馏即可分出重质油与轻质油。

（4）催化法工艺与设备。该技术较槽式、管式和流化床工艺的明显区别在于使用固体催化剂。其工艺流程是：固体催化剂为固定床，用泵送入较净质的单一品种的废旧塑料，在较低温度下进行热分解。

C 废塑料的其他利用

可以利用废塑料和粉煤灰制备建筑用瓦。在一些塑料中加入适当的填料可降低成本，降低成型收缩率，提高强度和硬度，提高耐热性和尺寸稳定性，常用填料有碳酸钙、滑石粉、陶瓷粉等。从经济和环境角度综合考虑，选择粉煤灰、石墨和碳酸钙作填料是较好的选择。粉煤灰表面积很大，塑料与其具有良好的结合力，可保证制备的瓦具有较高的强度和较长时间的使用寿命。

又如，可以利用废塑料生产建筑材料产品，如生产软质抨装型地板：软质抨装型聚氯乙烯塑料地板是以废旧聚氯乙烯塑料为主要原料，经过粉碎、清洗、混炼等工艺再生成塑料粒、然后加入适量的增塑剂、稳定剂、润滑剂、颜料及其他补加剂，经切料、混合、注塑成型、冲裁工艺而制成。其产品配方：废旧聚氯乙烯再生塑料100份，邻苯二甲酸二辛酯5份，邻苯二甲酸二丁酯5份，石油酯5份，三盐基硫酸铅3份，二盐基亚硫酸铅2份，硬脂酸钡1份，硬脂酸1份，碳酸钙15份，阻燃剂、抗静电剂、颜料、香料适量。其产品性能：加热质量损失率不大于0.5%，加热长度变化率不大于0.4%，吸水长度变化率低于0.2%，磨耗量低于0.02g/cm^2，抗拉强度低于90kg/cm^2，耐电压强度低于15kV/min，阻燃符合GB 2408.80/J等。

还可以利用废泡沫塑料，并在其中加入一定剂量的低沸点液体改性剂、发泡剂、稳定剂等来制成具有微细密闭气孔的硬质泡沫塑料板。这种板可以单独使用，也可在成型后再用薄铝板包敷做成铝塑板。这种铝塑板保温性能很好，经实际使用考验，结果无结霜和结露现象，且可降低工程造价，施工操作方便。因此在北方采暖地区，该技术方法所生产的聚苯乙烯泡沫塑料保温板具有广泛用途和

良好的发展前景。另外通过利用合适的改性剂，对废泡沫塑料进行改性处理，可制备常温条件下速干、耐水时间长的水乳性防水涂料。这种办法工艺比较简单，用水调节黏度施工也很方便。该防水涂料可以代替防潮油用于瓦楞纸箱，也可用于纤维板的防水。

还可以使用废塑料生产混塑包装板材，该技术以废塑料、塑料垃圾、废塑料纤维垃圾为原料，利用特有的工艺流程、技术与设备进行综合处理，形成“泥石流效应”，经初级混炼、混熔造粒、混合配方、混熔挤压、压延、冷却，加工成不同厚度、宽度的半、片、防水材料及农用塑料制品，生产新型改性混塑板。主要工艺设备由混合塑料混炼挤出机、复合四压延机、初混机组、造粒机组、星型输料配方系统、自动上料系统、原料输送线、搅拌混合机和塑料破碎机。废塑料的回收利用的具体情况及途径可以参看如图 1-5 所示。

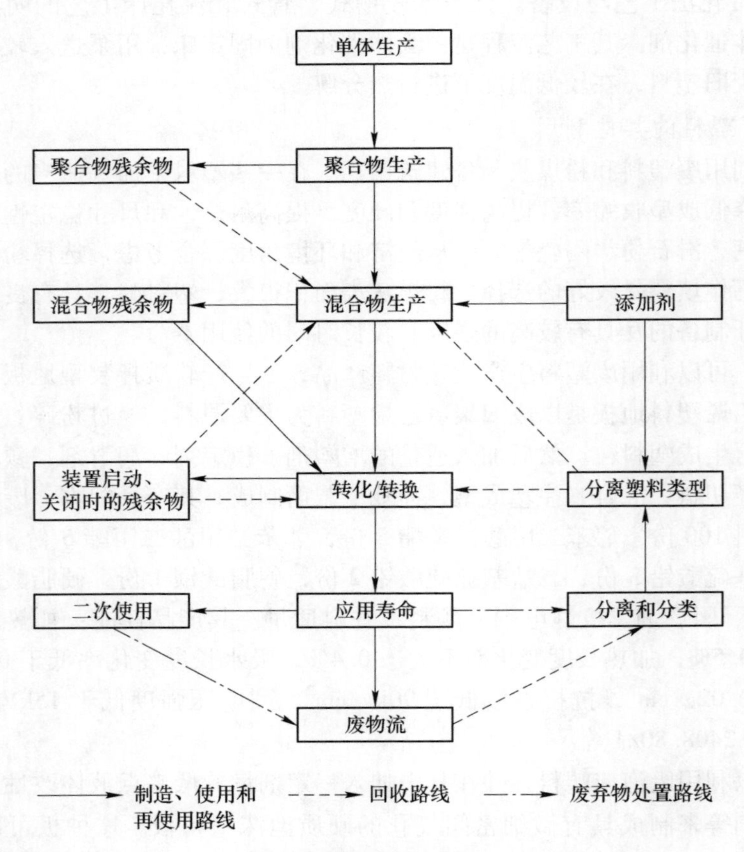

图 1-5　废旧塑料回收利用流程图

废塑料的回收事业，在世界各国都有蓬勃地发展。据了解，过去的十来年，

欧盟塑料业已投资5000万欧元促进对塑料废弃物的管理，并取得了一定成效。2012年欧盟各国塑料回收率33.6%，据布鲁塞林研究报告（Plastics Recyclers Europe），到2020年，欧州的塑料回收水平将达到62%。2014年我国塑料回收利用率29.48%。

再生制造的塑料产品废旧更换后可多次粉碎再制造，一旦这种“使用-更换-再制造-再使用”的循环利用商业模式形成，可以极大地提高资源利用率。仅以替代钢铁和木材制品为例，10万吨废塑料再生制品的生命周期内，可以节省数十万立方米木材和数十万吨钢铁。人们可使近10万吨塑料废弃物得到无害化和资源化利用。达到垃圾减量化目的，避免因焚烧、填埋等不当处理带来的环境污染。

因此，一旦废塑料的回收利用、循环利用发展得很好，塑料将成为现代经济发展中可实现“减量化、再利用、资源化”的重要材料，其加工成型是无污染排放、低消耗、高效率的过程，绝大部分塑料使用后能够被回收再利用，使其成为典型的资源节约型环境友好材料。

1.4.2　黑色污染（废橡胶）与资源化

在认识了废塑料可以合理地回收利用变为有用的资源后，再来认识一下黑色污染（即废橡胶）是否同样也能如废塑料般变废为宝呢?

1.4.2.1　黑色污染的前身——橡胶

橡胶，自从被人类认识使用以来，其应用范围日益扩大，几乎贯穿于人类的各行各业，给人类带来了极大的方便，橡胶因其有很强的弹性和良好的绝缘性、可塑性、隔水隔气、抗拉和耐磨等特点，广泛地应用于工业、农业、国防、交通、运输、机械制造、医药卫生领域和日常生活等方面，如交通运输上用的轮胎；工业上用的运输带、传动带、各种密封圈；医用的手套、输血管，输液瓶塞；日常生活中所用的胶鞋、暖水袋等都是以橡胶为原料制造的，于是各种橡胶制品企业如雨后春笋一样纷纷涌现，促进了橡胶工业的蓬勃发展。

世界上通用的橡胶的定义引自美国的国家标准ASTM-D1566，即橡胶是一种材料，它在大的变形下能迅速而有力地恢复其变形，也能够被改性（硫化）。改性的橡胶实质上不溶于沸腾的苯、甲乙酮、乙醇-甲苯混合物等溶剂中。改性的橡胶在室温下被拉伸到原来长度的两倍并保持1min后除掉外力，它能在1min内恢复到原来长度的1.5倍以下，具有上述特征的材料称为橡胶。

橡胶通常分为天然橡胶与合成橡胶二种。天然橡胶是从橡胶树、橡胶草等植物中提取胶质后加工制成；合成橡胶则由各种单体经聚合反应而得，常见的有如丁苯橡胶、顺丁橡胶、异戊橡胶等。

橡胶的综合性能比较好，因此应用广泛。主要有：

（1）天然橡胶。从三叶橡胶树的乳胶制得，基本化学成分为顺-聚异戊二烯，具有弹性好，强度高，综合性能好等特点。

（2）异戊橡胶。全名为顺-1，4-聚异戊二烯橡胶，由异戊二烯制得的高顺式合成橡胶，因其结构和性能与天然橡胶近似，故又称合成天然橡胶。也具有良好的弹性和耐磨性，优良的耐热性和较好的化学稳定性。

（3）丁苯橡胶。简称SBR，由丁二烯和苯乙烯共聚制得。它是产量最大的通用合成橡胶，其综合性能和化学稳定性好。

（4）顺丁橡胶。全名为顺式-1，4-聚丁二烯橡胶，简称为BR，由丁二烯聚合制得。与其他通用型橡胶比，硫化后的顺丁橡胶的耐寒性、耐磨性和弹性特别优异，动负荷下发热少，耐老化性能好，易与天然橡胶、氯丁橡胶、丁腈橡胶等并用。各橡胶的具体性能及用途可参看表1-6。

表1-6　常用橡胶的种类、性能和用途

种类	名称（代号）	α_b/MPa	δ/%	使用温度 t/℃	回弹性	耐磨性	耐碱性	耐酸性	耐油性	耐老化	用途举例
通用橡胶	天然橡胶（NR）	17~35	650~900	−70~110	好	中	好	差	差		轮胎、胶带、胶管
	丁苯橡胶（SBR）	15~20	500~600	−50~140	中	好	中	差	差	好	轮胎、胶板、胶布、胶带、胶管
	顺丁橡胶（BR）	18~25	450~800	−70~120	好	好	好	差	差	好	轮胎、V带、耐寒运输带、绝缘件
	氯丁橡胶（CR）	25~27	800~1000	−35~130	中	中	好	中	好	好	电线（缆）包皮，耐燃胶带、胶管，汽车门窗嵌条，油罐衬里
	丁腈橡胶（NBR）	15~30	300~800	−35~175	中	中	中	中	好	中	耐油密封圈、输油管、油槽衬
特种橡胶	聚氨酯橡胶（UR）	20~35	300~800	−30~80	中	好	差	差	好		耐磨件、实心轮胎、胶辊
	氟橡胶（FPM）	20~22	100~500	−50~300	中	中	好	好	好	好	高级密封件，高耐蚀件，高真空橡胶件
	硅橡胶	4~10	50~500	−100~300	差	差	好	中	差	好	耐高、低温制品和绝缘件

近数十年来，随着工业经济的进步，人们对于橡胶制品的依赖性在快速地提高，橡胶类产品为人类提供了丰富的物品。橡胶制品，包括各类机动车辆以及其他运输工具的轮胎、橡胶制壳体产品或电线的包覆体等，需求量逐年大量增加。

橡胶的最大用途是在于作轮胎，包括各种轿车胎、载重胎、力车胎、工程胎、飞机轮胎、炮车胎等，一辆汽车约需要240kg橡胶，一艘轮船约需要60~70t橡胶，一架飞机需要600kg橡胶，一门高射炮约需要86kg橡胶。

橡胶的第二大用途是作胶管、胶带、胶鞋等制品，另外如密封制品、轮船护弦、拦水坝、减震制品、人造器官、黏合剂等，范围非常广泛。有些制品虽然不大，但作用却非常重要，如美国“挑战者”号航天飞机因密封圈失灵而导致航天史上的重大悲惨事件。

1.4.2.2 黑色污染——废橡胶的危害

黑色污染主要是指废橡胶（主要是废轮胎）对环境所造成的污染，因为废轮胎的颜色大都为黑色，相对“白色污染”被称之为黑色污染。目前废橡胶制品是除废塑料外居第二位的废旧聚合物材料，它主要来源于废轮胎、胶管、胶带、胶鞋、垫板等工业制品，其中以废旧轮胎的数量最多，此外还有橡胶生产过程中产生的边角料。

全球2016年橡胶原料总需求量为2713万吨，包括1250万吨天然橡胶和1463万吨合成橡胶，如图1-6、图1-7所示。预计未来几年全球橡胶的需求量仍可保持2%~3%的增长率，大致和全球GDP的增长同步。据资料介绍，经济发达国家平均每1.1~2.6人拥有一辆汽车，日本拥有汽车7500多万辆，法国2500多万辆，美国28500多万辆。我国1997年的汽车保有量为1300万辆，而到2010年时，汽车保有量达到了7000万辆（仅就2009年，中国汽车的销量为1300万辆，已经占全球总销量的22%），截至2016年底，全国汽车保有量达1.94亿辆。

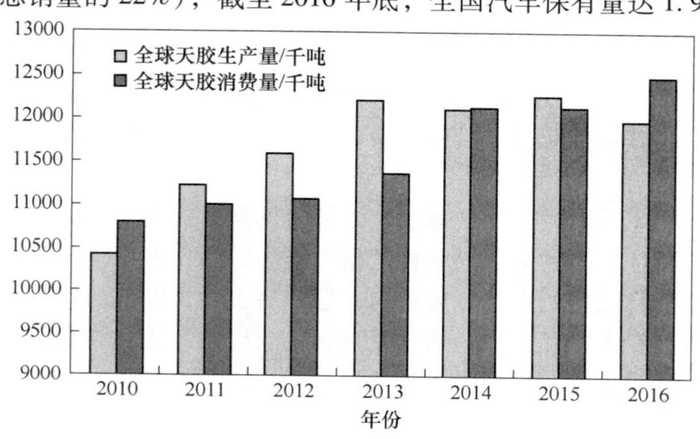

图1-6 全球天然橡胶产量与消费量

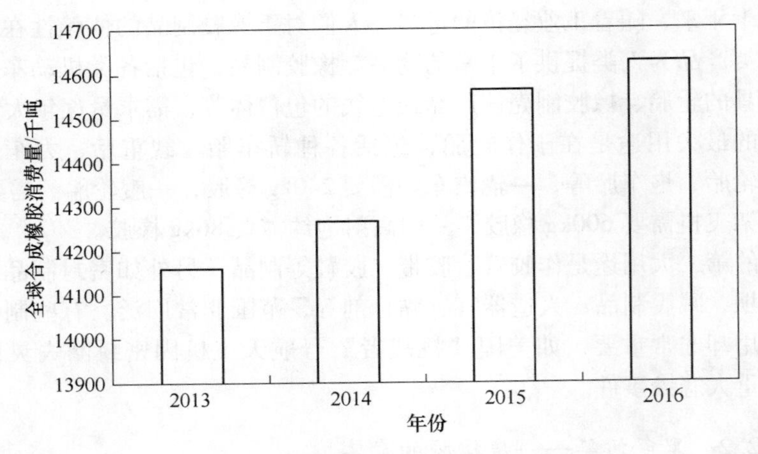

图 1-7 全球合成橡胶产量与消费量

为了保证安全，一般每辆汽车行驶 3 万～5 万公里需更换一次轮胎，以此计算，全世界每年将有数十亿条废旧轮胎产生。在美国，橡胶制品的生产量每年为 500 万吨，其中轮胎每年为 300 万吨，这些轮胎在 2～3 年内几乎全部报废，每年废弃的车用轮胎约 2.5～3.0 亿条。另外，工厂每年约产生废橡胶（边角余料及废品）45 万吨。在日本，废橡胶的产生量每年约为 140 万吨，其中 50%是废轮胎，1992 年废轮胎产生量为 9200 万条，合 84 万吨；废胶管、胶带及其他工业杂品占废胶量的 16.8%，其余是废胶鞋、胶布和电线等。

我国是全球最大的橡胶消费国和橡胶制品生产国，消耗全球近一半的橡胶。随着我国工业的快速发展，橡胶消费量快速增长，至 2016 年表观消费量（天然橡胶+合成橡胶）达 1329.8 万吨，占全球总需求量的 49%。供给方面，我国的天胶产量基本维持在 74 万 吨左右，约占全球总产量的 6%。合成橡胶的产能约占全球产能占全球的 27%左右。据不完全统计，在 2013 年，我国废旧轮胎产生量已经达到 2.99 亿条，质量达到 1080 万吨并以每年约 8%～10%的速度在增长，至 2015 年达到 3.3 亿条左右，质量达 1200 万吨。目前，还有近 5%的废旧橡胶没有回收利用，其中废旧轮胎约占 2%，长期堆放，难以降解，成为“黑色污染”源。

在北京、上海等大城市的城郊结合处都能见到绵延上千米像小山一样的废旧轮胎堆积点。越积越多的废旧轮胎长期露天堆放，不仅占用了大量土地，而且经过日晒雨淋，极易滋生蚊虫，传播疾病，还容易引发火灾。而且废轮胎类橡胶具有较大的异味，夏天时经太阳一晒发生自燃，放出碳氢化合物和有毒气体，其火焰很难扑灭。就是不燃烧，如果堆放的时间长了也会老化，放出有毒有害物质（见图 1-8）。

废轮胎等类橡胶属于高分子聚合物材料，自然条件下很难降解，长期弃于地

图 1-8 堆积如山的废轮胎污染环境

表或埋于地下都不会腐烂变质。具有很强的抗热、抗机械和抗降解性能，数十年都不会自然消除。

若对其填埋处理需要大量的土地资源，且因着难以分解使其对土壤造成的污染影响趋于严重。若采用简单焚烧处理，虽可有效减少废轮胎的数量和体积，然而不但浪费了大量的资源，更糟的是在燃烧过程中所产生的有毒气体会严重污染大气环境，危害人畜的健康。

许多国家如美国、加拿大、日本等，都曾因废旧轮胎起火而蒙受了巨大损失。随着我国汽车工业的飞速发展，废旧轮胎的生成量将急剧增加，“黑色污染”造成的危害有可能会远远大于“白色污染”。

为此，妥善解决废轮胎所引起的系列社会环境问题，已成为亟待解决的重要问题。

1.4.2.3 废橡胶的资源化

废轮胎类橡胶的回收利用早已被人们所关注，也取得了很好的经济效果，但是离“绿色财富”的概念还很遥远。比如，利用废轮胎土法炼油在我国早已开展，然而土法炼油的危害非常大，特别是对周边的自然环境，在土法炼油过程中释放大量硫化氢、二氧化硫、苯类、二甲苯类、多环芳烃等有毒有害气体，严重污染大气环境。据估算，仅每吨废轮胎燃烧排放的二氧化硫就达 200kg，再则炼油后排放的有毒有害废渣也严重污染土地和水源。凡有土法炼油的地方，大气、土壤和水源遭到毁灭性破坏，非法炼油作坊周围竟然寸草不生，树木纷纷枯死。

20 世纪末，一些发达国家曾因废轮胎处理不当引起多次大的环境灾难，已经为人们敲响了警钟。从积极的方面来看，就是大家都看到了废橡胶废轮胎不仅

仅是一种废物，而更是一种潜在的资源。

目前确实能将废轮胎橡胶变为绿色财富的途径主要有如下三类方法。

A 废旧轮胎翻新回用

翻新是利用废旧轮胎的主要方式之一。将已经磨损的废旧轮胎的外层削去，粘贴上胶料，再进行硫化，然后重新投入使用。翻新废旧轮胎不仅有利环保，而且还有多项好处：首先是节约资源，一条全新轮胎的成本大约有70%是花费在胎体上，只要适当的维护保养，翻新轮胎可使投资得到充分的利用，而货车轮胎通常可翻新几次。轮胎的翻新在很大程度上解决了固体废料的处理问题，每翻新一条胎等于从垃圾堆赚回一条胎。其次可以降低成本，轿车使用翻新轮胎比新胎降低成本30%~50%，载重货车使用翻新轮胎比使用新胎降低成本60%。最后，还能节省能源，生产一条全新轮胎需耗用约30L石油，而翻新一条这样的轮胎只耗用8L石油。

据调查，进口一条大型轮胎单价为14.5万元（不含税），平均使用寿命4780h，轮胎损耗30.33元/小时；同类同规格的大型国产轮胎单价为5.8万元，平均使用寿命为2205h，轮胎损耗26.30元/小时；横向对比一下，旧轮胎翻新的轮胎单价含运费才4.3万元，平均使用寿命2426h，轮胎损耗17.22元/小时。相比之下，使用翻新的轮胎比进口新轮胎降低胎耗12.61元/小时，比国产新轮胎降低胎耗8.58元/小时；翻新的轮胎平均使用寿命为国产新轮胎的110%，最重要的是，翻新一条大型轮胎，可以为社会节约10万元人民币。

B 废轮胎裂解制取油气和化学品

废橡胶如废塑料，是一种聚合化合物，是大分子有机物，故可以通过打断其大分子结构，从而得到小分子有机废弃物（油、气类物质）资源利用。

橡胶中含有丰富碳、氢元素，故废旧轮胎是一种高热值材料，每千克的发热量比木材高69%，比烟煤高10%，比焦炭高4%。如果把废轮胎进行加热分解，得到各种低分子的碳氢化合物，不但可以取代部分的煤炭、石油、天然气，还可以获取一部分化工原料，如图1-9所示。

废轮胎热解是在缺氧或惰性气体中进行的不完全热降解过程，可产生液态、气态碳氢化合物和炭残渣，这些产品经进一步加工处理能被转化成具有各种用途的高价值产品，如碳残渣被转化成炭黑或活性炭，液态产品被转化成高价值的燃料油和重要化工产品如烯烃和苯，气态碳氢化合物被直接作为燃料等等。可见，废轮胎热解处理能够实现资源的最大回收和再利用，具有较高的经济效益和环境效益，因此它将成为今后废旧轮胎处理的发展主要方向之一。

经过了20多年的废旧轮胎不同处理技术发展之后，轮胎热解方法是一种有益的选择。废轮胎的热解处理消耗了废物，且没有污染物的排放，还可以回收炭黑、燃料油等油品和化学产品，有利于环保及资源的回收、利用，有较高的经济

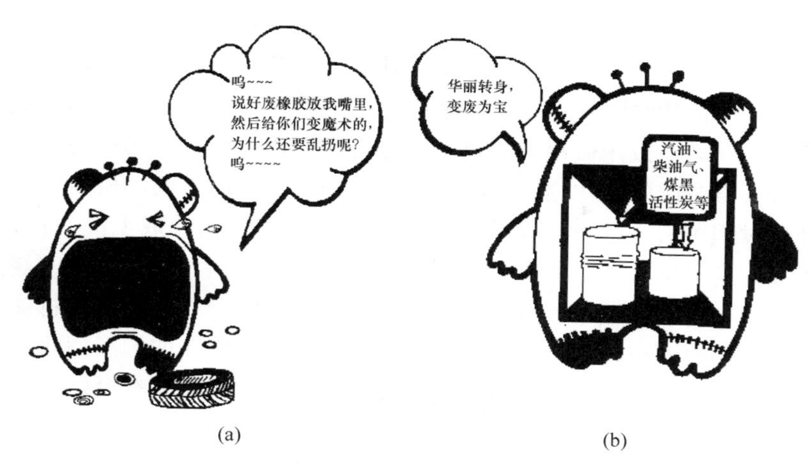

(a)　　　　(b)

图 1-9　废轮胎获取油、气等产品

（a）回收；（b）转化

效益，被认为是当今处理废旧轮胎的最佳途径之一。轮胎热解可以再生 70%能源，而燃烧只能回收 42%的热能。早在 20 世纪 70 年代的法国，如果每年的废旧轮胎（3000 万条）都能热解，将产生 13.5 万吨燃料油、14 万吨炭黑及大量的废钢。

废旧轮胎经过加热分解处理，促使其分解成油、可燃气体、碳粉。热分解所得的油与商业燃油特性相近，可用于直接燃烧或与石油提取的燃油混合后使用，也可以用作橡胶加工软化剂；所得的可燃气体主要由氢和甲烷等组成，可作燃料使用，也可以就地燃烧供热分解过程的需要；所得的碳粉可代替炭黑使用，或经处理后制成特种吸附剂。此外，热分解产物还有废钢丝。流程如图 1-10 所示。

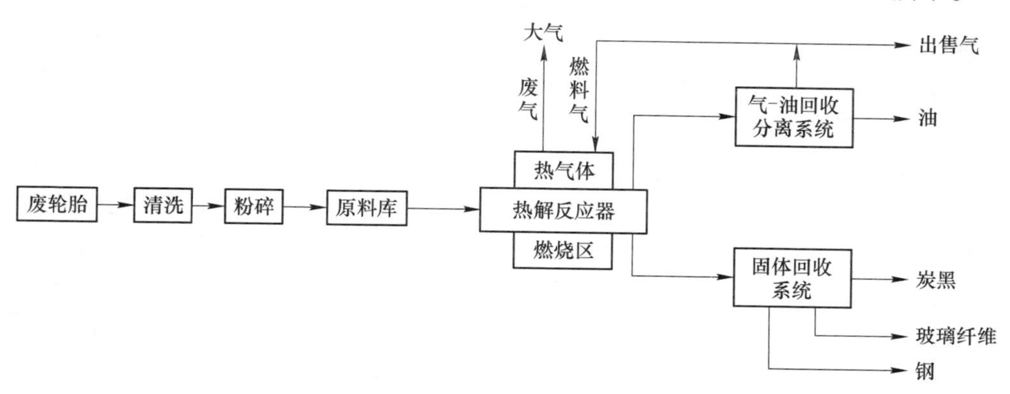

图 1-10　废轮胎热解流程

热解气体的主要成分分别是甲烷、乙烷、乙烯、丙烷、丙烯、乙炔、丁烷、丁烯、1, 3-丁二烯、戊烷、苯、甲苯、二甲苯、苯乙烯、氢气、一氧化碳、二氧化碳和硫化氢等，气体分布以乙烯为主，其次是丙烯、丁烯、异丁烯等。热解气热值与天然气热值相当，可作为燃料使用。热解得到的炭黑，可以用做低等橡胶制品聚解的强化填料或用做墨水的色素，也可作为燃料直接使用；另外，由于碳残余物中含有难分解的硫化物、硫酸盐和橡胶加工过程加入的无机盐、金属氧化物以及处理过程中引入的机械杂质，因此可直接应用于橡胶成型的生产；而且，如果与普通耐磨炭黑按一定的比例混用，其耐磨性能将大大增强。热解炭黑、酸洗炭黑表面则含有较多酯基、链烃接枝，因此具有不同于色素炭黑的特殊表面特性，回收炭黑的表面极性比色素炭黑表面极性要低，该特性增加了回收炭黑的表面亲油性能，作为一种新型炭黑应用到橡胶、油墨等材料将具有更好的分散性。

经分析，热解油（链烷烃、烯烃、芳香烃的混合物）有大约 43MJ/kg 的较高热值，可以作为燃料直接燃烧或作为炼油厂的补充给料。因为产品主要成分是苯、甲苯、二甲苯、苯乙烯、二聚戊烯及三甲基萘、四甲基萘和萘，所以它们也可作为化学制品的一种来源。这些化合物都是有用的化工原料。

C　转化成胶粉重新利用。

虽然目前利用废旧轮胎有翻新利用、切碎做燃料用于发电、化学裂解回收炭黑和燃料油、制成胶粒等多种途径，但国际上越来越趋向于利用废旧轮胎生产胶粉。因为橡胶粉有着不可替代的优势，而且没有再生胶生产所带来的污染，也没有其他二次污染。橡胶粉最神奇的地方在于，可使废旧轮胎的利用率达到近100%，可以循环使用，是真正的循环利用并且可持续发展。

通过机械方式将废旧轮胎粉碎后得到的粉末状物质就是胶粉，其生产工艺有常温粉碎法、低温冷冻粉碎法、水冲击法等。与再生胶相比，制取胶粉无须脱硫，所以生产过程耗费能源较少，工艺较再生胶简单得多，减少了环境污染，而且胶粉性能优异，用途极其广泛。通过生产胶粉来回收废旧轮胎是集环保与资源再利用于一体的很有前途的方式，这也是发达国家摒弃再生胶生产，将废旧轮胎利用重点由再生胶转向胶粉利用领域的根源。

工业发达国家自 20 世纪 90 年代以来，相继研究出常温和低温粉碎工艺制造微细硫化胶粉的方法并形成规模生产。精细胶粉（0. 180～0. 125mm）是一种重要的添加剂，其应用领域很宽。例如，将精细胶粉添加到天然橡胶中（一般橡胶制品的掺入量可达 50%），可提高胶粉的静态性能、耐疲劳等动态性能。在德国，轮胎制品中加入 20% 的胶粉，可提高其耐磨性，延长轮胎的使用寿命，胶粉越细，提高的幅度越大。另一方面，胶粉的价格只有天然橡胶的 1/3～1/2，由此可大大地降低轮胎成本。精细胶粉还可以添加到塑料中，生产出来的橡塑材料，强度高、耐磨、弹性好、扩大了塑料的应用范围。在传统的建筑材料中添加精细胶粉，可生产出防震、防裂、防漏、耐用的新型建材。

又如，用胶粉作高速公路或高等级公路的改性沥青，能取得非常好的效果。实践证明：掺有废橡胶粉的改性沥青路面可比原来纯沥青路面减薄一半，使用期增加一倍，减少道路噪音70%，可以防冻、防滑、防水塌陷，并增强路面的静态及动态强度，大大提高路面的承载能力。全面提高了路面的低温延伸性、抗开裂性、耐磨性、耐热老化等。具有优点有：（1）提高沥青的黏度，黏性高的沥青不仅抗变形能力增强，而且加强了沥青与碎石的黏结力，具有更好的封水性能。（2）改善沥青的低温性能，橡胶沥青良好的低温性能，在寒冷地区将会明显减少路面开裂，延长路面使用寿命。（3）提高行车的舒适性和安全性，由于橡胶路面的柔性，将缓和路面局部不平引起车辆的震动，改善轮胎与地面的附着性能，缩短制动距离，从而使车辆的舒适性和安全性都得到改善。（4）降低道路修建费用，使用橡胶沥青可使路面厚度减薄一半。（5）抗老化、抗疲劳性能明显提高，大量废轮胎胶粉的加入，不仅为沥青增加了抗老化、防氧化和热稳定性，而且由于轮胎橡胶优异的弹性也在较大的温度区间，为沥青路面提供了柔性以及耐疲劳和抗裂纹能力，从而延长路面的使用寿命。

从上述内容可以看到，一方面，废旧橡胶资源再生利用是当今世界缓解橡胶资源紧缺而出现的新型应用材料，特别是在新领域中起着不可替代的作用。因为废旧橡胶资源再生综合利用领域非常广泛，既可代替部分天然橡胶，又在新材料领域中是主要的原材料，如鞋底、垫片、地砖、黏合剂、防水材料、橡胶跑道、橡胶地板等；另一方面，我国随着橡胶工业及汽车产业的发展，大量的废旧轮胎，橡胶制品及其他边角料不断增多，仅轮胎报废量以每年10%的速度递增。我国废旧橡胶回收利用率很低，目前回收率只有2%，比国外先进水平低3%～4%个百分点。据不完全统计，到2021年我国废旧轮胎回收利用率不足6%，与世界发达国家平均9%的回收利用率相差较远。由于废旧橡胶得不到综合利用，大多成为工业垃圾，既浪费了大量的可用资源，又造成了黑色污染，严重影响着人类的生活环境。与此同时，我国又是一个橡胶资源严重匮乏的国家，每年进口橡胶达总消耗量的60%，并且在短时间内还没有根本办法摆脱现状。废旧橡胶资源再生利用，弥补了当前我国橡胶资源严重不足的困境，对我国橡胶行业及再生资源综合利用方面更具有巨大的推动作用。

1.4.3 废纸的回收循环利用

1.4.3.1 造纸业的重要

造纸术是我国的四大发明之一。纸张不仅是书写的理想材料，也是印刷的理想材料。因此，纸张的发明和应用，对人类文明的进步起到了很大的推动作用，也为印刷术的发明提供了良好的条件。

造纸产业具有资金技术密集、规模效益显著的特点，其产业关联度强，市场

容量大，是拉动林业、农业、印刷、包装、机械制造等产业发展的重要力量，已成为我国国民经济发展的新的增长点。造纸产业以木材、竹、芦苇等原生植物纤维和废纸等再生纤维为原料，可部分替代塑料、钢铁、有色金属等不可再生资源，是我国国民经济中具有可持续发展特点的重要产业。

尽管当今世界的信息化途径、方式呈现多样化发展，多媒体类型的信息越来越流行普及，然而纸张的重要性并没有降低。报纸、杂志、期刊、教材、专著、书法、图画等等，都离不开造纸业的支持。造纸产业是与国民经济和社会事业发展关系密切的重要基础原材料产业，纸及纸板的消费水平是衡量一个国家现代化水平和文明程度的标志，造纸业在一些地方被誉为世界的第三大产业。

1.4.3.2 造纸业的环境负担

我国目前已是世界上最大的纸张生产国，但纸业仍是一个高消耗、高能耗、高污染的产业，国家已将造纸业列为七大“三高”产业之一。造纸工业在生产中产生的废水、废气、废渣、毒性物等能对环境造成严重污染。其中以水污染最为严重，用水量、排水量很大（一般每吨浆和纸约用水 300t 以上），废水中有机物含量高，化学需氧量（COD）高，悬浮物多，并含有毒性物，带色有异味，危害水生生物的正常生长，影响工农畜牧业和居民用水与环境景观。长年积累，悬浮物会淤塞河床港口，并产生硫化氢有毒臭气，危害深远。

例如，根据环境保护部统计，2009 年造纸工业生产总值为 4660 亿元，约占全国工业总产值的 2%，但 2009 年造纸工业用水量占全国工业总水耗的近 9%，废水排放量占全国工业总排放量的 19%左右，COD（化学需氧量）排放占全国排放量的 32%。经过各造纸企业的环保防污措施防控，2015 年造纸和纸制品业（统计企业 4180 家，比上年减少 484 家）用水总量为 118. 35 亿吨，其中新鲜水量为 28. 98 亿吨，占工业总耗新鲜水量 386. 96 亿吨的 7. 5%；重复用水量为 89. 37 亿吨，水重复利用率为 75. 5%。废水排放量为 23. 67 亿吨，占全国工业废水总排放量 181. 55 亿吨的 13. 0%。排放废水中化学需氧量（COD）为 33. 5 万吨，占全国工业 COD 总排放量 255. 5 万吨的 13. 1%。排放废水中氨氮为 1. 2 万吨，占全国工业氨氮总排放量 19. 6 万吨的 6. 1%。造纸和纸制品业二氧化硫排放量 37. 1 万吨，氮氧化物排放量 22. 0 万吨，烟（粉）尘排放量 13. 8 万吨。

造纸行业带来的第二方面的资源环境压力，就是木材资源的消耗。人们知道森林资源是地球上最重要的资源之一，是生物多样化的基础，它不仅能够为生产和生活提供多种宝贵的木材和原材料，能够为人类经济生活提供多种物品，更重要的是森林能够调节气候、保持水土、防止和减轻旱涝、风沙、冰雹等自然灾害；还有净化空气、消除噪音等功能；同时森林还是天然的动植物园，哺育着各种飞禽走兽和生长着多种珍贵林木和药材。

目前，全球造纸原料中木材已占到93%以上，而我国木浆比例至2016年仅29%，要达到发达国家的水平，我国需要的木材缺口非常大。与此同时，更严峻的是，世界木浆供应量今后不会大幅增加。因为当代的人们，在经过由于滥伐木材破坏森林，导致各种生态灾难后，人们逐渐认识到保护森林的重要性，从而更加重视保护森林资源的合理利用。

森林是防治水土流失、阻止土地沙化的天然屏障，是净化空气、提高大气质量的天然氧仓，同时又是诸多动植物赖以生存的天然保护区，对环境保护意义重大。现在，纸业已成为世界木材的最大用户。据统计，造纸用材为世界工业用材的27%，每年消耗7~8亿立方米，需要砍伐几千万公顷林地。倘若为发展造纸业而砍伐大量的森林，对环境造成的不利影响同样不可小视。何况我国的森林资源本身就很匮乏，森林覆盖率只有世界平均水平的一半多一点，人均拥有率更是不到四分之一。

1.4.3.3 废纸的循环利用

据统计，我国的纸产量和消费量在2009年分别为8640万吨和8566吨板材，双双超过美国，跃升为世界最大的纸与纸板生产国和消费国。我国人均纸消费量也增长迅速，1998年还只有26kg，2007年和2008年分别增至55kg和60kg，2009年为64.4kg，2016年人均年消费量为75kg（13.83亿人）。2007~2016年，纸及纸板生产量年均增长率4.43%，消费量年均增长率4.05%。我国的人均纸消费量保持了快速增长，并已高于世界平均值（59.2kg），成为世界纸消费第二大国。

因此，我国的纸消费量在未来的十多年，还将有很大的上升空间。同时，也意味着将会有更多的废纸产生被排放到环境中。大量的废纸不但会造成环境的污染，也是对资源的极大浪费。

所以，从节约资源和保护生态环境的层面考虑，迫切需要加强对废纸进行回收利用。有专家对分别利用废纸和木浆制造成品新闻纸的资源和能源耗费比较。具体如下：（1）利用废纸：造1t成品新闻纸，大概要用废纸1.4t，用电1000kW·h，用水40t左右。（2）利用木浆：造1t成品新闻纸，大概要用木浆1.2t，用掉木材$3m^3$（相当于需要砍伐约10棵马尾松），大概要用电800kW·h左右，用水约280t。而在将木浆做成新闻纸的过程中，还需要耗费大约500kW·h电。将两者进行比较可以发现：用废纸造1t成品新闻纸，可以节约$3m^3$的木材，约300kW·h电和240t水。

同时，回收1t废纸能生产0.8t纸，可以少砍17棵大树，相当于节约$3m^3$木材，节省$3m^3$的垃圾填埋场空间，还可以节约一半以上的造纸能源，减少35%的水污染（见图1-11）。相对利用木材和草料造纸，可以节约1.2t标准煤，600kW·h

电，100m³ 水。2014 年，我国在废纸回收和利用方面继续保持平稳增长态势，全年废纸回收量共计 4841 万吨，废纸回收率达 48.1%，废纸消耗量为 7593 万吨，废纸利用率达 72.5%。

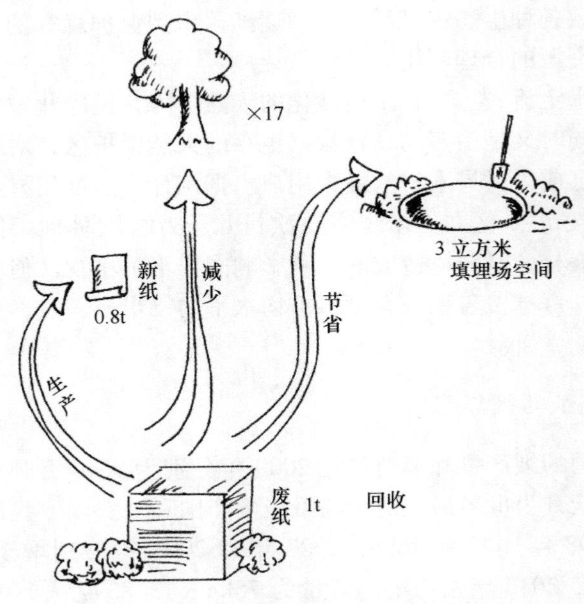

图 1-11　废纸回收的经济和环境效益

可见，废纸回收利用在减少污染、节约原生纤维资源及能源等方面能产生巨大的经济效益和社会效益，是实现造纸工业可持续发展以及社会可持续发展的一个非常重要的方面。发达国家对废纸回收利用，不论在规模上，还是在生产技术方面都已具有相当水平。如日本的废纸回收率为 78% 以上，占全部废纸量的 83%；芬兰城市旧报纸、杂志回收率几乎达 100%。我国废纸回收率与世界发达国家相比还有明显的差距，废纸回收还有很大的上升空间。

回收的废纸具有广泛的再生用途：纸张的原料主要为木材、草、芦苇、竹等植物纤维，故废纸又被称为“二次纤维”，最主要的用途还是纤维回用生产再生纸产品。根据纤维成分的不同，按纸种进行对应循环利用才能最大程度发挥废纸资源价值。

除再生纸生产外，低品质或混杂了其他材料的废纸，还有其他广泛的再生用途：（1）生产家具。用旧报纸、旧书刊等废纸卷成圆形细长棍，外裹一层塑胶纸制作实用美观的家具；（2）模制产品。纸模包装制品可广泛用于产品的内包装，可替代发泡塑料；（3）日用品或工艺专用品。难于处理的废纸可通过破碎、磨制、加入黏结剂和各种填料后再成型，生产肥皂盒、鞋盒、隔音纸板、装置纸；（4）生产土木建筑材料。主要制造隔热保温材料或复合材料、灰泥材料等；

（5）园艺及农牧业生产。废纸打浆后制成小花盆；农牧生产中可改善土壤质量，并可加工成牛羊饲料（美国、英国、澳大利亚）；（6）提炼废纸再生酶：提炼再生酶后可用于废纸脱墨，生产白色再生纸；（7）生产葡萄糖。旧报纸用酸处理，溶掉纤维后分解生成葡萄糖。

再来看废纸的再生工艺。废纸的回收利用目前有两类加工方法，即机械处理法和化学机械处理法。机械法大部分不用化学药品，回收所得浆料用于生产包装用纸，如牛皮衬纸、纸板、瓦楞纸等。所用废纸原料主要是不含机械浆的废纸，如瓦楞纸板箱、纸盒、旧书和账本等；但有时也使用含有机械浆的废纸，如新闻纸、杂志纸等。而化学机械处理工艺也就是废纸脱墨工艺，常用的原料为新闻纸、印刷纸和书写纸等。

为了更好地使废纸及纸板的分离成浆，尤其是分离各种彩色印刷纸的油墨，常在机械处理或化学机械处理之前增加废纸蒸煮处理工艺。下面分别介绍这三种工艺：

（1）废纸蒸煮工艺。原始的废纸再生工艺，多采用蒸煮的方式，在加药、加温条件下离解废纸，工艺与操作都较简单，然而能耗较大，制浆效率低而且污染较重。出于节能和环保的要求，国际上逐步以水力碎浆机取代了蒸煮。尽管水力碎浆机的功能也日益改进，但有时仍不能满意地处理着色废纸。因此采用蒸煮工艺处理着色废纸仍在应用，尤其是在水力疏解设备功能较落后的我国。蒸煮工艺又分为高温与低温两种：高温蒸煮，一般用于处理胶版纸、着色卡纸、铜版纸（画报、彩色广告、彩色商标）等。其优点是，对彩色油墨的脱除效果好，可提高着色废水纸配浆率，适应较多种类废纸，煮后的浆料白度较高，纸浆柔软、疏松，耗电也较少。而缺点是，纸浆强度下降，排放污染负荷增加，纸浆得率下降等。低温蒸煮，其蒸煮温度仅为高温法的一半左右，或采用热分散器进行处理。低温法处理胶印彩色废纸与高温法相比有改善，纸浆白度可达70%以上，排污负荷大为下降，纸浆得率提高了4%~5%。

（2）机械处理工艺。废纸经破碎离解后，通过除渣器除去杂物即可送去造纸，用水量较少，水污染较轻。若有需要，也可增加上述蒸煮工艺，以充分离解废纸。

（3）脱墨处理工艺。先用化学方法添加脱墨助剂，将废纸上的油墨溶解成松散的油墨粒子与纤维分离，再用洗涤法或气浮法将油墨粒子从纸浆中除去。也即是说，此工艺主要包括两部分：脱墨剂和洗涤脱墨工艺或者浮选脱墨工艺。

1.4.4　废纺织物的综合利用

1.4.4.1　纺织品的概述

早在原始社会时期，古人就开始制造简单的纺织工具，利用自然资源作为纺织和印染的原料，开创了我国纺织与印染技术悠久的历史。丝纤维的广泛利用，大大地促进了我国古代纺织工艺和纺织机械的进步，使丝织生产技术成为我国古代最具特色和代表性的纺织技术，在人类经济生活及文化历史上具有重要地位。闻名于世的丝绸之路，就是把汉代中国的精美丝绸品带到了阿拉伯国家，进而带到了西方国家，对世界的纺织业做出了巨大的历史贡献。因此，我国是世界上最大的纺织品服装生产和出口国，纺织品服装出口的持续稳定增长对保证我国外汇储备、国际收支平衡、人民币汇率稳定、解决社会就业及纺织业可持续发展至关重要。纺织品的原料主要有棉花、羊绒、羊毛、蚕茧丝、化学纤维、羽毛羽绒等。纺织业的下游产业主要有服装业、家用纺织品、产业用纺织品等。

据统计，1978 年时全国人均衣着纤维消费量不到 3kg，当时的世界平均水平是 7kg，当时我国是缺衣少穿的时代。2010 年国内人均纤维消费量可能达到 17~18kg。《2016~2022 年中国涤纶纤维市场发展现状及未来趋势预测报告》中指出：2012 年我国涤纶纤维产量为 3022.41 万吨，同比增长 8.8%，2013 年中国涤纶纤维产量为 3327.70 万吨，同比增长 10.1%，2014 年我国涤纶纤维产量为 3580.97 万吨，同比增长 7.6%。我国作为世界第一大生产国，解决了小康生活需要，成为世界消费第一大国。

1.4.4.2 纺织业的污染

然而，纺织业同时也是一个高污染行业，快速增长的纺织业给环境带来的巨大的压力。纺织业的消极影响最早引起人们注意的是废弃纺织品如何处理的问题，即纺织废料的处理问题。对于纺织废料的处理，过去基本上采用堆积、填埋、焚烧等方法，但缺点是，纺织废料的堆积将会占用土地，而且容易造成坍塌；堆积的废料暴露在空气中，聚积灰尘、杂质，影响环境卫生；在雨水作用下，纺织废料上（如使用过禁用偶氮染料或被其他有害有毒物质污染的纺织废料）的染料，及其他有害成分将浸出并渗入地下，污染地下水。填埋处理在地表之下进行，虽然不会影响地面环境，但经过填埋处理的场地在城市中几乎不可再利用，而且将有一笔额外开销；由于化纤本身的不可降解性，特别是合成纤维，化纤废料的填埋会使土壤板结硬化；同样，废料上的有害物质会随水渗入土壤、透入地下，污染土壤和地下水。而对废织物焚烧将产生大量的灰尘，并产生有害气体污染大气，影响环境卫生，而且焚烧后的化纤残留物更不易处理。

2007 年 5 月，国务院下发了《第一次全国污染源普查方案》，纺织业被列为重点污染行业。据环保部统计，印染行业污水排放总量居全国制造业排放量的第 5 位。有近 60%的行业污水排放也来自印染行业，且污染重、处理难度高，废水的回用率低。化学纤维行业在生产过程中，有些产品大量使用酸和碱，最终产生硫黄、硫酸、硫酸盐等有害物质，对环境造成严重污染；有些则是所用溶剂、介

质对环境污染较为严重。

纺织业污染环境的另一种表现是大量纺织废料的排放，这些废料不但浪费资源又造成环境污染。所谓纺织废料，主要包括纺织过程中由于化学作用和机械作用所产生的下脚短纤维，纺织生产过程中产生的回花、回丝、废丝、废纱、废料、碎料布片，以及服装裁剪过程中产生的下脚料、边角余料，还有日常活动中丢弃的纺织纤维及其制品。国际上习惯将纺织废料分为“软质”和“硬质”废料。所谓“软质”废料，指的是无须进一步采用过多的处理，即可回入纺纱生产的纺织废料；而“硬质”废料，是指具有纱线结构以及机织、针织、非织造布结构的一切纺织废料。

由上可见，一般的处理方法并不能彻底解决问题，还会带来污染问题。从纺织品处理生态学的角度来看，人们不仅要考虑如何简便地处理纺织废料，还要考虑纺织品上的染料和各种助剂、纺织废料各组分（尤其是化学纤维）在处理过程中对环境产生的影响，并采取有效方法减轻对环境造成的影响。由于人们对环境保护的要求越来越高，废物的处理问题也越来越受到人们的关注。

1.4.4.3 废织物的回收利用

据统计，纺织品及纺织纤维的废弃物占总城市生活废弃物的3.5%~4%。目前世界的纤维使用量每年达5600万吨以上，若衣服的平均周期以3~4年计，而纺织品的废弃物以70%左右计，则纤维的废弃物每年约达4000万吨以上，这些废弃物较多地作为垃圾处理，往往会造成环境污染，若综合利用得当，却会使这些废弃物获得意料不到的效果。

当纺织废料的产生不可避免时，无害废料的再利用便成了重点关注和重点发展的方向，想方设法地让废料变成纺织原料的第二个来源。这样做无疑减轻了纺织废料处理量，节约了原料和能源，提高了资源的利用水平，降低了成本。几十年以来，纺织工业已经无可争议地进入原料回收再利用的阵营中。许多工厂已为废品回收进行成功的经营，国内外都有很多的典范实例。对于废料的回收利用不仅是对生态环境有利，而且经济价值也非常可观。纺织废料就是未来最重要和有价值的材料之一，全世界现在有大量的废料送到现代化的处理工厂进行循环再利用。

目前可通过多种不同的方式和途径来达到纺织废料的循环资源化利用。

对于无穿着价值的废旧纤维织物，通过洗涤、干燥、撕裂等初级加工后，进行适当处理，可做如下综合利用：

（1）植物纤维作造纸原料。工艺流程为：废纤维织物—撕裂—漂白—研磨—制浆—抄纸—整理。废旧的植物纤维织物，纤维素含量高、长径比大，是制造高级耐久纸的优质原料，但由于缺乏半纤维素、树脂等胶黏成分，基本上没有结合力，因此，一般需采用机械研磨制浆。对于有色废纤维织物，由于主要使用有机染料，因此，可使用强氧化剂进行漂白。常用的强氧化剂有氯气、二氧化氯、次氯酸钠、过氧化氢、臭氧等。

（2）植物纤维制造纤维素衍生物。植物纤维织物，含有丰富的纤维素，通过化学加工可以获得许多纤维素衍生产品，如纤维素酯、纤维素醚等。

对于废弃的废纤维织物，如果成色较新，可以通过消毒、洗涤、干燥、熨烫等工序处理，捐献给灾民或经济欠发达地区的人们，也可以撕剪成条制作拖布。

一些纺织废料再加工后可得到以下几类产品：

（1）再加工纤维织物。回收的毛纤维一般长度较长，可以直接纺纱织成粗纺面料或编织毛衣裤。由这种废毛生产的粗纺呢绒或毛衣裤其质量并不比由原毛生产的产品逊色。对于纤维长度较长的再生毛纤维或其他纤维也可掺入纤维使用，采用环锭或转杯纺、摩擦纺平行纺纱机均可。所得到的纺纱可用于装饰材料、家具面料、桌布、工业用织物、滤布以及各种毛毯、面料、服装衬里等。

（2）再加工纤维非织造布。这是再生纤维应用最为广泛的领域，在工农业生产和各生活领域中应用十分广泛。由于非织造布生产工艺简单、成本低且对原料的适应性能好，因而纺织废料在这个领域中的应用正在逐步扩大。在汽车中主要用于隔音网、绝热网、车座和车体侧面的衬里、车体部分、货车厢、车内地毯等。在家具业主要用于坐垫面、坐垫底层棉褥、装饰材料、填絮及地毯底层毡。在建筑业中用于隔音及绝热网、过滤产品、非织造布和涂层基布、足迹隔音层、土木工程中的填充料等。在纺织行业中，用气流纺和尘笼纺的纺织废料可制作抹布、毯子、家具装饰织物。

（3）再加工纤维填絮料。对于一些质量较差、长度较短的再生纤维经过适当处理后可做填絮料使用。如隔热、隔音层的填絮材料。特别是运动场上所用的聚酯泡沫塑料垫内加入适当的再生纤维后，可大大增加其强度，延长使用寿命。

（4）纸张及再生纤维。棉短绒经剥绒机三道剥绒。头道绒为一类短绒，长度为12~16mm，可纺49~97号低级纱，可以织棉毯、绒衣、绒裤、绒布、烛芯、灯芯等，还能制造高级纸如钞票纸、打字蜡纸、铜版纸等，以及耐磨、轻便的钢纸。二道绒为二类短绒，纤维长度为12mm以下，这类短绒制成浆粕后，经浓硝酸处理，可制成硝酸纤维素。其中含氮11%~13%的称中氮硝棉（俗称胶棉），可溶于乙醇-乙醚混合液，配制喷漆。三道绒为三类短绒，绒长不足3mm，这类短绒经氢氧化钠和二硫化碳处理，可制成粘胶纤维；经醋酐和硫酸处理可制成醋酸纤维。

随着人民生活水平的提高，废旧衣服的数量在快速地加大，以前每六七年丢弃一套衣服，现在只需两三年。对于这些废旧衣服，即使一件普通的旧衣服，它所蕴含的作用也是人们所想象不到的。接下来以“废旧衣服的再加工利用”为

例说明纺织废料的具体回收利用。

首先，可以从旧衣服中挑选出比较干净、整洁的部分，捐赠给政府和社会福利机构，然后集中消毒整理，再分发给有需要的贫困地区居民，以实现它最大的利用价值。

其次，就是把不能穿用的旧衣服进行回收加工以再利用。普通的衣服因为原料的不同，它可能由棉麻、动物毛、化纤等原料纺织而成，而在回收过程中如果能对废旧衣服从原料种类上单独分拣，那它所形成的资源利用优势将是明显的。

棉花亚麻类纺织品原料属于植物纤维，而植物纤维含有的有机成分较高，对人体的感觉上穿着感舒服，也是整个旧衣服纺织品中含量最大的一部分。随着全球耕地面积的逐渐减少，至于我国，耕地面积在这几十年来减少的额度更为严重，导致棉麻种植的产量有大幅降低。而纺织业对于棉麻原料的需求量却在逐步提高，使棉麻原料的价格一路攀升居高不下。这就给棉麻纤维的再生利用创造了一个很好的机遇和极为有利的空间。这类原料的废旧纺织品，经过分拣、剪切、漂白、开松、粉碎等一系列的加工后变成不再绞绕的单纤维（棉花状），那便可以通过再疏棉、抽纱、织布、染色等一系列的加工变成其他纺织品再利用。

动物的毛和绒是更珍贵的和稀缺的纺织原料，特别指出的是，人们通常穿用的毛类服装里面，羊毛、羊绒的比例是最大的，对这类旧纺织品中的羊毛羊绒进行回收利用就充分挖掘利用了这部分珍贵资源。

一般来说，废旧纺织品的再利用因纤维存在形式可分为交织不分散纤维和分散纤维两种方式进行，不分散纤维就是不改变纺织原料的纤维交织结构，按照所需要的形状进行剪切利用，比如做拖把、拧绳子、包装裹布、工艺拼布等。最直接的方式就是切碎后扔进锅炉烧水发电。

分散纤维加工法是整个纺织品加工利用过程中工艺最复杂，也是用处最多的一种。简单地讲，就是把纺织品中相互交织的纤维再还原成单纤维，使他们相互散开，形成棉花状、棉絮状，甚至更加细碎而变成短绒或粉末状。

再按照纤维的长短来介绍一下它们的用途。如果加工后的纺织品加工成棉花棉絮状，它的纤维长度，韧性，粗细程度基本或者稍逊于原纤维的性能，那么其中纯棉的或是纯化纤的一部分经过除杂、脱色后，可以添加至其他抽纱的原料里面继续使用。其他各种混纺不能分类分拣、不能脱色、颜色混合的纤维可以用作制造无纺布，包装毡，汽车保温被，楼顶屋面保温被，保温门帘，塑料蔬菜大棚保温被等。如果能把原料的纤维短切、粉碎，使纤维的长度达到几个毫米以下，便可以用于添加在水泥、石棉制品中制作建筑材料，比如水泥瓦、石棉瓦、石棉板、防水油毡，以及广泛用于造纸业。

1.4.5 电子垃圾

1.4.5.1 电子垃圾概述

电子垃圾是指被废弃不再使用的电器或电子设备，主要包括电冰箱、空调、洗衣机、电视机等家用电器和计算机等通讯电子产品等电子科技的淘汰品。电子废弃物种类繁多，大致可分为两类：一类是所含材料比较简单，对环境危害较轻的废旧电子产品，如电冰箱、洗衣机、空调机等家用电器以及医疗、科研电器等，这类产品的拆解和处理相对比较简单；另一类是所含材料比较复杂，对环境危害比较大的废旧电子产品，如电脑、电视机显像管内的铅，电脑元件中含有的砷、汞和其他有害物质，手机的原材料中的砷、镉、铅以及其他多种持久性和生物累积性的有毒物质等。

电子垃圾是当今信息时代的副产物，更新换代的速度实在太快。一边是不断推陈出新的电脑、手机、数码相机，一边则是越堆越高的电子垃圾。目前，电子垃圾已经成为世界上发展最为迅速的废物，仿佛海啸时的巨浪向地球席卷而来，全世界所有国家都在为庞大的、不断增长的电子垃圾而苦恼。据2010联合国环境规划署发布的报告，我国已成为世界第二大电子垃圾生产国，每年生产超过230万吨电子垃圾，仅次于美国的300万吨。至2015年我国电子垃圾产生量已突破600万吨，仅次于美国成为世界第二大电子垃圾集散地（见图1-12）。到2020年，我国的废旧电脑将比2007年翻一番到两番，废弃手机将增长7倍。电子垃圾与传统垃圾一样，作为工业生产和日常生活中的淘汰品，本身其原有的价值已经出现折扣或丢失，无法再继续使用；但另一方面，作为一种成分复杂的废弃物，它又具备传统垃圾所不能及的潜在价值。事实上，“电子垃圾”既含铅、汞、镉等有毒有害物质，不同程度存在着污染环境和损害人体健康的现象，亟待引起重视，同时也含有价金属如金、银、铂等，处置得当可变废为宝，提炼一座优质的“城市矿产”。

1.4.5.2 电子垃圾对环境和人类健康的影响

电子废弃物的成分复杂，电子垃圾造成严重污染，其中半数以上的材料对人体有害，有一些甚至是剧毒的。以人们身边最常见的电视、音响、电脑、手机等产品为例，其组件中一般含有六种主要的有害物质：即铅、镉、汞、六价铬、聚氯乙烯塑料和溴化阻燃剂。比如，一台电脑有700多个元件，其中有一半元件含有汞、砷、铬等各种有毒化学物质；电视机、电冰箱、手机等电子产品也都含有铅、铬、汞等重金属；激光打印机和复印机中含有碳粉等。如果对电子垃圾的处理回收方法不当，它对生态环境和社会发展所带来的负面影响也是相当严重的，就会变为让人们避之不及的“毒物”。

图 1-12 堆积如山的电子垃圾

电子废弃物被填埋，其中的重金属渗入土壤，进入河流和地下水，将会造成当地土壤和地下水的污染，经过植物、动物及人类的食物链循环，直接或间接地对当地的居民及其他的生物造成损伤。如电脑显示器罩含有大量的铅和镉。铅的有害影响早已为人们所公认，早在 20 世纪 70 年代就被有的国家禁用于汽油中。铅能损伤人的中枢神经系统、血液系统、肾以及生殖系统，而且会对小孩的大脑发育有负面影响，铅能在环境中累积，从而对动植物、微生物都有强烈而且长久的影响。镉对人体的危害属于不可逆转的一类，它的半衰期约 30 年，可在体内蓄积，损伤肺部、肾脏和骨骼。

各种电子产品的电池中含有铬化物，铬化物透过皮肤，经细胞渗透，可引发哮喘。汞也是广泛使用的金属，液晶显示器、医疗设备、电灯、电池、手机、温度计、开关、传感器都含有汞，汞一旦被排入水中就会转化成甲基汞，甲基汞会随水被植物吸收从而进入食物链，经过一级一级的传递，最终进入到人体内，造成包括大脑、肾、卵巢在内的很多器官的损伤，破坏人体细胞的 DNA 和脑部神经，更严重的是，胎儿的发育会对母体传过来的汞相当敏感。

如果将电子垃圾进行焚烧，其中的有机物将释放出大量的有害气体，如剧毒

的二恶英、呋喃、多氯联苯类等致癌物质，对自然环境和人体造成危害。

即使对电子垃圾进行回收，如果拆解不当，非但起不到回收和降解的目的，还会严重威胁人类的生存环境。家庭作坊式的“地下工厂”非法进行简单的拆解回收，将无法利用的零部件直接扔掉或焚烧，无疑会污染空气、土壤和水体；有些拆解作坊为了把旧家电中的金、银、铂等贵重金属提炼出来，采用酸泡和火烧等野蛮操作，所产生的大量废液、废渣和废气会造成严重污染；由于没有保护措施，工人长期暴露在恶劣的工作环境中，肤溃烂、血液病、呼吸道疾病、胃肠道疾病和肾结石等多发。与其他非电子垃圾拆解地区相比，皮肤损伤、头痛、眩晕、恶心、胃病、胃、十二指肠溃疡等在当地居民中发生率较高。

简陋家庭作坊式的电子垃圾手工拆解业为当地居民带来的不是预期中的巨大收益，而是灭顶之灾。拆解区水源污染状况十分严重，大大小小的河流成为重金属严重超标的臭水塘，各种各样的垃圾任意堆放在河边。对拆解区河岸沉积物的抽样化验显示，对环境和身体健康危害极大的铅、铬等重金属含量都超过危险污染标准的数百倍，甚至上千倍，而水中的污染物含量也超过了饮用水标准数千倍。由于有毒物质、废液被填埋或渗入地下，地下水也被污染，导致方圆几十里找不到可饮用的水，居民饮水必须从外地运送。大量有害气体和悬浮物致使空气质量变得非常差，空气中弥漫着刺鼻的味道。由此可看出，电子垃圾实际上已经对人类生存的外部环境，造成了极其严重的危害。

1.4.5.3 电子垃圾的回收利用

电子垃圾同时也可以看做是一种蕴含巨大价值的再生资源。电子废弃物中所蕴含的金属，尤其是贵金属，其品位是天然矿藏的几十倍甚至几百倍，回收成本一般低于开采自然矿床。研究发现，1t 随意搜集的电子板卡中，可以分离出 0. 45kg 金，143kg 铜、40. 8kg 铁、29. 5kg 铅、2. 0kg 锡、18. 1kg 镍、10. 0kg 锑。而开采金矿时，每吨金矿砂只能提取 6g 黄金，最多也不过几十克。铜在我国是比较匮乏的资源，铜矿中只要达到 2%的含铜量就可以称作是富铜矿，我国约有 62%的铜依靠进口，而电子电器线路板含铜量将近 30%。日本横滨金属公司对报废手机成分进行分析发现，平均每 100g 手机机身中含有 14g 铜、0. 19g 银、0. 03g 金和 0. 01g 钯。

此外，大家熟悉的电子器具的外壳含铁、塑料、钢或铝，电视机和显示器中的显像管含有玻璃，废旧空调、制冷器含有高精度的铝和铜、电动机含铁、磁体、铜、电脑板卡的金手指上或 CPU 的管脚上含金，电脑的硬盘盘体是由优质铝合金造成，通信工具大量使用锂或镍氢电池，都可以进行相应材料的大量回收再利用。目前我国已进入电器淘汰高峰期，作为资源的综合体，电子废物蕴藏着众多珍贵的资源，对于电子废物的再利用、循环利用是解决资源紧缺及环境污染

等问题的重要途径。

在国外，处理电子垃圾是一项专业性很强、技术含量很高的工作，而我国的拆解作坊往往是利用强酸溶解并提取贵金属，废液未经任何处理便直接排放。在财富迅速积累的同时，大量有害物质也不断地释放到环境中。因此，要实现电子垃圾的资源再生，必须要在循环经济理念的指导下，采用有效而经济的技术手段将电子垃圾进行无害化处理，消除污染，变废为宝，才能实现经济利益和环境利益双赢的淘金之旅。

目前处理处置电子废弃物的方法主要有化学处理方法、火法、机械处理方法、电化学法或几种方法相结合。

电子废弃物的化学处理也称湿法处理，将破碎后的电子废弃物颗粒投入到酸性或碱性的液体中，浸出液再经过萃取、沉淀、置换、离子交换、过滤以及蒸馏等一系列的过程最终得到高品位的金属。但在化学处理的过程中要使用强酸和剧毒的氰化物等，会产生大量的废液并排放有毒气体，对环境产生的危害较大。

火法处理是将电子废弃物焚烧、熔炼、烧结、熔融等，去除塑料和其他有机成分富集金属的方法。火法处理也会对环境造成严重的危害。从资源回收、生态环境保护等方面来看，这些方法都难以推广。

机械处理电子废弃物的机械处理是运用各组分之间物理性质差异进行分选的方法，包括拆卸、破碎、分选等步骤，分选处理后的物质再经过后续处理可分别获得金属、塑料、玻璃等再生原料。这种处理方法具有成本低，操作简单，不易造成二次污染，易实现规模化等优势，是各国开发的热点。

利用微生物浸取金等贵金属是在20世纪80年代开始研究的提取低含量物料中贵金属的新技术。利用微生物的活动使得金等贵金属合金中其他非贵金属氧化成为可溶物而进入溶液，使贵金属裸露出来以便于回收。生物技术提取金等贵金属具有工艺简单、费用低、操作简单的优点，但浸取时间较长。

1.4.6 厨余垃圾

1.4.6.1 国内餐厨垃圾处理现状、需求及发展政策

近年来，国家先后出台了一系列重大决策部署，推进生活垃圾的分类和有效处理。2017年3月30日，国务院办公厅转发了由发展改革委、住房城乡建设部起草的《生活垃圾分类制度实施方案》，在全国将有46个城市全面实施生活垃圾的强制分类制度。由于我国在小区、办公楼和企业食堂等垃圾产生点的垃圾分类工作的缺失，生活垃圾、餐厨垃圾和其他杂物大多混为一体，干湿不分，极大地影响了后续垃圾处理厂的处理效果。

餐厨垃圾作为一种兼具资源和环境污染双重性的固体废弃物，其产生量约已占到日常生活垃圾总量的46%~52%。我国餐厨废弃物具有高水分、高油、高

盐、高有机物质、易腐败等特征。在我国，绝大多数餐厨垃圾仍然采取与其他生活垃圾混合后通过长距离运输后送至生活垃圾处理厂进行集中处理的模式。虽然近几年来，各大城市建设了大规模的专门用于餐厨垃圾处理的集中处理厂，但由于餐厨垃圾产生点（终端）无法做到有效地分选，仍然将餐厨垃圾和其他垃圾混合收集、运输，所以导致现有的餐厨垃圾厂存在"吃不饱"（无餐厨垃圾可收、餐厨垃圾实际收运量少）、"吃不下"（与生活垃圾混杂，餐厨垃圾处理工艺无法实现有效处理）；尤其在夏季，餐厨垃圾在长距离运输过程中非常容易腐败、发臭，不仅丧失了其资源性，而且带来了环境卫生与恶臭等环境污染问题；另外，餐厨垃圾的混入增加了其他生活垃圾在集中处理过程中的难度，为其他生活垃圾（干垃圾）的处理带来了麻烦与困扰。

国家高度重视餐厨垃圾在源头的就地无害化和资源化处理。在 2016 年 5 月，国管节能办发布《关于在中央和国家机关推进餐厨垃圾就地资源化处理的通知》（国管节能（2016）183 号文），要求各部门、各单位要高度重视餐厨垃圾资源化利用工作，将其纳入健康食堂创建内容，认真组织实施，确保餐厨垃圾得到规范化处理。在 2017 年 4 月 24 日，国务院办公厅印发《关于进一步加强"地沟油"治理工作的意见》，明确提出要把"地沟油"治理作为"十三五"期间食品安全重点工作任务。意见中提出，有条件的单位要自建无害化处理设施；同时，总结餐厨废弃物资源化利用试点试验，推动培育与城市规模相适应的废弃物无害化处理和资源化利用企业。引导废弃物无害化处理和资源化利用企业适度规模经营，符合条件的按规定享受税收优惠政策。

基于上述现状与国情，餐厨废弃物就地处理的方式成为解决我国餐厨废弃物污染的一种方法与思路。餐厨垃圾如果能够在产生点，如机关、酒店、高校的食堂、厨房实现就地处理，将大大缩短餐厨垃圾处理周期，通过对垃圾中水分、油分等特征污染物进行重点有效的处理，并将分离后的废油、垃圾处理残渣进行资源化利用，这样不仅可以解决餐厨垃圾带来的污染，从长远意义上讲更能为垃圾的"变废为宝"提供基础和条件，从而为城市生态文明建设、实现循环经济贡献力量。

1.4.6.2 国外餐厨垃圾处理现状

欧洲每年的厨余垃圾量生产在 5000 万吨左右，相对来说，欧洲各国特别是像德国、法国、英国，还有北欧地区的较发达国家等对厨余垃圾的管理和处理都有相对较为完善的系统和体制。德国为了管理泔水回流，为每一桶泔水都贴上了"身份证"，且政府与餐馆酒楼签订泔水回收合同，将回收的泔水制成生物柴油。据了解，德国的泔水油回收率现已达 100%。

在美国，食用废油回收主要经过两个步骤：在餐馆和家庭厨房的洗碗槽下方

都装有“厨房废物粉碎机”。第一步，人们需要进行初次筛选，先将那些肉渣、菜叶之类不太油腻的食物，通过这个机器直接打碎后从下水道排出；第二步，那些油分含量高的食物不能放入粉碎机，而是需要专门收集起来，倒入专用垃圾桶里，等待专门的公司前来回收。这些废油统一由美国食用废油回收公司进行回收、但这些公司必须取得卫生和环保部门颁发的经营许可证，并拥有专业的运输、回收及加工设备。公司会定期从餐馆和居民区回收废油。此外，餐馆如果私自将废油卖给其他机构或个人，一经发现，将被停业。

在亚洲国家中，韩国目前堆肥所采取的主要技术有生化沼气厌氧消化和两步厌氧消化，餐厨垃圾处理运营实行“从量制”计费方式，有3种：(1) 由政府统一制作厨余垃圾袋，居民使用的垃圾袋越多则付费越多；(2) 在各小区设置智能厨余垃圾桶，居民在倒厨余垃圾前必须先刷卡，垃圾倒入时自动测定重量并按质量计费；(3) 电子标签方式，居民使用统一规定的容器倾倒厨余垃圾，并须在容器上粘贴向政府购买的电子标签，政府在收取垃圾的同时回收电子标签。

日本则由政府通过高价回收地沟油，再辅以非常苛刻的舆论监督，确保地沟油不被重新食用回流餐桌。同时，100多家日本公司已开始在废物处理上展开竞争，目前的市场上已经有数十种垃圾处理器。“垃圾能手”处理器就是其中之一，它是一种体积与电视机相当的有机废物高温搅拌式处理器，其内部装有用微生物处理过的、可以加速垃圾分解的碎木片。进入处理器的垃圾，几天以后就被转化成一种可以用作肥料的土状颗粒物质。还有的厨房垃圾处理器可利用热空气风干并压缩有机废物，这种处理器能在两个半小时内把废物的体积压缩到原来的七分之一。

在瑞典马尔默西港新城的某社区，有一组专门用来回收厨房垃圾管道。每天住户只需要走很少的路，将一天中产生的厨房垃圾，包括那些剩菜一起倒入门前不远的专用垃圾箱。这些厨房垃圾就会顺着真空管道，被抽往巨大的储藏罐内，并由专业的垃圾运输车将这些厨房垃圾从储藏罐倒出后再运往处理场。经过专业处理，这些厨房垃圾最终被加工生成沼气，以此成为替代汽油的能源，而社区中很多车辆都是汽油和沼气的混合动力车。目前，该社区正在尝试将厨房垃圾回收管道接入居民家中，这样居民就可以足不出户，只需将垃圾倒入水槽下面的餐厨垃圾粉碎机，粉碎后的垃圾就会通过专用管道输送至地下收集箱，而废水则继续流到常规的废水处理系统。

由此可见，餐厨垃圾的处理是全世界各个国家都普遍关注和亟待解决的问题。不同的国家和地区因不同的生活方式和国情特点，对餐厨垃圾的处理一般都具有一定的差异性。

1.4.6.3 厨余垃圾家庭资源化利用

对于家庭中的厨房垃圾，如果家中养花或种植阳台蔬菜，可以把厨房里的菜叶、果皮等制成肥料。即用一般的塑料桶，底部打洞，做成简易的有机堆肥桶，在桶底铺上六七厘米厚的土（最好是沙土），再把果皮、菜叶、骨头、剩饭等物的水分沥干后，平铺在桶里，上面再铺土压实，避免臭味逸出，就这样层层叠放，最后再铺一层七八厘米厚的土，最后用重物把桶盖压紧，不让空气进入，才能把肥料“闷熟”。此外，堆肥桶底部流出来的液体也是极佳的肥料，可以用于养花、种菜。在堆肥桶底部安装口径适当的水管，接上瓶子就可以轻松盛接渗出物，也可以避免臭味散出。为了让有机堆肥更加“营养均衡”，也可以把一些鱼鳞、虾壳、鱼肚等煮熟后，沥干水分加在其中，或加入做豆浆剩的豆渣，以增加堆肥中的蛋白质。

蚯蚓堆肥法是近年来发展起来的一项新技术。蚯蚓体内可分泌多种酶类，对有机垃圾有较强的分解作用，同时还可以有效抑制堆肥过程中产生的臭味。厨余垃圾作为一种有机物含量较高的废物，尤其适用于这种技术。2000 年悉尼奥运会期间，人们利用 4000 条蚯蚓来处理奥运村包括厨余在内的生活垃圾，使垃圾不出村就可以就地消纳。

1.4.6.4 国内餐厨垃圾处理最新装备——上海 YMGCC 智能餐厨废弃物就地处理装备

当然，不是每个家庭都需要自制的肥料，那么可通过分类收集进行集中处理。在北京市某厨余垃圾处理站，工人们将专用垃圾车内收集的垃圾投入处理设备进行生物处理，通过生物发酵菌，1t 厨余垃圾可以变成 2kg 无臭味的肥料，“瘦身” 500 倍。目前，这个处理设备每天能处理 5t 厨余垃圾，足够“消化”附近 15 个社区的全部厨余垃圾，这些有机肥料，完全可以施用在花圃、果园、绿地等处。

厨余垃圾运转到专门的处理站做资源化处理，固然是很好的，但也增加运输的成本，如果没有及时运送会带来厨余垃圾腐坏发臭，滋生蝇虫等影响社区环境卫生的问题。针对我国这样的实情，上海艺迈实业有限公司与同济大学联合研发了“YMGCC 智能餐厨废弃物就地处理装备”，如图 1-13 所示。

该装备的创新点就在于从餐厨垃圾产生点（终端）开始对餐厨垃圾进行就地的、及时的资源化处理，缩短了餐厨垃圾的处理周期，避免长距离运输过程中的腐败和环境污染，为我国实行垃圾有效分选和餐厨垃圾后续的资源化利用都提供了有力地技术支持，并为用户提供最便捷的“一键式”服务。装备整体部件采用优质不锈钢材料制造，结构布局紧凑合理，外形美观，具有技术先进、自动智能化程度高、节能环保等显著优点，可适用于各种规模与使用工况的机关、部

图 1-13 上海 YMGCC 智能餐厨废弃物就地处理装备产品实物图

队、学校和企业食堂、酒店餐厅，以及住宅小区等需要定期就地处理餐厨废弃物的场所。该设备主要由以下八大系统组成：

A 整体可拆卸框架结构

该装备采用整体可拆卸框架结构，整机可以拆卸成几部分，分别包装便于运输。进入工作场地后可快速完成装备的安装及调试，有效地解决了空间狭小等复杂现场的搬运及安装问题，快速、精准、便捷。

B 自动称重上料系统

自动上料系统可将收集来的餐厨废弃物自动投入到投料斗内，提升过程中，系统自带的称重传感装置将物料的重量数据传送给智能控制系统，控制系统根据物料的重量确定后续处理工序的时间、菌粉的添加量等运行参数。自动上料系统采用减震设计，有效降低了设备使用时的噪音，延长了整机的使用寿命。

C 冲洗搅拌压榨推送系统

当自动上料系统启动时，物料在提升的设定过程中，料斗顶盖通过 PLC 指令自动打开，当物料被全部投入到清洗箱后，顶盖自动关闭。此时高压水泵启动对物料进行冲洗，同时设备中的物料不断地被搅拌、压榨。经过充分的冲洗之后，物料中的油、盐成分不断地被分离出来，通过下方的过滤网随水进入油水分离装置。当冲洗时间达到预设值时，高压水泵停止，设备继续搅拌、压榨，使物料中的水分充分地分离并流入油水分离装置后，PLC 发出指令分选仓闸板自动打开，物料被推送至自动分选进料系统。

D 自动分选进料系统

物料进入到自动分选进料系统后，在分选叶片的作用下进行轴向运动。此

时，物料中的大颗粒废弃物如矿泉水瓶、易拉罐、大骨、调羹及筷子等被筛选出来后排至专用收集桶中，有机物料则经过筛选后通过螺旋装置推送进入杀菌发酵烘干仓。当物料全部分选进仓后，PLC 指令关闭通道，装备利用高压水对分选仓进行冲洗，确保仓内无物料残留，防止腐蚀、堵塞及异味产生。冲洗水经过滤后也排入油水分离系统。

E　杀菌发酵烘干系统

当定量的物料进入杀菌发酵烘干系统后，电动阀关闭，形成一个密闭空间。此时自动加菌装置与搅拌装置同时启动，根据物料的重量按比例加入菌粉，对物料进行杀菌、发酵、烘干。

本装备设有电加热或蒸汽加热方式供用户选择，并独创性地采用热回收的能源再利用模式。加热源启动后，烘干筒内会逐渐产生大量的高温水蒸气，当水蒸气达到预定值时真空泵启动，将烘干筒内的高温水蒸气收集至循环管路中，热能收集后被二次利用于发酵烘干仓助力加温烘干，水蒸气沿着循环管路经油水分离仓冷凝，同时余温可使油水分离装置中的液体保持在预设的恒定温度范围内，帮助油水快速分离，冷凝水则排入高压冲洗箱进行循环利用。这种独特的热回收利用方式与传统的电加热方式相比，可节能 40%以上。

预设烘干时间结束后，控制系统自动向现场管理人员发送信息，提示物料处理完毕。现场管理人员打开物料箱后，废宝物料自动排出，可用于家禽饲料或有机肥原料。

F　油水分离处理系统

该设备配套使用公司自主研发的专利产品 YMGY 型全智能高效一体化隔油提升设备，通过曝气、维持最佳油水分离温度和分离时间等多种方式，保证油水分离更加彻底。收集后的废油可以回用于生产洗涤用品或用于加工工业用油的原料。

G　离子除臭系统

该装备采用离子除臭装置消除异味，装备运行过程中尤其在物料烘干时会产生一些异味，系统通过安装在装备上部的风机将异味气体收集并输送至离子除臭装置，经过正负离子氧化分解后，将气体中的有害异味物质氧化分解成二氧化碳和水等稳定无害的小分子后达标排放。

H　智能控制系统

该设备将建设国内首个综合性（供排水、含油废水、餐厨垃圾）的大数据远程监控平台，同时在装备终端利用 PLC 实现整套设备的智能控制，实时监控餐厨垃圾流向和装备运行的各项数据。装备的 PLC 控制柜通过 DTU 模块传送信息至互联网，实现在线监测、手机 APP 实时监控和自动发短信功能，实现无人值守。智能控制柜设有自检综合判断功能。实时监测设备各部分的工作性能和寿

命。结合多种数据，运用数据挖掘工具，对比分析多种数据，判断故障和能耗分析，实现“互联网+”的智慧运营模式。智能化餐厨废弃物处理装备的工艺流程如图 1-14 所示。

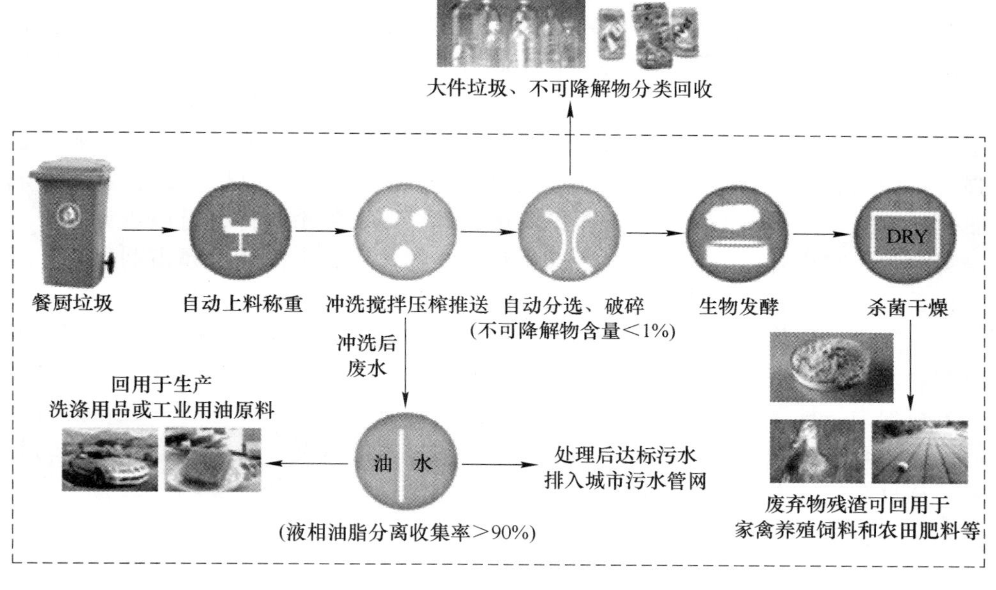

图 1-14 餐厨垃圾智能化处理流程示意图

1.5 生活垃圾回收利用与低碳

“低碳”这个舶来词，自 2009 年哥本哈根气候大会后，开始高频率进入我国人们的视线。低碳即是指较低（或者更低）的温室气体（以二氧化碳为主）排放。基于资源环境的压力，目前全世界对于降低能耗、物耗等资源损耗，减少废物排放、降低污染的非常重视，而低碳经济的特征就是以减少温室气体排放为目标，构筑低能耗、低污染为基础的经济发展体系，是以低能耗、低污染、低排放为基础的经济模式。

通过对垃圾中的废品进行回收资源化再利用，可以减少产品的原材料消耗，从而减少化石燃料消耗和电力消耗。提高各种废品的回收率是减排的重要途径之一。据估计，垃圾（按典型北欧垃圾成分计算）通过回收利用的碳减排潜力约 0. 190~0. 505t CO_2当量/吨垃圾。对垃圾中的废纸、非金属、废玻璃、废塑料进行回收利用均具有较为显著的碳减排潜力，尤其是回收铁，铝等金属的碳排放潜力更为惊人。因此，对垃圾中的可回收物料资源化利用，不但“变废为宝”，更对节能减排具有重要的意义。

日常生活中，低碳减排更需从身边小事做起。少买一件不必要的衣服既可以节约原材料资源，又能减轻纺织行业造成的环境污染。选择衣服材料时，可以选用穿棉织物的服装，而不选用化纤类衣服，因为化纤是从石油、煤炭等矿物提炼得到的。不使用或少使用一次性消费品，如一次性筷子、饭盒、一次性塑料袋、一次性牙刷、一次性水杯等。如一次性木制筷子消耗量十分巨大，其中每年消耗一次性木筷子 450 亿双（约消耗木材 166 万立方米）。每加工 5000 双木制一次性筷子要消耗一棵生长 30 年杨树，全国每天生产一次性木制筷子要消耗森林 100 多亩，一年下来总计 3.6 万亩（1 亩=666.6 平方米）。充分利用可循环材料，加强废物的回收利用。在日常生活中注意废弃物的回收，如塑料类饮料瓶、玻璃瓶、易拉罐，旧书、旧杂志、旧报纸、废纸等，不要随手扔掉，可以收集起来统一卖给废品收集者或废品收集商。减少塑料袋的使用，去商店、超市购物时，尽量自备购物袋或者已经使用过的塑料袋。

人类崇尚现代文明、追求高品质的绿色生活的愿望，似乎从来没有像 21 世纪的今天这样强烈。在生存环境日趋恶化的今天，当原生态环境变得异常珍惜，乃至被视为一种奢侈时，不知道人们是否想过，这样的“原生态”与低碳消费低碳生活有紧密的关联。面对环境污染、资源枯竭的状况，每个人都应该行动起来，从日常生活做起，为保护环境、维护生态尽到一份责任（见图 1-15）。

图 1-15 低碳生活，从我做起

农村生活垃圾源头分类理论与实践

近年来，国家完善了环境保护的立法和执法，开展环保专项整治和农村环境综合整治等行动，取得了一系列积极进展。2017 年，国家提出建设美丽中国，把环境保护摆上了更加重要的战略位置。生活垃圾问题更是直接关系到每位居民的切身利益和地区可持续性发展的推进。社会的快速发展使得居民生活水平提高，生活垃圾产量也逐渐增多，传统垃圾处理模式对垃圾减量的作用有限。加之近年来众多能耗大、污染重的工业的发展重心纷纷向郊区、中小城镇，特别是农村地区转移，这在大幅带动我国农村地区经济发展、增加社会就业的同时，也带来了渐趋严重的生活垃圾污染问题，并且由于主人公意识的缺失，外来人口产生的垃圾污染相对更难管理。此外，城市生活垃圾向部分农村地区的输入也已成为其自然生态环境不断恶化的主要原因之一。但因缺乏针对性、完善性和规范性的环境管理，生活垃圾问题已成为制约农村地区建设和发展的严峻考验。

本章梳理农村生活垃圾产量的影响因素与特征、源头分类收集与 SWOT 分析、源头分类与支付意愿调查和农村生活垃圾管理四个方面，以为农村生活垃圾的资源化和科学管理提供参考。

2.1 农村生活垃圾产量的影响因素及特征

2.1.1 农村生活垃圾产量的影响因素

一般来讲，生活垃圾产生量不仅随经济发展水平而异，而且受能源、生活习惯、消费习惯、季节和气候等变化的影响，所以各个地区生活垃圾人均日产量有一定的差异，且影响因素有所不同。从 20 世纪以来，国内外诸多学者尝试从不同尺度和类别找到对生活垃圾产量造成影响的主要因素。本章在结合已有研究成果的基础上，进一步对生活垃圾产生量及组分的影响因素进行了归纳总结，并细分了各项影响因素所包含指标，见表 2-1。

（1）内部因素。包括人口数量、经济发展水平、居民生活水平、能源结构和社会条件，如废品回收市场的发展水平可直接影响垃圾分类率和回收率，从而导致垃圾组分和产生量变化。

（2）自然因素。该因素与内部因素间存在互相补充和包含的关系，如地域不同可间接反映其经济发展水平的差异，季节变化将改变燃煤比例等。

（3）社会因素。主要有相关法规政策的完善及实施、环保知识的宣传、教育、培训，以及政府对生活垃圾相关市场及产业的合理管控等。

（4）其他因素。包括个体特征、消费习惯差异、道德思想水平等，其中水平还可作用于个体差异的大小。一般来说，良好的受教育水平和职业类型对其良好的行为习惯和道德水平有着促进作用。

表 2-1 生活垃圾产生量与组分的影响因素

影响因素	因素类型	包含指标
内部因素	人口数量	人口/非农业人口/常住人口总数、人口密度、人口增长率
	经济发展水平	国内生产总值、工业生产总值、社会消费品零售总额
	居民生活水平	人均可支配收入、人均消费性支出、农民人均纯收入
	能源结构	气化率、燃煤比例、供热采暖面积
自然因素	地域特征	地理位置、气候条件、季节变化、地域性饮食结构
社会因素	宣教及政策	法律制度的完善及实施程度，相关知识的宣教普及度
	市场管控	可回收废品产业的发展与扶持
其他因素	个体特征	家庭结构、生活消费习惯、受教育程度、职业、道德水平

总的来说，生活垃圾产量及组分受到四类因素的共同影响，其中社会因素应受到足够重视，同时内部因素、自然因素和社会因素可直接导致或影响农村生活垃圾产量及组分变化，且对其他因素产生间接影响。例如，与生活垃圾分类、收运、处置等相关制度的完善和实施水平和经济发展水平等，将直接影响居民的文化程度和生活习惯。

2.1.2 农村生活垃圾特征

2.1.2.1 产量特征

相比于城市而言，由于长久以来对农村生活垃圾的关注较少，我国农村生活垃圾产量的数据目前还不够完善，我国关于农村生活垃圾产量的官方统计数据很少且差异很大。《全国农村环境污染防治规划纲要（2007～2020 年）》（环发〔2007〕192 号）中，显示我国农村生活垃圾年产量大约在 2.8 亿吨。2007 年卫生部联合全国爱卫会对全国农村饮用水与环境卫生现状调查，共调查了全国 657 个县的 6590 个村，得出农村生活垃圾人均日产量为 0.86kg，由此估算出全国农村生活垃圾年产量达 3 亿吨。也有很多学者通过实地调研的方法获取数据来估算全国农村生活垃圾年产量，但其数据来源大都是依据一定（小）规模的抽样问卷调查或者示范工程收集点上的资料进行总结而成。由于调查数据来源广泛，调查方法的差异以及估测（调查的可靠性，精确度和样本规模）存在不同程度的误差，导致对不同年份进行的估测产量差异很大，如李颖、许少华报道的 2000 年 1.4 亿吨；Ye & Qin 报道的 2005 年 1.8 亿吨，Huang 等报道的 2010 年 2.3 亿

吨。但仍可由此可以看出，农村生活垃圾总产量在总体上呈现了上升的趋势。此外，也有报道称我国农村生活垃圾产量正以每年10%~20%的速度递增。

也有学者学者通过实地调研的方法获取数据来估算全国农村生活垃圾人均产量。如姚伟等人通过对我国31个省市、自治区和新疆建设兵团项目村的村干部进行调查，最后按统计局的分类方法，将我国农村分为东、中、西、东北部地区，其人均日生活垃圾产量分别为0.96kg、0.88kg、0.77kg、0.81kg，其中全国农村生活垃圾人均日产量为0.86kg。不同文献报道的不同年份农村生活垃圾人均日产量也有较大差别，如王俊起等人对全国6省（市）调研，估算出2003年全国农村生活垃圾人均日产量为1.34千克/(人·天)；卫生部数据估测2007年农村生活垃圾人均日产量为0.86千克/(人·天)；黄开兴等人通过对我国7省的20县40乡123村的调研，得出2010年农村生活垃圾人均日产量为0.95千克/(人·天)。罗华伟对全国农村生活垃圾历年人均日产量进行研究，得到表2-2。从这些数据可看出，我国农村生活垃圾人均产量也呈现逐年增加的趋势。

表2-2　农村生活垃圾历年人均产量　(kg)

年　份	2001	2002	2003	2004	2005	2006	2007	2008
人均生活垃圾日产量	0.64	0.67	0.70	0.73	0.74	0.79	0.82	0.87

国外方面，其他发展中国家农村生活垃圾的日产量数据也鲜见报道，只检索到巴西亚马逊地区农村生活垃圾人均日产量为0.5千克/(人·天)，墨西哥两大农村社区生活垃圾及日产量分别为0.681千克/(人·天)和1.102千克/(人·天)。总体上讲，我国农村生活垃圾人均日产量相比这几个地区偏高，这可能与经济有着密切联系。

住房和城乡建设部表示截至2013年底，全国58.8万个行政村中，对生活垃圾进行处理的仅有21.8万个，仅占37%；有14个省还不到30%，有少数省甚至不到10%。在2014年11月18日召开的全国农村生活垃圾治理工作电视电话会议上，住房和城乡建设部指出我国每年产生生活垃圾约1.1亿吨，其中有0.7亿吨未做任何处理。考虑到我国大多数农村都没有对垃圾进行处理处置，农村生活垃圾造成的环境污染很可能高过城市生活垃圾，这一点从农村生活垃圾处理率也可以推断。因此，在有限的财政分配和现有的垃圾处理设施情况下，基层政府面临着处理大量生活垃圾的巨大挑战。

大量产生的生活垃圾以及日益突出的农村垃圾污染，已经对农村生态环境、农民生活生产和身心健康造成了严重影响和潜在威胁，所以农村垃圾已然成为我国新农村建设过程中需要重点处理和解决的难题之一。

2.1.2.2　组成特征

我国农村生活垃圾在组成上大致为厨余垃圾（food residue）、草木灰（plant

ash）、木竹（wood）、煤渣砖石灰土（coal ash，slag，dust）、废纸（paper）、废塑料及制品（plastic）、玻璃（glass）、金属（metal）、衣服织物布匹类（textile）和危险废物类（hazardous waste）。表 2-3 对不同地区（省、市）的农村生活垃圾物理组分进行了直观比较。

表 2-3　我国不同地区农村生活垃圾组分文献数据　（%）

编号	地区	时间	食物残渣	草木灰	煤渣，砖石，灰土等	废纸	塑料	玻璃	金属	织物	竹木	危险废物
1	北京 1	2006	26. 28	—	58. 97	3. 94	5. 48	0. 9	0. 16	1. 16	3. 05	—
2	北京 2	2013	36. 84	—	35. 43	4. 2	12. 81	2. 69	1. 33	5. 76	0. 95	—
3	沈阳，辽宁 1	2005	4. 43	25. 46	68. 57	0. 08	0. 14	0. 97	0. 03	0. 13	0. 19	—
4	沈阳，辽宁 2	2005	81. 25	—	—	4. 92	8. 71	0. 27	2. 62	1. 13	1. 1	—
5	辽宁 3	—	12. 69	—	78. 69	1. 4	6. 04	1. 06	0. 03	0. 04	—	—
6	黑龙江	—	26. 86	—	51. 07	3. 87	3. 87	3. 82	3. 35	2. 65	—	—
7	河南	2003	14. 9~19. 1	—	68~69	2. 67~5. 48	6. 4~6. 9	1. 76~3. 97	0. 13~0. 3	—	—	—
8	宜兴，江苏	2004	62. 7	—	8. 9	4. 1	21. 2	0. 8	0. 1	2. 2	—	—
9	丹阳，江苏	—	30. 9	—	47. 68	2. 21	1. 52	2. 44	0. 42	2. 59	9. 39	—
10	南通，江苏	2007	49. 4	—	29. 1	3. 3	8. 6	2. 4	2. 2	3. 8	—	1. 3
11	江苏	—	51. 55	—	23. 15	6	10. 05	2. 8	1. 25	3. 45	—	—
12	浙江	2006	69	—	—	9	15	4	1	—	—	—
13	长沙 1，湖南	2010	19. 7	28. 5	11. 2	7. 8	8. 9	11. 1	6. 9	6. 2	—	—
14	长沙 2，湖南	2010	11	58. 7	8. 6	2. 4	5. 5	4. 7	0	9. 1	—	—
15	巢湖，安徽	2010	14. 3	68. 5	8. 6	2. 4	3. 6	0	0	2. 3	—	—
16	云南	2012	55. 07	—	15. 91	8. 37	8. 28	1. 55	0. 1	0. 37	9. 26	—
17	麻城，湖北	2013	12. 38	—	53. 09	2. 42	15. 16	3. 54	1. 56	4. 52	2. 84	0. 38
18	重庆	2013	14. 94	—	54. 91	12. 73	14. 73	2. 42	0. 47	2. 42	1. 54	0. 96

注：编号 1~7 属于北方地区；编号 8~18 属于南方地区。

一方面，与城市生活垃圾组成相似（不同地区差异很大），由于气候、季节、饮食、文化和生活水平等的不同，我国不同地域，有时候甚至在同一地区的农村生活垃圾在组成比例上也相差很大。如表 2-3 列出的南北方相比，其有机与无机的比例相差巨大，南方有机垃圾比例高，北方无机灰渣比例高；而对于同一地区，如南方的湖北麻城与重庆，相较于其他南方地区，其无机灰渣比例明显高于厨余垃圾。另外，有些农村存在小工业的家庭小作坊，这会使得某些工业固体废物也混入农村生活垃圾中，形成了一定的垃圾组成“地域特色”，如皮革业的

橡胶废物、制陶业的制陶废物等，使得相关组分的比例在一定程度上偏高，如表2-3中云南的塑料占8.28%（橡胶），宜兴的制陶废物使其无机灰渣比例较高。对于一些城镇化水平高，经济发达的农村，其生活垃圾组成部分也与周边城市无显著差别，说明了城市生活方式对周围农村的辐射作用，但农村生活垃圾总量及各组分含量明显低于周边城市生活垃圾。

另一方面，表2-3反映厨余垃圾和混杂的无机垃圾如煤渣砖石灰土，是我国农村生活垃圾两大主要成分（约占70%以上）。且北方以混杂的无机垃圾为主，如煤渣砖石灰土等占据其生活垃圾组分高达60%~70%，这可能是由于冬季农村燃煤取暖及做饭产生大量的煤渣，而同属北方的其他地区灰渣含量相对很低，则可能是由于调查时间不同（春季使用秸秆稻草，夏秋两季则以煤为主）。但随着农村燃气普及率或沼气工程推广率的提高，这种情况可能将会显著改变，即农村生活垃圾组分中煤渣的组成大大降低。在我国南方（或东部）的大部分农村地区，生活垃圾的主要组成则是有机垃圾如食物残渣，果皮和草木灰等，这很可能与地区的气候和生活习性有关。因此可以推测在很长一段时间内我国东部与南部的农村生活垃圾的主要成分为以厨余为主的有机垃圾。

2.1.2.3　城市、农村地区生活垃圾产量现状对比

A　城市生活垃圾产生现状

将我国34个省市自治区及特别行政区从地域上划分为华北、华东、东北、华中、华南、西南、西北和港澳台地区共计八个大的区域（见表2-4），其中内蒙古东部也被划入华北地区。

表2-4　我国各省市自治区等地域划分及其行政面积

地理区域	省市自治区及特别行政区	行政面积/万平方公里	面积占比/%
华北区	北京、天津、河北、山西、内蒙古自治区	155.71	16.11
华东区	上海、江苏、浙江、山东、安徽、江西、福建	79.58	8.23
东北区	辽宁、吉林、黑龙江	78.71	8.14
华中区	湖北、湖南、河南	56.48	5.84
华南区	广东、广西壮族自治区、海南	45.11	4.67
西南区	重庆、四川、贵州、云南、西藏自治区	236.59	24.47
西北区	陕西、甘肃、青海、宁夏、新疆	310.90	32.16
港澳台	香港、澳门、台湾	3.70	0.38

图2-1为七大区域及全国城市生活垃圾产量变化趋势图，从图中可以看出，

(1) 我国华南、华东和西南地区的城市生活垃圾产量逐年递增，涨幅西南>华东>华南；(2) 华中和西北地区的生活垃圾产量在一定范围内波动且呈现较弱增长趋势；(3) 东北地区生活垃圾产量从2005年到2015年呈持续下降趋势。通过分析得到，生活垃圾产量的变化与地区经济发展水平相关，随着社会发展速度加快，近5年内除华中和西南地区外，其他5个大区的城市生活垃圾人均日产量均已超过全国平均水平。

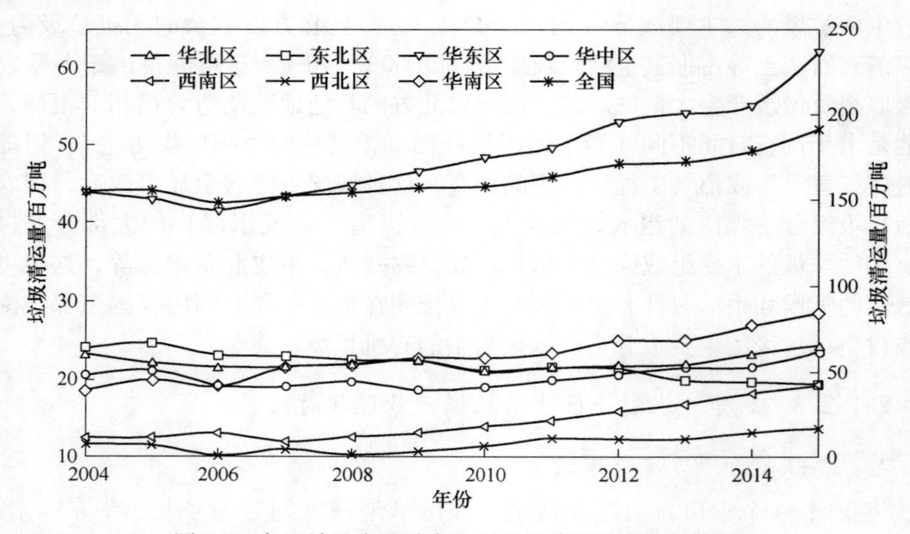

图 2-1　各区域及全国城市生活垃圾清运量变化趋势图

我国城市生活垃圾产量占城市垃圾总量的比例很高（一般在70%以上），同时其组分还更加复杂。根据国家统计局统计数据及统计年鉴，整合得到华北、华东、东北、华中、华南、西南和西北七大区及全国的生活垃圾清运量（生活垃圾产量）、常住人口、生活垃圾人均日产量的历年数据，整理得到图2-2。由图可以看出，各区和全国的生活垃圾清运量与人均生活垃圾日产量呈现出非常显著的相关性。

B　农村生活垃圾与城市生活垃圾产生特征对比

为了更清楚直观地了解农村生活垃圾产生特征，从相关文献中查找到其对应地区（省或市）的2008年城市生活垃圾产率数据。由图2-3可知，除北京和沈阳之外，城市生活垃圾产率显然高于同一地区的农村生活垃圾产率。这可能是因为这两个地区的城市生活垃圾官方数据与实际相比偏低，而农村生活垃圾产率却由于调查方式方法的原因较实际数据偏高。尽管农村生活垃圾产率低于城市生活垃圾产率，但农村地区面临更为严重的生活垃圾管理或相关环境卫生服务。

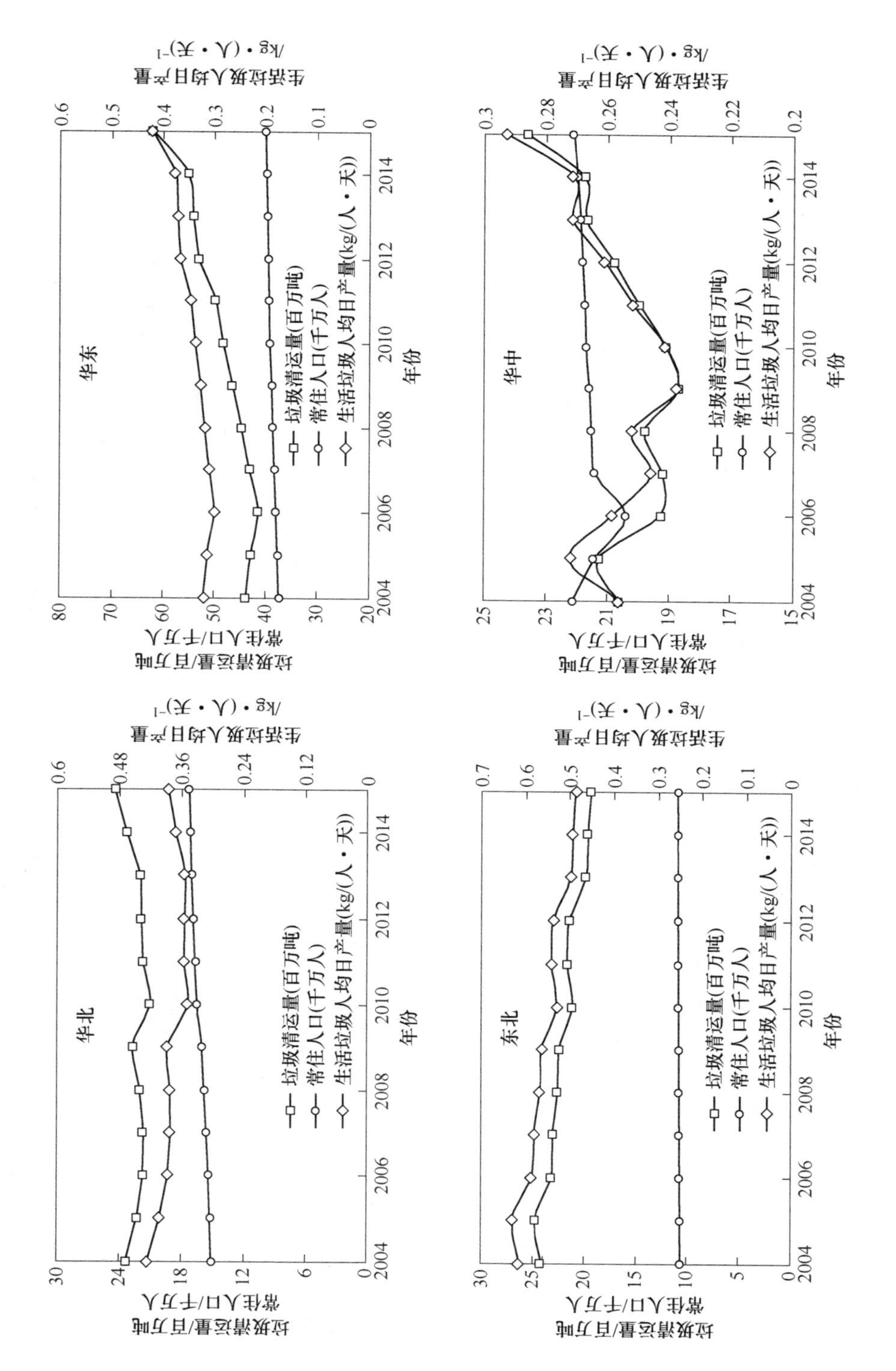
华北
东北
华东
华中
垃圾清运量(百万吨)
常住人口(千万人)
生活垃圾人均日产量(kg/(人·天))
年份
垃圾清运量/百万吨
常住人口/千万人
生活垃圾人均日产量
/kg·(人·天)-1

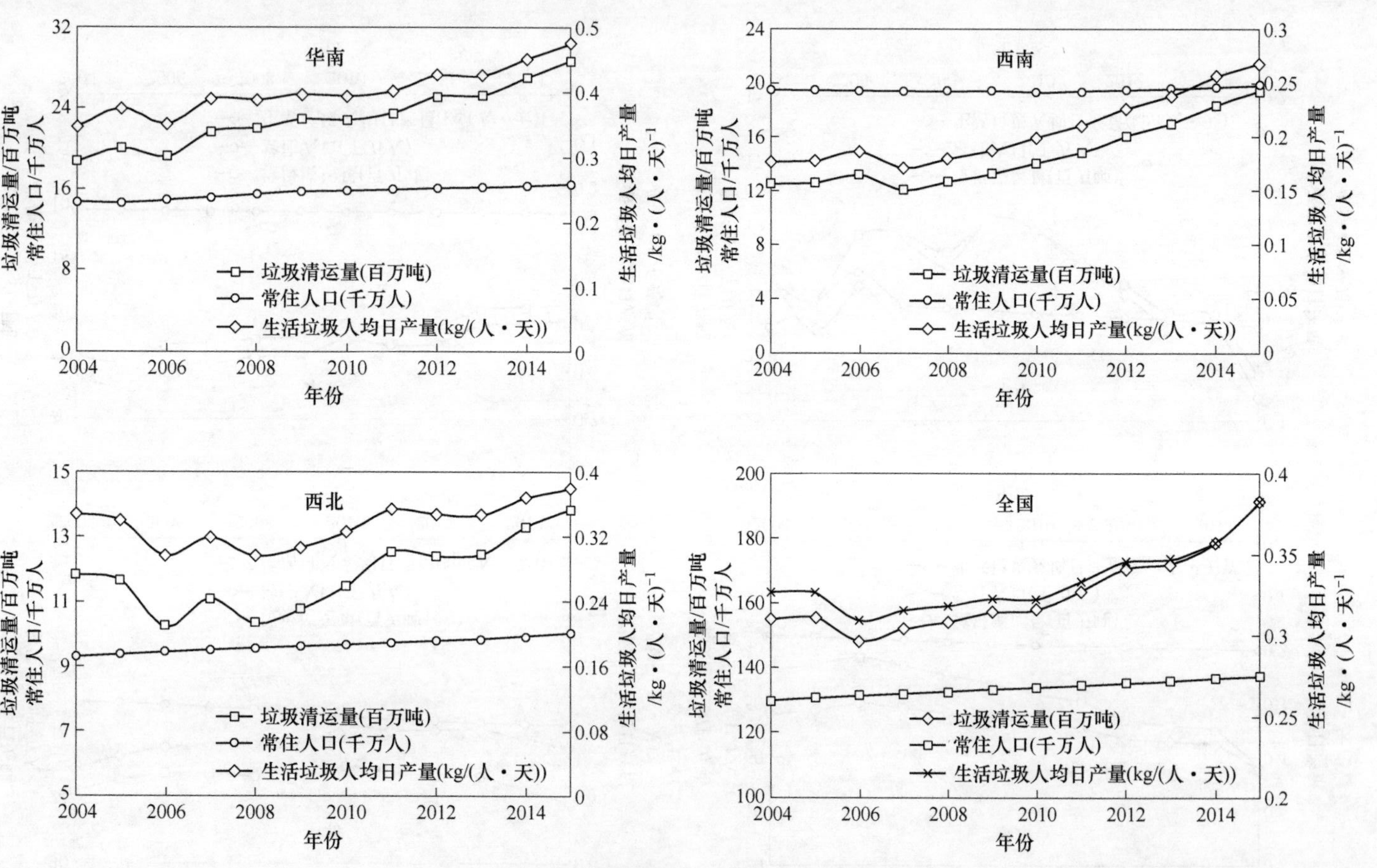

图 2-2 各地区及全国垃圾清运量、垃圾人均日产量及常住人口

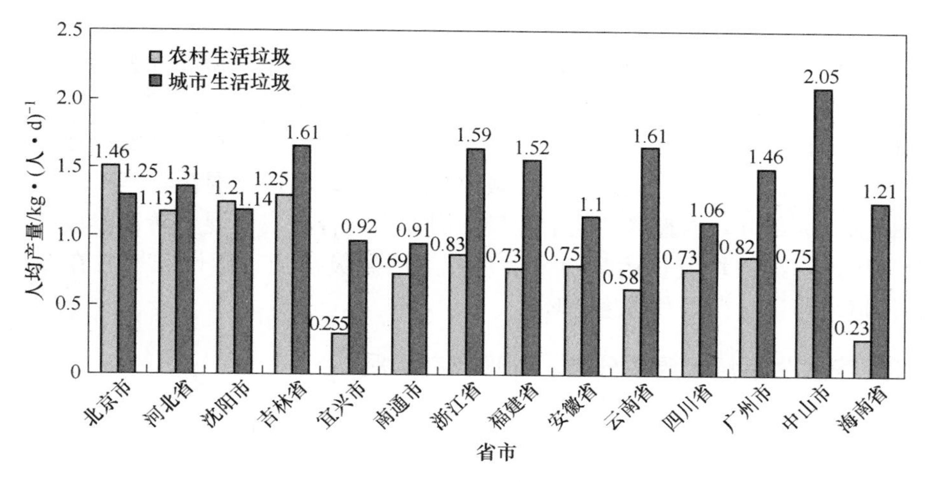

图 2-3 农村生活垃圾与城市生活垃圾产率比较

在当前城镇化高速发展的形势下，农村生活垃圾和城市生活垃圾组分高度相似，即厨余类垃圾（食物残渣）比例持续增大，同时也出现了一些有价废品（即可回收垃圾）。一般农村生活垃圾主要由灰渣和有机类垃圾组成，而我国城市生活垃圾中，有机垃圾的比例占了绝大部分（超过 50%）。另外，农村生活垃圾中的有价废品较城市生活垃圾中的要少。随着农村地区经济的发展，在未来农村生活垃圾中的有价废品极有可能持续增加。从可持续发展和建设资源节约型社会的角度，这需要引起持续关注。

由于农村生活垃圾产率（量）和组分地区差异大，而且呈现出分散化的特点，将城市生活垃圾管理模式直接在农村开展肯定是不符合实际的。在研究农村生活垃圾管理方法和模式或开展农村生活垃圾治理工作时，地方政府应在吸取相关经验的基础上，考虑地区差异，根据地区实际情况调整农村生活垃圾管理办法。因此，考虑农村生活垃圾产量和组分的相似性，划分不同的片区（如东部地区、中部地区、南部地区、西部地区或北部地区等）并分别采取有针对性的措施或办法进行源头分类减量与资源化利用是非常有必要的。

2.2 农村生活垃圾源头分类收集与 SWOT 分析

2.2.1 农村生活垃圾源头分类收集现状

对农村地区而言，生活垃圾中的果皮、菜叶、腐败食物、渣土、树叶、燃煤垃圾、草木灰、陶瓷类等有机和无机垃圾产量约占生活垃圾总量的 70%，甚至更多，同时生活垃圾中的可回收废物和有毒有害垃圾产量却相对较低。一般来说，废纸、纸类容器、金属制品、塑料瓶罐、废旧衣物、玻璃瓶、废弃电子产品、废弃家具等可回收废物，大部分均流入当地回收市场，直接被废品回收站收纳而不

进入生活垃圾，最终收运体系或不被随意丢弃。而受到当地废品市场主导，剩余回收价值低、回收渠道不畅的可回收废物，则与不可回收废物混合丢弃。有毒有害垃圾如农膜、地膜、农药外包装等农用垃圾、油漆罐、日光灯管、过期药物、废旧电池等日常产生有毒有害垃圾，以及少量医疗垃圾，通常不设置单独收集和转运的渠道，而是与其他进入生活垃圾收集体系的垃圾进行混合收集和转运。

目前，大部分农村地区的生活垃圾依旧处于混合收集、混合转运阶段，甚至部分地区连基本的垃圾收运都尚未实现，生活垃圾被随意倾倒和堆放在屋前房后、河道或路边，严重危害生态环境。

2.2.2 农村生活垃圾源头分类、处理存在问题

2.2.2.1 国内农村生活垃圾产生、处理与资源化现状调研不全面

农村生活垃圾主要成分为有机垃圾（主要是粪便和植物秸秆）、塑料袋、包装袋、煤渣和旧衣物旧鞋等。塑料瓶、橡胶、玻璃瓶和编织袋等经简单清洗和处理后，即可再生利用的垃圾由拾荒者、废品收购者或废品收购站分类收集；塑料袋和包装袋等因简单易得且难降解，多数被弃于垃圾堆放点；无机垃圾主要以炉渣和灰土为主，在铺路、盖房和打地基时，经简单压实后利用；有机垃圾类包括厨余垃圾、植物秸秆和粪便等，可作为牲畜（猪、狗、羊和鸡等）饲料，或与无机垃圾混合堆放。由于自然原因及社会条件差异，部分农村地区用于处理有机垃圾的沼气池已被废弃，而多数村庄仍缺少正规的垃圾填埋场，堆放点垃圾由垃圾车收集后运至村边沟壑倾倒，对周边地下水和地表水造成严重污染。

我国幅员辽阔，各地农村生活垃圾组成差异很大，对我国农村生活垃圾产生、处理与资源化现状进行全面系统地调查，建立完整的农村生活垃圾数据库，可为农村生活垃圾处理与资源化技术的研发与推广应用提供可靠依据。

2.2.2.2 适合于农村地区的生活垃圾源头减量及处置设备缺失

农村生活垃圾主要包括塑料、橡胶、玻璃瓶、废铁、旧报纸、旧衣服（鞋）、编织袋、农作物秸秆、人畜粪便、炉渣和灰土等，组成杂、区域差异大。生活垃圾中的塑料、橡胶、玻璃瓶、废铁、旧报纸、旧衣服（鞋）、编织袋等具有较高的回收和再利用价值，直接混合收运则不利于垃圾分类、分流、源头减量和后续资源化利用，但相应的源头减量及处置设备仍处于缺失状态。因此，研发生活垃圾源头高效减量分类、分流、分选技术，是实现农村生活垃圾减量和高效回收的必由之路。

2.2.2.3 农村地区生活垃圾收集、转运技术与设备体系不完善或缺失

生活垃圾的收集和运输是连接垃圾产生源和处理处置设施的重要环节，其耗

资最大，操作过程也最复杂。相对于城市而言，农村地区生活垃圾收集、中转、处置技术相对落后，设施水平严重不能适应快速发展的经济需求。尽管部分农村配置了生活垃圾收集与转运设施，但其规格、布点及规划都缺乏系统性，生活垃圾收运效率不高、匹配性差、垃圾收运混乱等问题层出不穷，以致收运体系处于半瘫痪状态。因此，开展针对农村地区的生活垃圾收集和转运模式，建立其稳定性运行的外在保障机制具有重要的现实意义。

2.2.2.4 农村生活垃圾卫生填埋末端处置、资源化利用技术与管理水平亟待提高

当前我国农村地区生活垃圾的处理与资源化利用尚处于初级阶段，垃圾处理设施简陋甚至缺乏，基本上采用简单填埋或者堆放处理，各种大小不一未采取工程措施控制污染的简易垃圾堆场数不胜数，不仅侵占了大量宝贵的土地资源，而且缺少堆场防渗系统、污水收集处理及填埋气导排等污染防治措施，致使当地及周边的地表水、土壤及大气环境质量造成了严重污染，周围居民的身体健康受到了严重威胁。因此，针对目前我国农村地区生活垃圾末端处置技术严重缺乏、二次污染严重等问题，研发和提高生活垃圾卫生填埋末端处置技术与管理水平极其重要。

2.2.2.5 急需加强农村生活垃圾处理与资源化技术的示范工程建设和成果推广

总的来讲，我国在农村生活垃圾处理与资源化方面的研发与应用投入远比城市生活垃圾少，示范工程建设规模小，示范意义较差。为此，急需加强农村生活垃圾处理与资源化技术的示范工程建设、研究成果的推广应用，大力培训农村生活垃圾处理与资源化技术人才。

2.2.3 垃圾源头分类行为影响因素分析

李曼、曲英通过对广州市某大学的学生和非学生发放调查问卷，发现影响垃圾源头分类行为的主要因素为社会经济客观因素（资金、设施条件等），以及人们的主观意识因素（成长背景、文化程度、家庭条件等）。王婷婷通过研究将影响生活垃圾源头分类行为的因素归纳为：环境态度、感知到的行为动力、自我效能感、环境价值观、道德规范、垃圾分类设施、政策举措、宣传示范和公共意识，共计 9 个维度。叶剑川通过问卷调查及模型假定分析，发现影响城市居民垃圾分类认知的主要是：政府管制政策、环境承载力、政府宣教、配套设施、资源利用和其他人群，影响居民垃圾分类意愿的主要是：政府管制政策、配套设施、其他组织、政府宣教和其他人群。王笃明分别从内部、外部、社会人口统计变量三个方面，研究了生活垃圾源头分类行为的主要影响因素，研究结果涵盖内容较

为完整，见表2-5。

表2-5 生活垃圾源头分类行为的影响因素

类 别		影 响 因 素
内部因素	环境态度	对一般或特殊环境行为的认知和态度
		环境意识或素养
		对某环境问题的关注度、感兴趣程度
	心理变量	从环境、某种行为等感知到的内在动力
		对完成某种行为的信心、难易度感知
	主观规范	受到他人影响，如内在、外在信仰等
	环境知识	基本层面上的环境知识
		特定行为的环境知识
	环境价值观	不同价值观对环境意向及行为影响不同
	道德准则	道德水平高利于分类的进行
	其他内部因素	垃圾分类行为经验、集体主义观念等
外部因素	垃圾分类设施	设施配置的便利性、合理性
	公共宣传教育	培养和提升公众环境意识
	项目类型	分类行为的强制或自愿性
	法律法规	对分类行为有制度约束作用
社会人口统计变量因素	群体或个体差异	年龄、性别、受教育程度、职业、生活水平等

概括来说，生活垃圾源头分类的进行大致可以分为三个阶段，即垃圾分类意识→分类行为意向→分类行为。所以，提升公众环境意识或分类意识是实现垃圾源头分类的重要基础和前提，再进一步培养居民分类意向，加强其分类行为的外部刺激，如经济激励、宣传教育等，均可以促进生活垃圾源头分类的开展。

2.2.4 农村生活垃圾源头分类收集SWOT分析

由于我国对农村生活垃圾的关注（不论是法律法规体系建设，还是具体到实际的管理操作）较晚，目前农村生活垃圾源头分类收集工作仍在初步研究阶段，尽管有一些成功案例，但仅为试点研究，没有进行大规模推广。了解我国农村生活垃圾源头分类收集的优势与潜力、面临的机遇与困境，对今后开展农村生活垃圾源头分类收集工作具有重要意义。因此，利用SWOT（Strengths，Weakness，Opportunity and Threats，SWOT）分析法（又称为态势分析法），有针对性地对我国农村生活垃圾源头分类收集进行系统分析，提出应该采取的宏观战略对策，为推广农村生活垃圾源头分类收集工作提供对策建议。

2.2.4.1 优势（Strengths）分析

随着我国农村城镇化水平的提高，农村生活垃圾的产生现状（产量日益增长、组分日趋复杂）与落后的管理水平之间的矛盾，使得农村生活垃圾源头减量化势在必行。但推行农村生活垃圾源头分类受到众多质疑：目前城市垃圾源头分类工作成效并不显著，更何况经济相对落后、基础设施不完善的农村。经过分析，农村生活垃圾源头分类收集也有其独特的优势。

第一，因为农村居民经济收入相对较低，农户有较好的废旧物资回收习惯。在农村（乡镇、街道或行政村）建立废旧资源回收点或联合无组织收购者与分散性拾荒者，同时合理设置有价废品的回收价格，在能够换得经济收入的条件下，农户会主动把生活垃圾中大部分有价废品分出来，有效促进资源的源头分类分流。

第二，我国大部分农村居民仍从事的农业生产需要使用肥料，有机易腐垃圾（厨余垃圾和生物质类垃圾）可以集中堆肥或产沼气，减少生活垃圾中有机易腐垃圾这一类需要收集转运的部分，在村镇便能集中处理。农村地广，灰土砖渣类垃圾只要被分出来就可以就地填埋。因此基本上只有不可回收垃圾和有毒有害垃圾需要进行收运、处理。

第三，对于大部分农村地区，其生活垃圾人均生活垃圾日产量低于城市人均生活垃圾日产量。同时，农村居民产生垃圾与源头分类的责任主体较为明确，而且农村居民思想朴素，生活节奏慢，有空余时间对生活垃圾进行分类投放，这也有利于提高农村居民参与农村生活垃圾管理程度与参与程度。

2.2.4.2 劣势（Weaknesses）分析

农村生活垃圾源头分类收集受到很多外界因素，特别是资金，宣传教育等的影响。面对当前农村生活垃圾处理模式粗放、基础设施投入不足与管理无序等严峻问题，农村生活垃圾源头分类收集的劣势可总结为以下两点：

第一，受传统的农村经济粗放发展模式以及教育程度的影响，农村居民的环境保护意识千差万别，对垃圾源头分类收集的意义认识不到位，可能使得源头分类工作不能长久持续开展。同时，村庄经济实力相对较弱，村庄环境卫生基础设施尚不完善，很多农村地区的生活垃圾尚未建立系统的收运系统，导致垃圾源头分类收集缺乏硬件保障。

第二，大部分农村仍没有垃圾处理的专门资金，尽管国家近年来加大了资金投入，但也无法全面开展农村生活垃圾的治理工作，因此源头分类收集可能无法大范围进行。一些地方政府不够重视农村生活垃圾问题，持“不给钱没钱做，给多少钱做多少事，不再给钱就不再做”的态度，严重影响源头分类工作的开展。

2.2.4.3　机遇（Opportunities）分析

近年来，我国已开始逐步重视农村生活垃圾问题，一系列政策（含法律法规与标准）的颁布，地方财政的支持，科研投入与技术支撑等为农村生活垃圾源头分类收集提供了机遇。

第一，我国颁布了一系列涉及农村生活垃圾方面的法律、法规标准与政策。尽管国家法律只涉及农村生活垃圾治理，没有明确要求进行生活垃圾源头分类，但近年来相继制定并颁布的与农村生活垃圾源头分类直接相关的一系列标准与规范，如《村庄整治技术规范》（GB 50445—2008），《农村生活污染控制技术规范》（HJ 574—2010）和《农村环境连片整治技术指南》（HJ 2031—2013）等都要求农村生活垃圾应实现分类收集，且分类收集应该与处理方式相结合，在一定程度上对法律和政策未涉及农村生活垃圾源头分类的部分做了补充，为农村生活垃圾源头分类收集提供了指导。

第二，近年来国家在农村生活垃圾处理处置与资源化利用有关的科学研究的经费投入不断增多，各种示范工程技术集成应用，为农村生活垃圾源头分类后就地处理提供了技术支持。一些地方政府也为农村生活垃圾处理积极出台了一系列政策与财政举措。另外，部分农村地区已经在尝试农村生活垃圾源头分类进行垃圾减量化、资源化与无害化处理，其成功经验值得被借鉴、推广。

2.2.4.4　威胁（Threats）分析

近年来，农村生活垃圾源头分类收集虽逐渐受到关注，但不可避免被两大重要因素的威胁和制约。

第一，我国农村生活垃圾管理的基层领导组织建设不足。尽管我国倡导“户分类，村收集，镇转运，县处理”的农村生活垃圾收集处理模式，但在源头户分类管理上缺乏重视，缺乏实际的引导和支持与监督。多次调研都显示农村地区在垃圾清运的基础上虽进行了生活垃圾源头分类的宣传，却只是流于形式，并未落到实处。

第二，农村生活垃圾分类收集处理机制不成熟。大部分地区几乎空白的农村生活垃圾管理经验导致垃圾源头分类收集后没有后续处理保障，至今还未形成有效的农村生活垃圾处理处置体系。对于可回收垃圾，尽管我国农村生活垃圾组分中的可回收垃圾呈增加趋势，但实际中很多垃圾却因市场经济无法被回收，或者因数量少、价值低而不被收购（如碎玻璃、织物和塑料等），影响农户主动源头分类的积极性与垃圾源头分类准确率。

2.2.4.5　对策建议

农村生活垃圾源头分类收集的SWOT分析结果表明，垃圾源头分类收集具有

基础良好，分类收集后去向明确，农户产生垃圾与源头分类的责任主体明确等优势。但农户的环境保护意识千差万别，垃圾源头分类意识不足，再加上农村经济实力弱，基础设施不完善，缺乏垃圾处理的专门资金，同时一些地方政府不够重视，严重影响源头分类工作的开展。近年来我国农村生活垃圾逐渐受到重视，涉及农村生活垃圾源头分类收集的法规标准与政策也越来越多，同时一些垃圾源头分类收集试点工程的成功经验，为开展农村生活垃圾源头分类收集提供了机遇。但基层领导组织建设不足和不成熟的农村生活垃圾分类回收利用机制，仍是制约农村生活垃圾源头分类收集的主要威胁。因此，在推进农村生活垃圾治理工作的进程中，应该：

（1）加强优势，紧抓机遇。加强农村生活垃圾项目的资金投入和科研成果的转化，确定不同农村地区各类垃圾的处理处置方法，避免垃圾源头分类后出现再混合处理的情况；结合成功经验扩大试点范围，让更多地区的农村居民参与到垃圾源头分类收集的实践中。

（2）利用机会，克服劣势。将公众参与部分纳入法律法规标准的编制中；增加农村生活垃圾专项资金的投入，建设专门的农村生活垃圾管理队伍，加强农村生活垃圾分类收集基础设施建设；落实农村生活垃圾源头分类收集宣传，逐步加强农户的垃圾源头分类收集意识。

（3）利用优势，应对威胁。明确农村生活垃圾中可就地资源化处理和可回收利用组分的分类模式和收运组织形式；联合私人收购企业和拾荒者，建立村镇两级再生资源回收站点或定期回收点，增加可回收垃圾组分的收购范围或价格，提高农户参与农村生活垃圾源头分类收集的积极性。

（4）改变劣势，回避威胁。重视农村生活垃圾管理，建立健全专门的管理体制；引入激励机制鼓励村民源头分类，更好地将意识转化为行动；根据垃圾最终处理方式方法，科学合理地制定农村生活垃圾源头分类标准。分类标准宜粗不宜细，目前可以先进行源头粗分，必要时在源头分类收集后设二次分类。

2.2.5 农村生活垃圾源头分类收集与分类分质资源利用体系

农村生活垃圾源头分类收集后的干废物类垃圾，经工作人员人工分拣和适当预处理即可就地用于生活污水处理，在农村生活垃圾全过程处理路线中即实现了资源化利用，有利于减少最终需要处理处置的垃圾量。同时，通过生活垃圾源头分类减量仍无法就地资源化的部分可经过“村收集、镇转运、县处理”纳入城市焚烧系统，由此产生的生活垃圾焚烧炉渣又可以返回农村用于生活污水处理，减轻炉渣填埋压力。基于农村生活垃圾源头分类分流与干废物资源化利用技术研究成果，设计了农村生活垃圾源头分类减量与资源化利用框架，如图 2-4 所示。

此外，在农村生活垃圾源头分类分流与干废物资源化利用技术的研究基础

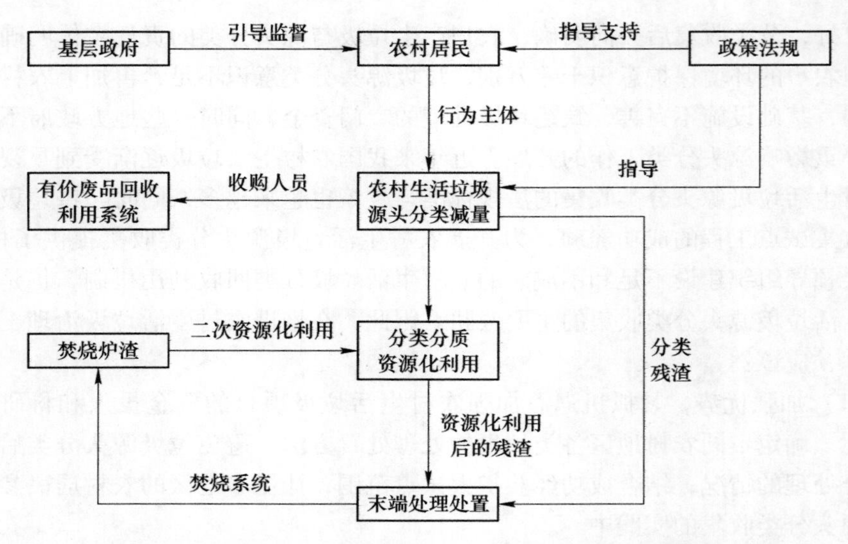

图 2-4 农村生活垃圾源头分类减量与资源化利用框架

上，曾超等人提出了一种基于源头分类收集与分类分质资源利用的农村生活垃圾分类体系（见图 2-5），为今后农村深入开展生活垃圾源头分类收集与资源化利用提供技术模式参考。

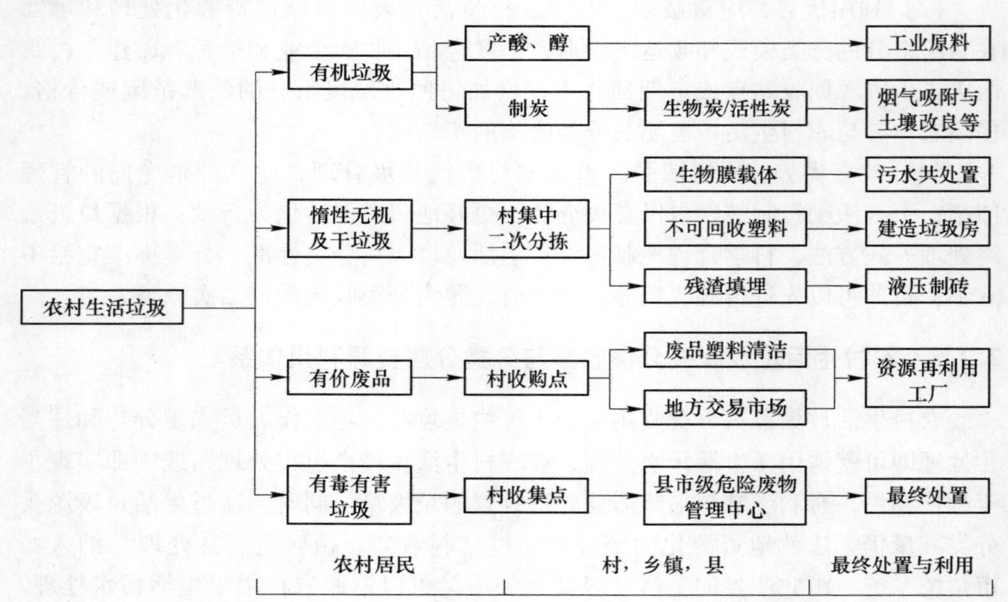

图 2-5 基于源头分类收集与分类分质资源利用的农村生活垃圾分类体系

基于源头分类收集与分类分质资源利用的农村生活垃圾分类体系中，农村生

活垃圾宜以四分类法为基础，根据不同地区实际情况因地制宜研究并制定分类方案。四类分别是：（1）有机易腐烂垃圾，包括厨余垃圾代表的有机易腐烂垃圾可以用于厌氧发酵或微氧发酵产酸、产醇等工业高附加值原料，茶叶渣为代表的生物质垃圾则可以用于分类收集后集中制备生产活性炭或生物炭等，用于焚烧厂烟气中污染物质的吸附或土壤改良等；（2）有价废品，应根据地区相关规划如资源回收体系建设规划等，在确立以市场主导与公益扶持相结合的有价废品回收体系的基础上，制定有价废品收购种类名录，使有价废品回收、加工利用与集中处理产业规范化，最终实现资源化利用。废塑料制品可通过课题组研发的塑料无水清洁技术实现清洁，便于下游资源化利用；（3）有毒有害垃圾，设置村收集点以实现单独分类，最终送往县市级危险废物管理中心等地实现最终处置；（4）惰性无机及干垃圾，即以难降解性质为特点的其他垃圾可分为一类，通过村集中二次分拣实现分类分质资源化利用，如动物骨头、发泡混凝土和织物等用于制备生物膜载体填料就地处理农村生活污水处理，而不可回收的硬质塑料用于农村生活垃圾房建造，分类分拣出来的残渣可通过填埋稳定化过程后开挖利用于建筑材料制备、路基材料制备等方向。

2.3 农村生活垃圾源头处理处置行为及分类与支付意愿调查

作为世界上最大、人口数量最多的发展中国家，我国面临着与其他发达国家不同的农村生活垃圾管理问题，其过去的农村生活垃圾管理经验与我国历史发展实际情况不同，而且与城市生活垃圾管理问题也有所区别。鉴于很少有针对农村生活垃圾源头分类收集可行性研究的报道，同时有研究指出广泛而持续的公众参与是生活垃圾分类与废物管理成功的基础。本节用文献查阅、实地调研和问卷调查的方法，阐明了关于农村生活垃圾处理处置过程中的行为学与源头分类与支付意愿的调查结果，以期为相关管理决策人员提供参考依据，以便未来更好地推行农村生活垃圾源头分类收集。

2.3.1 典型调查点及其生活垃圾分类分流总体状况介绍

基于“经济带”理论将我国（大陆）划分为三大片区（东部、中部和西部）。考虑到地理分布与社会经济状况以及经费预算，于 2015 年 1~2 月期间在我国东部地区（山东省、江苏省、浙江省、福建省和广东省，8 个乡镇 16 个村）、中部地区（黑龙江省、山西省、安徽省、河南省、湖北省和湖南省，7 个乡镇 14 个村）和西部地区（贵州省和重庆市，2 个乡镇 4 个村）随机选择了一些农村地区进行入户调研，其中每个省（市）至少选择一个乡镇（包含若干自然村）作为调研点，采用入户面对面问卷访谈的方式进行了调研。

为更好的分析调查结果，深化调研主题，深入了解农村生活垃圾处理处置现状及农村居民对环境保护的诉求，调研期间还同当地村干部、农户、有价废品收购从业人员、生活垃圾收运工作人员等进行多次非正式访谈。

2.3.1.1 东部地区

(1) 浙江省某村具有木业、金属冶炼、服装加工为主的众多乡镇企业，形成了以废钢铁收购、拉丝、丝织、木制品加工等多种行业，家庭个体经济保持稳定。当地总体经济水平较好，农村居民日常生活丰富，如文体活动突出，有室内篮球场，图书馆以及文娱活动等。村民产生的生活垃圾主要以厨余垃圾为主，政府为其提供了垃圾桶等设施。目前该村建有一个垃圾站用于集中收集垃圾，定期运输到县城垃圾处理中心，基本已经不存在随意就地的焚烧现象。

(2) 山东省某村经济水平较好，交通较为便利。农村居民居住相对集中，建有农村平房、楼房、住宿小区。垃圾收集设施有埋式垃圾池，垃圾房，移动垃圾车等，农户垃圾可放在自家门口，由工作人员通过垃圾收集车上门收集，距离垃圾箱、垃圾房较近的则由农村居民直接投放到垃圾房。由于当地近海，故贝类养殖较多，在贝类收获季节，贝壳和扇贝边肉等垃圾产量较大，尽管一部分卖到饲料厂资源化利用，但仍有一部分直接送到垃圾站混入生活垃圾收集设施。

(3) 广东省某村作为广东省某中心镇中的一个经济水平高的行政村，有省道通过境内，同时粤赣高速贯穿全村，交通便利。村里90%的村民都修建了楼房，基本分布在交通干道两旁。目前村里在道路边修建了垃圾池，定期安排垃圾车将垃圾集中收运至附近5km以内的一个简易垃圾填埋场进行填埋处理，而距离交通干道较远的地方仍存在垃圾就地焚烧现象。村民家中产生的垃圾主要以厨余垃圾为主，大部分村民都会将其用作畜禽饲料，从而消纳了部分的厨余垃圾。

2.3.1.2 中部地区

(1) 湖南省某村很多家庭都修建楼房，很多农户家中都由政府资助修建了沼气池，消纳了部分厨余垃圾（菜叶，剩饭剩菜），各家房前或屋后放置户用型垃圾池，用于就地焚烧垃圾，保洁员不定期收集清运焚烧池中未能完全燃烧的垃圾。另外，为了更好的处理农村生活垃圾，本地区已经准备出台垃圾收费处理政策。

(2) 湖南省某村靠近乡镇中心，农村居民大多沿交通干道集中居住，很多家庭都修建楼房，一些家庭房前或屋后放置的户用型垃圾池用于焚烧垃圾，但使用率较少。沿道路干线200m间隔会修建了公共垃圾池，垃圾有集中收运，处理方式为简易填埋和（收集后）就地集中焚烧。

(3) 湖北省某村，90%家庭都修建有楼房，居住较为集中，村内公路年久失修，交通不太方便，家庭做饭基本都是用燃气，只有春节前后两周会使用少量的

木材和煤，村中无垃圾收集点，垃圾基本都丢弃在自家房前屋后固定地点，待积累到一定量后焚烧。由于家庭基本都畜养了家禽动物等，因此大部分厨余垃圾可自行消纳，剩余部分随其他垃圾一起倒掉。有部分集中养殖户（猪、鸡鸭），禽畜粪便部分回田，部分直接排入村内小溪，造成了严重的污染。

（4）河南省某村整体经济水平偏低，收入来源主要是农业生产，部分村民靠农闲时外出打工，极少数村民完全靠外出打工获得经济收入。村外主干道已修建成水泥路，但村子里的道路还是土路，灰尘大，且逢下雨天，交通很不便利。村庄没有统一的生活垃圾处理中心，也没有垃圾倾倒池或者垃圾箱，村民产生的生活垃圾除部分厨余垃圾作为牲畜饲料外，主要倾倒于干涸的池塘及水沟，少数倾倒于人工挖的垃圾坑内。对于垃圾的处理处置，少数人工挖的垃圾坑内进行简易焚烧，大部分垃圾被弃之不理。村民会对可变卖垃圾（如易拉罐、酒瓶、硬纸箱等）进行储存，等待收购人员进行收购（有废品回收习惯）。

2.3.1.3　西部地区

贵州省某乡，距离县城约15km，交通便利，以矿产开采、农业种植、养殖、旅游为主要产业。近年来，逐渐淘汰硫铁矿、煤矿等过剩产业，并同步打造了一批美丽乡村示范点，重点发展生态农业和旅游业，经济发展势头较好。全乡已经初步形成城乡一体化的生活垃圾处理系统，采取“自然村垃圾收集池→行政乡清运→县垃圾填埋厂”的收集处理技术路线。在自然村设垃圾收集池，美丽乡村示范点还设置了分类垃圾收集桶，明确以组长为卫生责任人，但目前垃圾分类情况不佳。全乡现有转运站三个，垃圾直接转运送至填埋场进行填埋处理。但由于垃圾池数量和容量不够、垃圾中转站不足、运输效率低、清运不及时等原因，农村生活垃圾收运处理系统尚不完善，局部地方脏、乱、差的现象依然没有根本改变。

2.3.2　农村生活垃圾源头处理处置行为与态度

调查首先关注了调研地区的农村生活垃圾收运与处理处置情况。65.1%的农户家庭会将生活垃圾倒进垃圾池或垃圾桶中，但仅有东部地区的部分村庄有完善的“村收集、镇转运、县处理”的收运处理系统，可以将垃圾池或垃圾桶中的生活垃圾进行合理的处理处置。尽管大部分地区有修建垃圾池，但由于清运不及时，造成了苍蝇蚊蝇滋生、垃圾渗滤液横流的情况。同时，在没有规范的清运处理下，农户会将垃圾池中的生活垃圾就地焚烧。14.3%的农户家庭选择在无任何污染控制措施的情况下直接将生活垃圾在空旷处烧掉，这可能是因为当地没有配备垃圾收集设施。还有31.1%的农户直接将生活垃圾倾倒在河沟或路边，没有任何预处理措施，造成了严重的环境污染。

调查重点研究了农户处理处置不同种类农村生活垃圾的行为方法。由表2-6可知，混合倾倒厨余垃圾、有价废品（即可回收垃圾）和有毒有害垃圾的比例分别是67.8%、21.9%和75.1%，说明大部分农村居民都是通过混合倾倒来处理自家生活垃圾。由于传统的饮食习惯的影响，厨余垃圾是我国农村生活垃圾的主要成分之一。调查发现厨余垃圾存在就地利用的可能，因为部分受访者会选择将厨余垃圾倒入自家沤肥池或沼气池（4.5%）或饲养畜禽动物（15.5%），尽管这相较于传统的完全利用仍显得很低。同时，75.8%的受访者表示他们会将生活垃圾中的有价废品单独分出来卖掉。与城市居民回收有价废品的行为类似，农村居民习惯将有价废品分拣出来卖给流动的有价废品上门收购人员（50.3%），或直接到当地有价废品回收站点去卖（25.5%）。这些调查结果在一定程度上证明了农村居民已经具有农村生活垃圾源头分类行为，尽管大部分人只将有价废品分类出来。

表2-6　受访者家庭中各类农村生活垃圾处理处置方法

名　目	人　数	比例/%
厨余垃圾		
一般不产生厨余垃圾	63	12.2
倒入自家沤肥池或沼气池	23	4.5
部分用做畜禽饲料，其余倒掉	80	15.5
混合倾倒	350	67.8
有价废品		
去村里废品回收站点卖	132	25.5
有流动收购人员上门收集	260	50.3
混合倾倒	113	21.9
其他	12	2.3
有毒有害垃圾		
投放到专门的有毒有害垃圾收集点	38	7.3
随意丢弃在田地里或水沟边	75	14.5
混合倾倒	389	75.1
其他	16	3.1

另外，农村居民对当地生活垃圾处理情况的态度也得到了研究。23.8%的受访者表示对目前农村生活垃圾收运与处理处置情况比较满意，这可能与当地基层政府修建了垃圾池或提供了垃圾收集设施，强化了环境卫生管理和污染控制措施有关。同时，对当前现状表示“一般”或“不关心”的受访者分别占总体的30.0%和7.7%。仍有38.5%的受访者表示对该地区的农村生活垃圾管理情况不

满意，原因主要可归纳为两点：生活垃圾得不到清理或及时清理；因垃圾收集设施距离农户居住场所过近导致的恶臭问题扰民，反映了这些受访者所在地区的农村生活垃圾处于一种无序的状态。另外，许多受访者还表示农村生活垃圾问题日趋严重。

2.3.3 农村生活垃圾源头分类意愿调查

2.3.3.1 被调查人对农村生活垃圾源头分类的认知

近年来，我国高度重视农村生活垃圾问题，颁布实施了一系列有关农村生活垃圾的法律法规与政策规范文件。为了寻求合适、可行的技术管理措施，许多地区也开展了相关示范工程。调查期间发现有些农村地区已经通过标语、板报和横幅等方式，开展了生活垃圾源头分类概念和知识的宣传。大部分受访者认为农村生活垃圾源头分类收集处理，可以减少农村环境的污染和对人体健康的影响（75.0%），也认为有利于有价废品更好的分类以节约资源和挣钱（45.1%），还有人认为农村生活垃圾分类可以减少最终处理的垃圾量和降低收集处理费用（44.1%）。仅有10.4%的受访者表示并不知道垃圾分类及其意义。尽管较高程度的认知与实际行为可能并非完全一致，但这仍可视为我国今后推行农村生活垃圾源头分类的基础，即农村居民对垃圾分类的意义已具有了不同程度的了解。与城市生活垃圾源头分类研究结果相比，农村居民对生活垃圾分类的认知较之于城市居民并没有明显区别。

表2-7总结了受访者获取农村生活垃圾源头分类知识的渠道。电视和报纸是两大主要获取相关知识的媒介，分别占72.7%和31.6%。另外，从表中可知网络和村委两种渠道也比较普遍，这可能与个人习惯有关，例如年轻人已经习惯上网，而年长者对村里的政策更敏感。许多农村地区都开展了农村生活垃圾分类的宣传教育，但很明显这只是流于形式，缺乏实际行动，甚至连基本的生活垃圾混合收运都无法保证。这些调查结果反映基层政府在今后推进垃圾分类工作时应注意配备有效的公共宣传手段，包括公共教育和多样化媒介。

表2-7 受访者对于农村生活垃圾源头分类收集知识的获取渠道分布 （人）

人数与年龄		报纸	电视	收音机	村委	其他人	网络	其他
人数		162	372	67	96	78	120	18
年龄	18~25	64	112	19	23	30	57	9
	26~35	39	86	14	14	13	31	5
	36~45	29	74	16	22	16	15	0
	46~60	23	75	9	31	15	14	2
	>60	7	25	9	6	4	3	2

2.3.3.2 农村生活垃圾源头分类收集参与意愿

如表 2-8 所示，受访者对于农村生活垃圾源头分类收集总体上表现出积极的态度。超过一半（61.3%）的受访者表示他们愿意参与垃圾分类收集处理的活动，在这些受访者中又有接近一半（47.8%）的受访者赞同将生活垃圾分成“厨余垃圾、有价废品、有毒有害垃圾和其他干废物类”四大类。然而，约有 25.0% 的受访者表示愿意参与农村生活垃圾源头分类收集但可能无法坚持参与，还有 13.7%的受访者直接表示拒绝参与。究其原因，他们认为主要是因为垃圾分类复杂、麻烦（55.5%），同时一些人（18.5%）也认为即使他们进行了垃圾源头分类，之后保洁人员也可能会混合处理处置，无法保证垃圾分类处理，还有人持从众态度（16.5%），认为周围的人不会积极参与，所以自己应该也不会坚持参与。

另外，调研过程中还咨询了农村居民认为可能影响当地农村生活垃圾源头分类收集实施的因素。如图 2-6 所示，大部分受访者（64.9%）都认为缺乏分类意识是难以持续开展农村生活垃圾源头分类收集的主要原因，认为生活垃圾分类收集太复杂麻烦和缺乏完善的分类收集与处理设施均占总人数的 53.7%。这三大因素很可能使得农村生活垃圾分类收集难以在农村推广。这些回答与类似的城市生活垃圾分类收集调研十分类似。因此，如若在农村推行生活垃圾分类收集工程，参照城市生活垃圾分类收集工程建设标准，配备完善的分类设施，重点宣传、培养群众的分类意识，提高公众参与度，是非常有必要的。

表 2-8 受访者对农村生活垃圾源头分类收集的参与意愿

内 容	人 数	比例/%
积极参与	318	61.3
拒绝参与	71	13.7
愿意但不能坚持参与	129	25.0
积极参与：垃圾分类方案选择		
厨余垃圾、有价废品、有毒有害垃圾和其他垃圾	152	47.8
有价废品、有毒有害垃圾和其他垃圾	83	26.1
厨余垃圾、有毒有害垃圾和其他垃圾	45	14.2
有价废品和其他垃圾	38	11.9
拒绝参与或愿意但不能坚持参与		
邻近效应：别人不分，我也不分	33	16.5
垃圾分类复杂、麻烦	111	55.5
即使源头分类了可能也会混在一起	37	18.5
其他	19	9.5

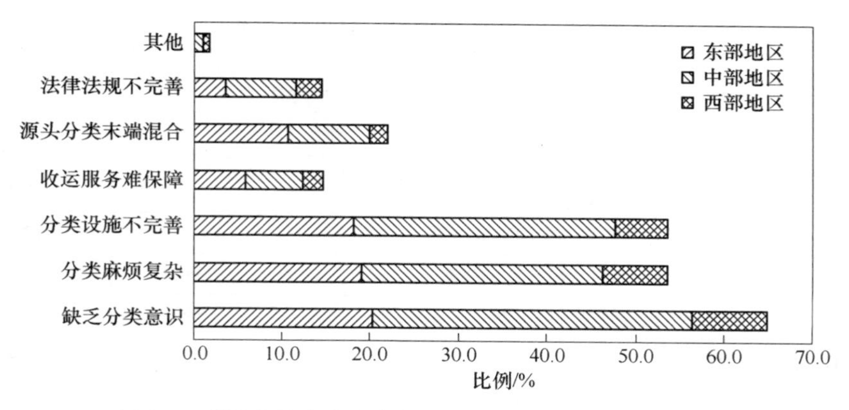

图 2-6 受访者认为影响农村生活垃圾源头分类收集的因素

2.3.4 农村生活垃圾源头分类收集与管理支付意愿调查

要解决农村生活垃圾增长及其可能产生的环境污染，应重视从源头削减生活垃圾产量，从源头分类收集、环境宣传、技术研发和政府投入等多方面建立可持续的农村生活垃圾管理体系。开展农村生活垃圾治理工作离不开持续的资金投入，科学的垃圾处理方式和政府资金支持固然重要，但在政府资金投入有限的情况下，农村居民对农村生活垃圾源头分类收集处理处置及过程管理的支付意愿对农村环境卫生的改善有着更为关键作用和重要意义。

2.3.4.1 不同类型的支付意愿（WTP）比较

调查结果中，当受访者表示愿意支付一定数额的费用则被认为是正 WTP，同时继续调查其愿意的支付金额和方式。反之，若受访者表示不愿意支付，则会被问到可能的原因。将原因分成两大类，“没有多余的闲钱”、“交费并不一定能获得预期的满意结果”和“不愿意支付然而愿意参与垃圾分类”，三种原因被认为是正 0WTP，而“农村生活垃圾源头分类收集与管理应该是政府的责任”、“应当找不参与垃圾分类收集或乱扔垃圾的家庭收费”和“其他”三种原因被认为是拒绝给定市场条件。

表 2-9 展示了不同类型的支付意愿分布，其中 324 位受访者具有正 WTP，占总人数的约 62. 5%，即超过一半的受访者愿意支付一定数额的费用来支持农村生活垃圾源头分类收集与管理工作，然而仍有一定比例（约 27%）呈现出正 0WTP，仅有 10. 4%的受访者表达了拒绝给定方案的意愿。这些结果在一定程度上说明了受访者改善当地生态环境，解决农村生活垃圾问题的意愿整体较为强烈，同时，向农村居民收取一定费用用于改善当地环境卫生可行性较高。

表 2-9　三种不同类型的支付意愿分布

项　目	人　数	占比/%
正 WTP	324	62.5
正 0 WTP	140	27.0
没有多余的闲钱	38	7.3
交费并不一定能获得预期的满意结果	64	12.4
不愿意支付然而愿意参与垃圾分类	38	7.3
拒绝给定假设市场条件	54	10.4
农村生活垃圾源头分类收集与管理应该是政府的责任	33	6.4
应当找不参与垃圾分类收集或乱扔垃圾的家庭收费	16	3.1
其　他	5	1.0

2.3.4.2　影响支付意愿 WTP 的因素分析

由于受访者的支付意愿类型只有“愿意”或“不愿意”两种情况，因此，选择利用二元 Logistic 模型分析农村居民对农村生活垃圾源头分类收集处理处置及过程管理的支付意愿的影响因素。分析发现影响因素主要包括性别、年龄、受教育程度、家庭年收入、家庭常住人口数、所在地区和对当地农村生活垃圾处理处置的态度（满意度）等。其中受访者的年龄、家庭年收入和所在地区对 WTP 有显著影响（$p \leqslant 0.05$），WTP 与家庭年收入和所在地区呈负相关，而与年龄呈正相关关系。

调查结果显示东部地区有相当一部分收入相对较高的农村居民，其 WTP 值相对于其他地区反而较低。其调查结论显示一般而言收入较高的人一般应有较高的支付能力，从而可能有更强烈的支付意愿。存在这种差异的原因可能是因为在经济相对发达的农村地区，一般具有较好的农村生活垃圾管理系统，相关设施运行机制也比较完善，同时，该地区许多农村已经以不同的原因或项目收取了一定的卫生费。而对于经济水平相对较低的中西部地区或其他地区，农村居民面临着更为严重的农村生活垃圾问题，因此他们迫切地希望所在地区的环境卫生能够有所改善，因而对农村生活垃圾源头分类收集与管理有着相对更为强烈的支付意愿。年纪较大的受访者的支付意愿相对更强烈，这可能是因为年纪大的人较年轻人经常、而且更愿意参与到当地公共事务管理中，对当地环境卫生管理有着更强烈的参与意愿。

因此，分析结果表明在今后推行农村生活垃圾源头分类收集与管理项目的过程中，地区差异包括地域位置、GDP 等因素应当重点考虑。同时，可以开展有针对性的社区教育项目来让年轻人和相对高收入农村居民群体参与到活动中来。

2.3.4.3 平均支付意愿

为了更直观、更清楚地了解农村居民对农村生活垃圾源头分类收集和管理的支付水平，利用下式计算了受访者的平均支付意愿。

$$\overline{\mathrm{WTP}}=\frac{\sum(P_i\times N_i)}{N}$$

式中，P_i 为每个投标值区间的个人平均支付意愿（元/月）；N_i 为每个投标值区间的总人数；N 为选择正 WTP 的总人数。

经计算可知平均支付意愿约为 2.2 元/月，即愿意支付的家庭每月能够接受拿出 2.2 元人民币用于当地的农村生活垃圾源头分类收集与管理工作，每年则能支付 26.4 元。与已有类似研究比较，可知本计算结果相对较低，但基于本结果可以发现经济发达地区和不发达地区的农村生活垃圾管理水平差异较大，农村生活垃圾源头分类收集与管理的支付意愿与 GDP 和生活垃圾管理有着一定的联系。在一些富裕地区，公众对现有的农村生活垃圾管理体系和当地环境质量较贫穷地区更为满意。因此，可以认为在当前的农村生活垃圾问题治理工作中，重点应该先在欠发达地区建立其农村生活垃圾管理系统，而非将发达地区的农村生活垃圾管理的提升作为首要任务。

假设一个典型村镇约有 10000 户农村居民，则每年平均可募集 26.4 万人民币用于当地农村生活垃圾源头分类收集与管理工作中，这些资金可以用于修建农村生活垃圾分类收集房或支付保洁人员工资等，对于环境卫生改善具有重要意义，不仅有利于减轻农村基层政府的财政负担，也有利于提高农村居民的环境卫生意识。

2.3.5 政策建议

（1）尽管态度和实际行动可能存在一定的差异，但调查结果显示农村居民自身非常支持农村生活垃圾源头分类收集与管理工作，而且迫切地期待政府努力改善农村生活垃圾管理问题。因此，政府应该趁此机会制定相关政策，开展相关工程努力将农村居民的意愿和意识转化为行动。基于现有的实际情况，在不同地区开展农村生活垃圾源头分类收集工作是可行的。

（2）政府在推行农村生活垃圾源头分类收集与管理工作时，应考虑财政资金问题，特别是与垃圾分类有关的配套设施与管理体系建设产生的费用。这也是调查期间受访者所关心的问题之一。因此，联合政府拨款与农村居民支付的资金共同推进垃圾分类收集工作，显得尤为重要。在实际开展相关工程前，地方政府应根据当地实际情况进行相关调研，研究合理的支付金额和方式。此次调研结果显示，两种支付方式“按垃圾量交费”和“各个家庭交付统一的费用”更受欢迎，分别占 37.3%和 34.6%。

（3）应尽快、持续开展各式各样的以农村生活垃圾源头分类收集与管理为主题的群众教育和宣传活动等，用来提升公众的环境意识、行为，包括垃圾分类，垃圾减量化，资源化利用和再循环等。地区之间的村镇差异也应重点考虑，不同地区经济水平和社会文有着不同程度的差别，因此其对待农村生活垃圾源头分类收集工作的态度和感知也不一样。未来在开展农村生活垃圾源头分类收集工作前，也应分别开展类似的调查，不仅可以摸清情况，了解群众诉求，还可以起到一定的宣传作用。

2.4 农村生活垃圾管理

2.4.1 农村生活垃圾管理现状与存在问题

2.4.1.1 环境立法和规章制度较为粗放，系统性和针对性不高

关于环境保护的法律法规众多，但专门针对农村地区环境保护的立法、规章制度以及对环保责任主体、环境责任的系统定位仍处于待完善状态。2016年，《国家环境保护十三五规划纲要》中首次将生态文明建设写入五年规划目标，5 月国务院出台的《关于加快推进生态文明建设的意见》中也引入了绿色城镇化的概念和目标，而环保部《关于深化“以奖促治”工作促进农村生态文明建设的指导意见》无疑也是农村环保逐步完善的鲜明体现。但总的来说，现有法律法规性质较为粗放，而建立更系统、规范和可行的立法仍任重而道远。

2.4.1.2 环境管理机构数量不足，职责不明，环境管理失灵

近 15 年来，随着城乡一体化的推进以及各地乡镇区划的规范与调整，我国乡镇区划个数逐渐降低并已渐趋稳定，同时我国环保系统机构和乡镇环保系统机构的数量整体上呈现出不断上升的趋势，尤其是我国乡镇环保机构的数量在全国环保机构数量中的占比，近几年更是快速攀升（见图 2-7）。根据国家统计局最新数据显示，2014 年乡镇环保机构的数量在全国环保机构总数的占比为 20.2%，达到历年最高。然而，农村现有环境管理体系仍存在结构洞和结构真空现象，环保机构数量严重不足，管理体系不健全。

其次，现有环境管理部门的责任范围界限不明，环境监管职责缺乏规范、统一的定位，各机构间存在功能交叉和迭代现象。由此导致上下级环保部门管理脱节、监管不力，环保工作执法困难，农村地区环境管理的组织构架亟需体系化和正规化。

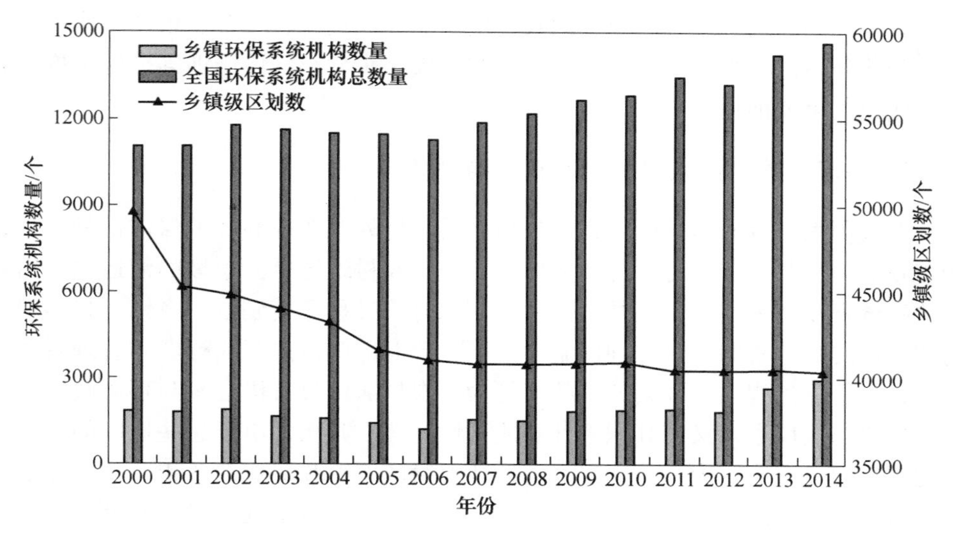

图 2-7 历年乡镇区划个数与环保系统机构数量

2.4.1.3 资金投入不足，基础设施落后，垃圾资源化程度低

环境保护工作的公益性、低盈利性决定了我国农村地区环境建设在短时期内还脱离不了对政府部门强烈的依赖性，且环境建设水平与当地经济发展程度有着高度相关性。不难理解，农村地区的经济水平决定了其首要任务是发展经济提高GDP，对环境建设的重视不够。加之环卫投入通常由政府财政支出，虽然中央财政下放了专项资金用于村庄的环境整治，但放眼全国也无疑是杯水车薪。在这样的经济背景下，其环境现状直接表现为环卫基础设施落后甚至缺失，部分地区生活垃圾源头收集和转运尚无法实现，其资源化和最终处理处置更无从解决。此外，环保资金严重不足还导致垃圾资源化设备配置低、无法有效引进和推行垃圾资源化技术，加之受到经济利益驱使，其有价废品市场相对混乱无章，造成部分可回收废物无法被再利用，生活垃圾整体资源利用率较低。但归根结底，环保资金投入不足是造成农村地区环境建设滞后、环境管理失灵的主要原因。

2.4.1.4 环境宣传教育不到位，垃圾源头分类进展缓慢

农村地区经济条件差，居民甚至领导干部受教育水平普遍不高，环境保护意识和法制观念也相对淡薄。具体表现为：对生活垃圾污染及其造成的二次污染认知较差、对生活垃圾源头分类意识模糊、无法正确区分有毒有害垃圾等各类垃圾，甚至在其自身环境权益遭到侵害时无法进行有效维权。特别是这些地区的一线环卫人员通常又是社会底层弱势群体，因缺乏一定的环境常识，恶劣的环卫工作条件极有可能对其身心造成严重危害，但相关培训教育工作却未得到足够重

视。一系列问题均直接反映出我国农村地区在环保宣传、教育、培训工作中的不足。强化环境维权教育，举办环境知识和垃圾源头分类宣传培训等措施是推进其环境建设的重要前提。

2.4.1.5 管理模式单一，居民参与度低

对我国大部分农村地区而言，包括生活垃圾处置在内的环卫保洁仍是一项依赖于政府的公共服务行为。传统运作模式下，农村地区生活垃圾的清运主要由各级政府统筹安排一线环卫人员直接负责，同时该过程还受到县、乡镇、村多级部门和干部的综合管制。在这种体制背景下，政府部门扮演了执行者和管理者两个角色，且管理过程大多强调的是政府行为，农村居民没有机会参与环境政策的制定，低参与度反过来又使其积极性和能动性受挫。其次，由于这些地区的环卫资金通常来源于政府，为了最大限度降低环卫给政府财政造成的负担，环卫作业成本被压缩，又导致环卫作业效率低下，环卫人员权益得不到保障。此外，这种传统的环境管理模式执行力和针对性不强，大多是借鉴甚至照搬城市老一套的环境治理方案，而能够适应我国农村特点的多元化环境管理模式尚需深入研究。

2.4.2 农村生活垃圾管理模式

我国农村幅员辽阔，类型多种多样，目前存在无收集无处理、有收集无处理和有收集有处理三种收集、处理模式。不论经济发达或落后，气候差异，还是生活习惯方式不同等，对于我国农村生活垃圾的管理模式，都应该是以源头分类为前提，因地制宜地采取多种资源化利用或处理技术模式相结合的方式来解决农村生活垃圾问题。为了适应农村生活垃圾分类技术的发展以及农村城镇化发展的趋势，参考我国部分省市的农村生活垃圾特色管理模式经验，分析选取以下三种管理模式对农村生活垃圾进行管理。

2.4.2.1 城乡一体化模式

对于城镇化发展程度较好、发展速度较快的或城镇周边的农村，农村生活垃圾应按“城乡一体化”模式管理，即经过统一收运后与城市生活垃圾一同集中处理处置或资源化利用。一般可以行政村为单位，按照“村收集—镇转运—县（市、区）处理”的模式，将各村的生活垃圾都纳入到城市生活垃圾收运体系中，形成覆盖全面的收运网络。具体的管理模式如下：

（1）村收集：农村居民将产生的生活垃圾自行投放或由专人（保洁员）收集后投放到固定的垃圾收集地点。结合实际情况，每个行政村至少设置一个生活垃圾转运点。农村人口数较多或居住分散的村可根据实际情况布置数量和规模不等的生活垃圾收集点。每个村应修建有密闭的垃圾房或配备垃圾桶、收集车等生

活垃圾收集器材。

（2）镇转运：由相关环卫部门负责定时收集各村的生活垃圾，用机动车将各收集点的生活垃圾运至生活垃圾压缩站经压缩处理后，再送至生活垃圾处理设施进行处理处置。对于工厂或公路沿途的生活垃圾，可以派垃圾运输车辆上门或沿途收集之后，直接运往垃圾处理设施处置。因此，镇环卫部门应配备适合近远期收运需求的车辆、工具，建设处理规模适当、符合相关建设要求的生活垃圾压缩转运站。

（3）县（市、区）处理：由县（市、区）相关部门统筹安排，将统一收集转运而来的农村生活垃圾送入城市生活垃圾填埋场厂、焚烧厂等进行处理处置或资源化利用。

2.4.2.2 源头分类集中处理模式

源头分类集中处理模式是指对于大部分地处平原地区，经济发展水平一般、距离县（市）较远（距离县市20km以上）而无力长期承担生活垃圾运输费用的农村地区，可通过联合力量建立起覆盖该区域周围村庄的农村生活垃圾收运网络和处理处置设施体系，实现垃圾的源头分类减量后再集中处理。

（1）户分类：通过因地制宜的制定农村生活垃圾分类减量方法，由政府为农户配备统一的分类垃圾桶和垃圾袋等垃圾分类存储工具，农村居民将每天产生的生活垃圾自行分类（按照灰渣垃圾、有机易腐烂垃圾、有价废品或有毒有害垃圾等不同的分类方式）存放或投放至垃圾收集点。

（2）就地处理：由保洁人员通过流动垃圾车定时、定点收集由居民分类投放的生活垃圾，分别送往本地区不同的处理场所。如，政府将集中回收的灰渣垃圾用于造地制砖、厨余（有机易腐烂）垃圾进行堆肥处理用于农村替代施用化肥，保护环境；有价废品统一出售给废品回收部门；有害垃圾集中存放，统一送到有资质的单位处理。典型垃圾分类处理模式如图2-8所示。

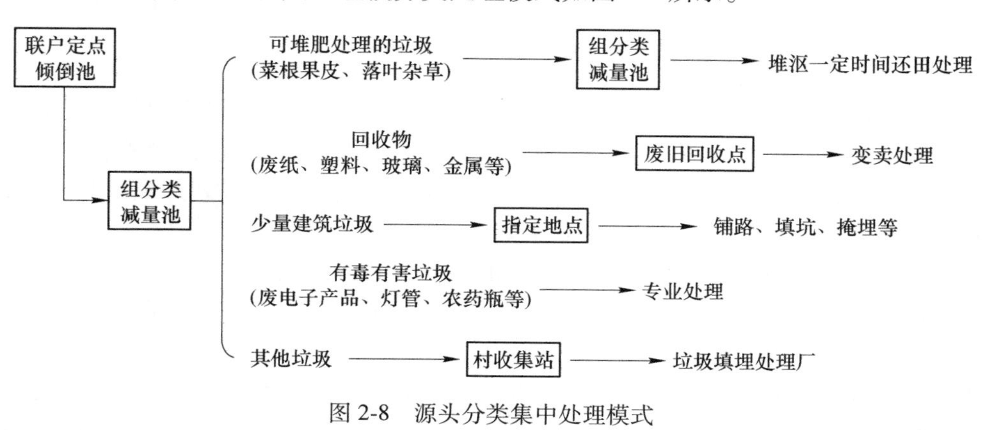

图2-8 源头分类集中处理模式

2.4.2.3 源头分类分散处理模式

对于我国部分山区农村、远郊型农村和其他偏远落后农村，经济欠发达、交通不便、人口密度低、距离县（市）20km 以上的农村，可采取源头分类分散处理模式。源头分类分散处理模式，与源头分类集中处理模式的区别在于处理方式上不同。同样的，该模式要求村民首先对生活垃圾源头分类，有价废品由废品回收人员收购，有机易腐烂类垃圾和灰渣类垃圾（占农村生活垃圾总量的 70%以上）不出村镇即可被就地消纳处理，能够显著降低传统模式垃圾收集、运输和处理过程中的固定设施投入和运营成本，杜绝对环境的二次污染。对于剩余的少部分不可回收，村内不能就地消纳的垃圾，则可经统一收集后运送至上级地区生活垃圾处理设施进行处理处置，可以明显减少传统方法下农村生活垃圾收运和处理过程中的设施建设投入和运营管理成本。

2.4.3 农村生活垃圾管理对策

2.4.3.1 完善立法和执法标准

农村环境问题渐趋严重，农村环境质量标准、污染物排放标准、农村生活垃圾污染及防治等立法缺位。而构建和完善农村环境管理体系，首要对策便是完善国家层面立法，加强专项立法和地方性法律法规建设，健全农村生活垃圾污染防治的配套法律制度（责任延伸制度、奖惩制度、垃圾年收费制度、垃圾分类制度、处理处置技术规范等），完善和落实农村生活垃圾处理处置标准规范及技术指南。同时农村环保管理需明确各级监管责任主体及其权责范围，完善以政府为主导的农村生活垃圾管理机制，将农村生活垃圾的管理工作纳入地方政府公共服务及干部考核体系，制定农村环境卫生工作制度，实施制度化、常态化的环境卫生作业和考核制度。

2.4.3.2 构建专业管理队伍

农村垃圾收集成本高、经济效益低、市场化运作困难，环境管理和环保资金对政府部门的依赖性较强，农村环保建设资金投入有限、环卫设施简陋、设计不合理、人员配备不足。2014 年，随着城乡一体化发展及行政区划的规范与调整，我国乡镇区划个数从 2000 年 49668 个降为 40381 个，并已趋于稳定，乡镇环保机构数量在全国环保机构总数中的占比也逐年上升，但农村环境问题渐趋严重，现有环保机构和人员数量远未达到稳定和饱和。因此，需要充分发挥地方各级政府、村委会和居委会在农村环境卫生管理和建设中的自主作用，特别是在基层应建立一支具有生活垃圾分类管理知识的专业化领导小组与宣传队伍，引导公众参与环境卫生管理。通过免费分发生活垃圾收集设施，制作、派发免费宣传册、海

报，显要位置悬挂横幅，制作发放印有垃圾分类宣传内容的扇子、围裙、雨伞等宣传品，在地方电视台或村内广播宣传，定期组织环保知识竞赛，成立义务监督、宣传小组等方式，全面提升农村居民环保意识和环保积极性，充分认识环境污染的危害以及环境治理的紧迫性。除此之外，对保洁人员的定期培训和教育将大力推进农村环保建设，全面提升农村干部及村民环保意识。

2.4.3.3 加强实用的农村生活垃圾资源化技术研发

我国大部分地区农村生活垃圾的处理处置主要采取简易填埋、临时堆放焚烧和随意倾倒三种方式，资源化水平低下。结合农村生活垃圾分类减量化的要求，采用集中和分散相结合、无害化和资源化并重的处理处置方式，建立相对完善、低成本的农村生活垃圾城乡一体化管理体系，研发成本低、污染少、可持续的农村生活垃圾收运处理处置技术，如农村生活垃圾源头分类分流投放技术、收运过程二次污染控制技术、残渣精细化末端卫生填埋及残渣再利用技术等，因地制宜推进农村生活垃圾无害化处理，探索具有地域特点和典型意义的农村生活垃圾处理模式。同时，应加强实用的农村生活垃圾资源化技术研发，包括高附加值可回收垃圾清洁提质技术、农村有机垃圾和粪便混合厌氧发酵产沼与沼渣制有机肥技术、农村可燃物衍生燃料制备技术等，有效提高农村生活垃圾资源化技术水平。

2.4.4 农村生活垃圾法律法规体系

我国农村生活垃圾相关法律法规、标准制定起步晚，而且较为粗放，基本上没有考虑农村生活垃圾污染防治的特点，专门涉及农村生活垃圾污染防治的立法少之又少，理论上可以适用的立法又存在管理盲区。2005 年，我国最高权力机构——全国人民民代表大会颁布了《中华人民共和国固体废物污染环境防治法》，第一次新增了有关农村生活垃圾污染防治的条款（第三章第四十九条），指出农村生活垃圾污染环境防治的具体办法，由地方性法规规定。而多数省市并没有制定相应的地方性法规，由此导致农村生活垃圾的处理“无法可依”。但随着法律法规的完善，近年来我国在与农村生活垃圾有关的法律法规体系建设方面取得了长足进步。

2009 年 1 月 1 日，我国施行了《循环经济促进法》，明确了生产、流通和消费等过程中进行的减量化、再利用、资源化活动，为农村生活垃圾减量，再利用和资源化提供了法律依据。该法强调县级以上人民政府应当统筹规划建设城乡生活垃圾分类收集和资源化利用设施，建立和完善分类收集和资源化利用体系，提高生活垃圾资源化率（第四章第四十一条）。此外与之对应的是，我国“十一五”规划至“十三五”规划特别强调了生态环境主题，重点关注了废物资源化问题。

同时，我国也逐步加强了农村生活垃圾有关的标准、规范和技术导则的编制工作。2008 年 8 月 1 日，颁布实施了《村庄整治技术规范》(GB 50445—2008)，指出农村生活垃圾宜推行分类收集，循环利用；规定每个村庄应不少于一个垃圾收集点，并对分类的垃圾类别和去向做了相关建议和指导。2011 年 1 月 1 日，实施了《农村生活污染控制技术规范》(HJ 574—2010)，要求生活垃圾应实现分类收集，并且分类收集应该与处理方式相结合，并建议农村生活垃圾可以采用分为农业果蔬、厨余和粪便等有机垃圾和剩余以无机垃圾为主的简单分类的方式收集。有机垃圾进入户用沼气池或堆肥利用，剩余无机垃圾填埋或进入周边城镇垃圾处理系统。2013 年 7 月 17 日，实施了《农村环境连片整治技术指南》(HJ 2031—2013)，指出农村生活垃圾需优先开展垃圾分类与资源化利用，同时给出了农村生活垃圾“分类+资源化利用”模式和城乡一体化处理模式。2013 年 11 月 11 日，颁布了《农村生活垃圾分类、收运和处理项目建设与投资指南》，对农村生活垃圾分类为有机垃圾、可回收废品、不可回收垃圾和危险废物 4 类，实现生活垃圾的源头减量化的分类方式。同时，还对农村生活垃圾源头分类的建设（农村生活垃圾分类宣传材料，户用垃圾桶等）和投资估算指标进行了概述。2016 年在各地方先后出台农村生活垃圾处理技术规范的推动下，住建部和质检总局也联合发布了《农村生活垃圾处理技术规程》(2016 征求意见稿)。

总的说来，不论是大纲、建议或是具体的技术规范，这些文件都越来越详细，为农村生活垃圾治理工程提供了有力的指导，显示出了农村生活垃圾有关的规范标准体系不断在更新、进步。此外，在解决农村生活垃圾问题上，工作方向正不断在建立农村生活垃圾收集、转运和处理的基础上，转向生活垃圾分类与资源化利用上来。但是，这些法律法规与政策中多使用“宜”、“应”、“建议”等字词，而且农村生活垃圾管理的责任主体与公众参与部分相对较少，增加了落实难度。

从治理农村生活垃圾问题的视角，结合我国农村生活垃圾污染防治的特点，应当构建和完善农村生活垃圾管理的法律体系，对国家层面的立法进行完善，加强专项立法和地方性法律法规建设，使农村生活垃圾管理因地制宜，有法可依。对农村生活垃圾污染防治的配套法律制度进行完善，具体包括责任延伸制度、奖惩制度、垃圾收费制度、垃圾分类制度、处理处置技术规范等，加强农村生活垃圾管理法律制度的可操作性和适用性。同时，需要完善和落实农村生活垃圾处理处置标准规范体系。针对现有体系缺乏具体针对农村生活垃圾处理处置标准和规范的现状，应明确农村生活垃圾和城市生活垃圾的区别，专门针对农村生活垃圾制定有关源头分类、收运、处理处置的标准规范和技术指南等。

我国农村生活垃圾相关法律法规特点梳理，见表 2-10。

表 2-10 我国农村生活垃圾相关法律法规特点梳理

名 称	颁布机构	有关内容
中华人民共和国固体废物污染防治法（2005 年 4 月 1 日实施）	全国人民代表大会	第三章第四十九条：农村生活垃圾污染环境防治的具体办法，由地方性法规规定
村庄整治技术规范 GB 50445—2008（2008 年 8 月 1 日实施）	中华人民共和国住房和城乡建设部、国家质量监督检验检疫总局	（1）一般规定：农村生活垃圾收集处理的原则； （2）垃圾收集与运输：倡导分类收集，循环利用；垃圾收集点的要求；垃圾收集与转运的卫生防护等； （3）垃圾处理：不同种类农村生活垃圾分类处理处置与资源化利用技术路线
中华人民共和国循环经济促进法（2009 年 1 月 1 日实施）	全国人民代表大会	（1）地方人民政府应当按照城乡规划，合理布局废物回收网点和交易市场，支持废物回收企业和其他组织开展废物的收集、储存、运输及信息交流； （2）县级以上人民政府应当统筹规划建设城乡生活垃圾分类收集和资源化利用设施，建立和完善分类收集和资源化利用体系，提高生活垃圾资源化率
关于实行“以奖促治”加快解决突出的农村环境问题的实施方案（2009 年 2 月 27 日发布）	中华人民共和国环境保护部、财政部、国家发展和改革委员会	整治内容：政策重点支持农村饮用水水源地保护、生活污水和垃圾处理、……和土壤污染防治等与村庄环境质量改善密切相关的整治措施
中央农村环境保护专项资金管理暂行办法（2009 年 4 月 21 日发布）	中华人民共和国环境保护部、财政部	实行“以奖促治”方式的专项资金重点支持以下内容：（一）农村饮用水水源地保护；（二）农村生活污水和垃圾处理；……。“以奖促治”资金主要用于符合以上内容的农村环境污染防治设施或工程支出
农村生活污染控制技术规范 HJ 574—2010（2011 年 1 月 1 日实施）	中华人民共和国环境保护部	规范化垃圾收集、转运、回收方式方法、处理工艺技术要求、监督与管理措施
农村生活垃圾分类、收运和处理项目建设与投资指南（2013 年 11 月 11 日发布）	中华人民共和国环境保护部	为农村生活垃圾技术模式的选取提供参考，为垃圾分类、收集、转运和处理工程的规划立项选址设计施工验收及建成后运行与管理提供依据
关于改善农村人居环境的指导意见（2014 年 5 月 29 日发布）	国务院办公厅	加快农村环境综合整治，重点治理农村生活垃圾和污水。推行县域农村生活垃圾和污水治理的统一规划、统一建设、统一管理

续表 2-10

名　称	颁布机构	主要有关内容
全面推进农村生活垃圾治理的指导意见（2015 年 11 月 3 日发布）	中华人民共和国住房和城乡建设部、中央农村工作领导小组办公室、中央精神文明建设指导委员会办公室、中华人民共和国国家发展和改革委员会、中华人民共和国财政部、中华人民共和国环境保护部、中华人民共和国农业部、中华人民共和国商务部、全国爱国卫生运动委员会办公室、中华全国妇女联合会	（1）第一次将农村的生活垃圾、工业垃圾等一并处理；第一次由十个部门联合发文；第一次提出了农村生活垃圾 5 年治理的目标任务 （2）任务二：推行垃圾源头减量。适合在农村消纳的垃圾应分类后就地减量

2.5　基于有价废品收购的农村生活垃圾管理机制（以广东省为例）

农村生活垃圾中的有价废品（即可再生资源）作为农村生活垃圾的典型组成部分，其含量可占农村生活垃圾的 5%～20%。农村生活垃圾源头分类意愿与支付意愿调查研究中（见 2.3.2 节内容）显示农村居民习惯将有价废品分拣出来卖给流动的有价废品上门收购人员（50.3%）或直接卖去当地有价废品回收站点（25.5%）。说明有价废品一般具有较高的源头资源化利用率，其中的废纸、塑料制品、废金属等可回收垃圾大部分都能得到回收利用。废品收购从业人员作为农村生活垃圾中有价废品与再生资源回收体系中间的重要角色，在当前城乡统筹发展的大趋势下和我国重构废弃物规范回收利用体系的背景下，正确认识和积极引导有价废品收购私营企业和个体户等群体发挥作用，将是农村生活垃圾治理过程中不容忽视的问题。

广东省作为我国改革开放的前沿，是全国经济强省，在其经济快速发展的同时仍存在凸显的农村生活垃圾问题。因此，本节以问卷调查的方式，以广东省农村有价废品收购从业人员为研究对象，探究其回收行为的现状和对农村生活垃圾源头分类与资源化的感知、态度，以期为我国推行农村生活垃圾源头分类减量管理，建立资源回收体系提供对策建议。

2.5.1　问卷设计

调查问卷共包含四个部分：

（1）第一部分：针对有价废品收购从业人员群体的现状，设置了有价废品收购从业人员在进行资源回收过程中的行为学问题，主要包括收购方式（坐店收购或上门收购等）、工作范围、交通工具、废品存储方式等。同时，设置了被调查人对农村生活垃圾及其源头分类的了解、态度和意愿等问题。

（2）第二部分：主要涉及了有价废品组成及利润调查，即受访者收购的有价废品的种类及其购销价格。由于可回收垃圾种类很多，不同地区对其定义也不一样，调查了低值有价废品的收购情况。除此之外，也对家庭经济来源方式进行了调查。

（3）第三部分：基于前期对于农村生活垃圾分类收集的研究基础，针对调查对象设计了三种简单方案，研究其参与农村生活垃圾分类收集工作中的意愿，以分析联合有价废品收购与农村生活垃圾分类收集的可行性，设置5级李科特量表，选项从1=非常不同意过渡到5=非常同意。分数越高，越同意该方案。方案1：协助政府向居民分类收购四大类生活垃圾（厨余垃圾、有价废品、不可回收垃圾和有毒有害垃圾），将收集的分类垃圾定期交给基层政府有关部门处理（有价废品还可自行处理、盈利），政府以工资形式支付酬劳。方案2：扩大有价废品的收购种类，多增加各类低值有价废品（如废玻璃、废木质、废塑料和泡沫等）的收购，同时有价废品需要自行解决其出路。在此基础上，政府针对收购情况给予运输车辆的购买、维护补贴。方案3：协助保洁员对居民垃圾分类收集的参与程度进行考核，监督。农村生活垃圾源头分类收集过程中获得的有价废品可以作为提成和补贴。

（4）第四部分：主要收集了受访者的社会经济相关信息，包括性别，年龄，学历，家庭常住人口，家庭年收入和家庭住址等。

2.5.2 被调查人社会—经济基本情况

表2-11显示了受访者的基本情况：整体样本中，男性占84.4%，女性占15.6%，18~30岁占6.1%，31~40岁占15.6%，41~50岁占50%，51~60岁占25%，60岁以上占3.3%。小学及以下学历占47.8%，初中学历占42.8%，高中或以上学历占9.4%。收入方面，低收入家庭占了多数，也有可能是因为受访者对于收入问题比较保守，不愿透露家庭真实收入。但总的说来，在农村从事有价废品收购这一行业的绝大多数为男性，而且表现出年龄偏高、学历偏低和收入偏低的“两低一高”的特点。

2.5.3 干部访谈：广东省农村生活垃圾管理定性分析

通过基层干部座谈与实地走访发现，调查地区的大部分村镇已经或即将开始将生活垃圾纳入管理范畴，并聘任保洁员统一收运生活垃圾，基本形成了“村收集、镇转运、县处理”的生活垃圾处理模式。然而农村生活垃圾虽具有统一收运，但普遍缺乏无害化处理处置，一般就地焚烧或简易填埋处理，仍造成一定程度的环境污染。此外，以广州市萝岗区（现已撤销）某村镇为典型代表的城镇化程度较高的农村已开展生活垃圾分类收集处理处置（源头初分与集中分拣结合的方式），暴露了分类方式简单和财政支持不足的问题。

表 2-11　受访者社会—经济基本情况

项目	选项	人数	比例/%
性别	男	152	84.4
	女	28	15.6
年龄	18~30	11	6.1
	31~40	28	15.6
	41~50	90	50
	51~60	45	25
	>60	6	3.3
学历	小学及以下	86	47.8
	初中	77	42.8
	高中及以上	17	9.4
家庭年收入	1 万元以下	62	34.4
	1 万~2 万元	55	30.6
	2 万~3 万元	22	12.2
	3 万~4 万元	28	15.6
	4 万元以上	13	7.2
常住人口数	每户人口数	户数	
	1	5	2.8
	2	30	16.5
	3	28	15.7
	4	41	22.8
	5	38	21.1
	6	15	8.3
	7	8	4.4
	8	6	3.3
	9	2	1.1
	10	3	1.7
	>10 人	4	2.3

有价废品回收方面，各调查地区的有价废品收购从业规模一般以中小规模为主，人员组成分为本地人和外地（省）人两大类。基层政府对有价废品

收购的管理一般仅局限于强调安全和限制贵重金属的收购（防止有人偷盗公共资产变卖），各地区少有开展再生资源回收体系建设或规划。此外，由于废品价格持续走低，收购的废品量少导致利润微薄，有价废品收购员人数连年减少。

2.5.4 有价废品收购行为学调查

调查发现大部分受访者（72.7%）具有五年以上的从业时间，仅有少量（6.7%）受访者在短时间内（几个月）才开始进行有价废品收购，说明广东省农村有价废品收购从业人员一般具有从业时间长的稳定性特征。因分散性拾荒难或无组织收购难以规模化调查，此次调研中上门收购（45.8%）和坐店收购（15.1%）是主要的有价废品回收方式，两种收购方式兼有的比例为38%。可见传统的上门收购方式可能仍是农村生活垃圾中的有价废品最有效的回收渠道。收购员上门收购的范围集中在本村和覆盖到邻村的分别占26.4%，延伸至本县域的其他乡镇的约占28.2%，还有19%的受访者表示范围不定，一般不会留意或考虑距离。因此，小型机动车（包括摩托车、电瓶车和机动三轮车等）作为收购工具具有广泛的使用率，约占54.7%，其他依次是人力三轮车（24%）、客货两用车（11.7%）和自行车（6.1%）。当农村居民产生的有价废品被收购之后，收购员一般会将其储存在临时搭建点（51.2%）或专门修建的仓库（33.8%）中，然而也有部分被随意堆放，没有固定的储存场所（15%），同时，大部分收购点（71.9%）还会收购电子垃圾，这些储存点通常没有相应的环保措施，可能存在安全（如火灾）隐患和环境污染问题。

基于本次调查，总结了农村有价废品物质流的回收模式如图2-9所示。生活垃圾中的有价废品在源头被农村居民主动“分类”，或是由保洁员、拾荒者等从农村生活垃圾垃圾收集点中分拣出来，然后有价废品经过私营企业或个体废品回收运送到上一级的大型废品回收站或中间商（组织、规模更专业化），最后被分别运送至不同的企业进行回收利用。可发现该模式与城市有价废品物质流十分相似。但由于农村生活垃圾产生分散，有价废品私营企业或个体废品回收的组织、规模和布局不如城市有价废品收购正式、规范，同时由于分散性拾荒和无组织收购这两大群体流动性强，其可靠性和长期性难以保证。因此，可以认为这是有价废品逆物流回收过程中的主要制肘点。此外，有研究指出城市生活垃圾中有价废品逆物流回收过程存在的利润分配问题，导致了绝大部分的利润归废品回收厂所有，极小部分利润归个体废品收购者所有。因此，未来在推进农村再生资源回收利用体系建设时，除了源头分类收集之外，有价废品收购人员将废品转运至大型收购站这一环节也应重点考虑，为增加源头收集工作人员提供便利和更合理的利润分配，以增进其积极性。

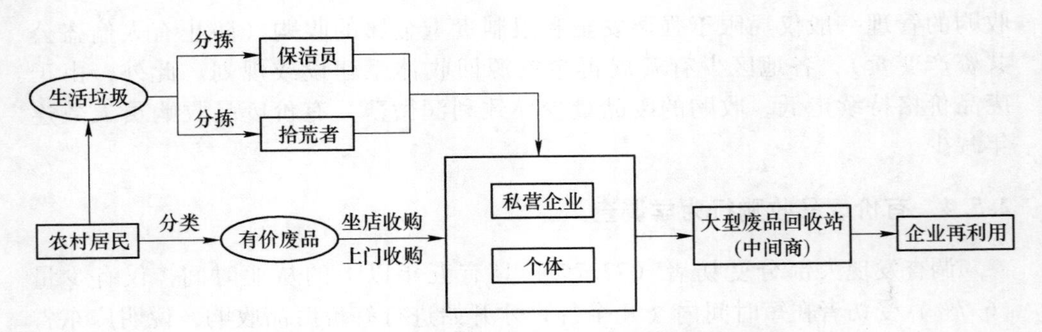

图 2-9　基于农村有价废品物质流的回收模式

此外，对有价废品收购的个体组成情况的调查发现：52.5%的受访者表示收购工作主要由自己完成，或是在家人的协助下完成（39.7%），仅 7.8%的受访者因为规模较大特别专门聘用他人协助工作。这说明农村有价废品收购组以个体为主，经营规模总体偏小。除有价废品经营外，超过一半的受访者（54.8%）还有其他收入来源（如务农，务工和经商等），同时，仅 17.5%的受访者表示对从事的工作感到满意，不满意人数达 32.7%。这些因素在一定程度上会对农村有价废品收购工作的稳定性和持续性造成冲击。

2.5.5　有价废品组成及利润调查

由于不同地区之间的经济、物流、回收企业的等多种因素的差异，各地废品收购员对“有价废品”的定义也不一样。因此，同一类废品在不同地区一般具有不同的价格，从而最终影响生活垃圾集中收集点的垃圾组成结构。通过调查大部分农村有价废品的种类及价格（见表 2-12），在一定程度上证明了这一结论。

表 2-12　农村生活垃圾中各类有价废品买卖（购销）价格　（元/公斤）

种类	收购价格	卖出价格	种类	收购价格	卖出价格
纸类	0.53±0.19	0.79±0.25	废玻璃	0.20±0.21	0.24±0.17
硬纸板	0.51±0.15	0.77±0.26	玻璃瓶	0.43±0.51	0.78±0.97
铁制品	0.81±0.85	1.10±1.17	橡胶类	0.91±0.76	0.85±0.65
铝制品	6.01±1.87	7.54±2.19	皮革类	2.28±0.99	2.85±1.35
铜制品	20.83±9.39	23.47±10.28	织物类	2.00±2.14	1.88±1.30
废塑料	1.34±0.57	1.77±0.71	泡沫	1.46±1.13	1.62±0.94
塑料瓶	1.26±0.56	1.81±1.02	蛇皮袋	0.59±0.42	0.87±0.54

一方面，不同地区有价废品价格差异大，特别是金属类（铜制品和铝制品等）、废玻璃类和织物类。调查发现价格较高的有价废品为金属类、废塑料类和

织物、皮革类。但因产能过剩和原材料价格的下跌，有价废品的价格持续走低。由于目前是趋于利润的自发经营，相关从业人员盈利锐减，甚至出现经营亏损，严重降低其从业积极性。另一方面，尽管有价废品种类丰富，但真正能够被回收利用的类别较少，且具有地域差异。以塑料为例，尽管废塑料种类多，但能被收购的种类却较少，因此塑料也常被作为农村生活垃圾的典型组分。某一种废品如泡沫在某处可以具有较高的收购价格，但在另一地区却并不被收购，因此与其他生活垃圾一起处置。例如，三种有价废品如泡沫、织物和玻璃的收购率分别仅为28.2%，16.8%和30.7%。这些因素可能是农村生活垃圾组分中仍有一定比例的塑料、织物和皮革等可回收垃圾的重要原因。

2.5.6 联合有价废品收购与垃圾分类收集的可行性

由2.5.1节内容可知，方案1的特色在于不仅扩大了有价废品收购工作人员现有的工作范围，而且让其直观地感受到收入增加。方案2突出了其废品收购工作性质的重要性，而且在一定程度上显示了政策支持。方案3相对于方案1和方案2不论是政策倾斜还是经济补贴都有所弱化，但其优势是工作内容相对较少，而且偏向管理。

图2-10显示了受访者同意三种方案（包括同意和非常同意）的比例分别为72.4%，56.3%和51.3%，而不同意三种方案（包括非常不同意和不同意）的比例分别为9.9%，13.9%和16.2%。总的来说，三种方案均有较好的接受程度（同意程度均大于50%），但方案3的同意程度最低（同时不同意程度最高），这可能是因为方案3的内容设定与保洁员的工作过于类似，同时与其当前的有价废品收购工作相比，不论是工作性质还是收入情况并不能感觉到明显的改善。因此，在未来设计联合有价废品收购与农村生活垃圾分类收集的方案时，可在结合当地实际情况情况下，重点考虑突出有价废品收购从业人员的工作特色，予以适当的政策倾斜和经济补贴，提升其工作积极性，巩固该群体工作的稳定性和持续性。

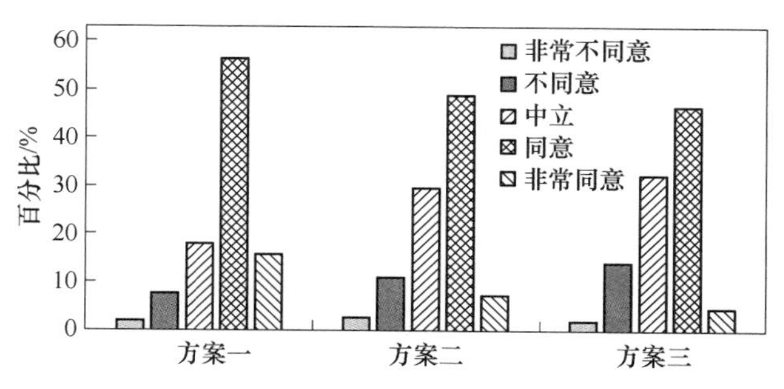

图2-10 受访者对三种方案的意愿选择

通过深入广东省 10 个城市的 91 个村镇进行问卷的农村有价废品收购现状访谈式调研，结果表明：

（1）大部分村镇已实现生活垃圾统一清运，但无害化处理水平较低。经济发展水平相对落后的农村地区还没有将生活垃圾纳入管理范畴，而经济发达地区农村生活垃圾源头分类收集处理的财政压力较大。

（2）有价废品收购从业人员对农村生活垃圾资源化和减量化发挥了重要作用，联合现有的农村有价废品回收力量参与农村生活垃圾分类收集和美丽乡村建设具有一定可行性。废品收购从业群体组织规模小，但超过 70%的受访者具有五年以上的从业时间，具有良好的从业稳定性。

（3）基于有价废品收购的行为学调查（收购方式、范围、工具和存储方式），总结了有价废品物质流的回收模式。然而由于有价废品价格和种类地域差异大，其价格持续走低和行业利润日趋微薄，可能会对从业人员组成的稳定性和长期性造成冲击，进而降低农村生活垃圾的资源化率。

（4）设计的有价废品收购人员参与农村生活垃圾分类收集工作的三种特色方案，其满意度分别为 72. 4%、56. 3%和 51. 3%，说明应重点考虑突出有价废品收购从业人员的工作特色，予以适当的政策倾斜或经济补贴，提升其工作积极性。

（5）应加强对废品收购从业者的管理和引导下对有价废品收购网点微利或亏本经营的品种进行经营补贴，包括人员工资、工具购置、仓储建设和物质精神奖励等，充分调动该群体的积极主动性。建设以市场主导与公益扶持相结合的有价废品回收体系，使有价废品回收产业规范化。在有价废品收购种类规范化的基础上应做到各类低值可回收垃圾的收购，与废品再利用企业共同研究包括运输与利润的有价废品回收保障机制，形成有价废品点（村镇）、线（区县）、面（省市）的回收、加工利用与集中处理为一体的产业化发展格局。

3 农村生活垃圾干废物资源化利用技术

农村生活垃圾资源化处理是将废物变为有用，变有害为有利，无论在保护资源、节约能源方面，还是在防治污染、保护环境方面都具有重要意义。（1）可以大大降低处理成本，减少投入；（2）可以节约资源，产生一定的经济效益；（3）可以有效地改善农村生态环境，减少投入。农村生活垃圾资源化处理的前提是垃圾分类收集，垃圾分类收集是也是实现农村生活垃圾减量化、资源化和无害化的重要措施。目前我国农村生活垃圾处理与资源化技术主要是沿用城市生活垃圾处理处置的技术模式，重点关注末端处理处置环节。面对农村日益增长的生活垃圾和高额的垃圾清运费用，源头减量和就地资源化利用需求极为迫切。

目前，我国大部分农村地区的生活垃圾没有源头分类收运处理。作为今后治理农村生活垃圾问题的方向和趋势，源头分类收集与资源化处理相辅相成，若缺乏后续的处理处置与资源化技术，将使得源头分类收集的意义成为空谈。“干湿分类”作为一种常见的垃圾分类方式，是针对我国城市生活垃圾中厨余和果皮类垃圾比例较高，其水分含量高，不利于垃圾回收和最终处置的国情提出的一种简单实用的垃圾分类方法。本书第 1 章曾提到过国内外依处理和处置方式或者资源化回收利用的可能性，通常将生活垃圾简易可回收物、餐厨垃圾、有害垃圾和其他垃圾四类。本章强调的干废物是特指生活垃圾推行源头分类收集得到的干垃圾，是一类区别于湿垃圾（如厨余垃圾）的废物总称，也就是除了厨余垃圾之外的其他三类垃圾都是属于干废物的范畴。随着石化肥料在农村广泛和大量的施用，农村农田生态系统的快速退化已经成为不争的事实。厨余湿垃圾就地综合利用，可采用比较成熟的有机易腐生活垃圾堆肥处理技术和有机质生活垃圾热解处理等技术来生产农用有机肥和沼气，对农村耕地的改善和生活能源的补给起到非常巨大的作用。干垃圾通常被运往焚烧厂或填埋场进行处理处置，运营成本高，带来二次污染，且未资源化利用。

农村生活垃圾中难降解的干废物资源化利用鲜有报道，因此，农村干废物的就地综合资源化利用，近年也成为研究的热点。本章将农村生活垃圾中干废物资源化利用现状及适用于我国农村生活垃圾干废物资源化处理的最新研究成果予以介绍，以期实现农村生活垃圾末端处置产物的二次利用。

3.1 农村生活垃圾典型干废物资源化利用现状

农村生活垃圾源头分类收集后的干废物，有的废物有机物含量、水分含量和热值均较低，采用常规高的生活垃圾处理方式如堆肥、厌氧发酵、焚烧等并不适用。基于人的衣、食、住三大活动，选出在农村生活垃圾中所占比例非常大的五大类典型干废物，即混入厨余垃圾中却因难降解而不被归类于厨余垃圾的动物骨头，因农村拆建或清扫清洁产生的砖石类垃圾中的发泡混凝土，常见的废旧衣物类垃圾中的织物、生活垃圾焚烧炉渣以及废旧塑料，将它们资源化处理，可以实现农村生活垃圾干废物的源头资源化和末端处置产物的二次利用。

3.1.1 动物骨头

我国是世界第一食肉大国，每年产生的动物骨头就有1500多万吨。尽管没有关于农村厨余垃圾中的动物骨头数量统计数据，但由于厨余垃圾中的动物骨头难降解的特点，一般需要先分拣出来打碎以降低后续处理的压力，从而对生活垃圾分类和资源化利用造成许多不便。

早在我国古代，对动物骨头资源化利用的现象就已经非常普遍。由于环境所迫，在古代早期的生产中动物骨头常常用于制作劳动工具或武器等。随着生产的发展，人们在实践中发现动物骨头中富含大量农作物所需要的氮磷钾钙钠铁锌等元素，可以用于土壤改良，改善作物生长环境，还能促进作物生长发育。此外，古籍中也有介绍将动物骨头用于种子处理，除虫防虫、除鼠害等。生活中，古人也发明了动物骨头的治疗疾病、保健养生的方法，还有艺术装饰品或占卜祭祀工具制造等的广泛应用。由此可见，富有智慧和创造力的前人已经开发出多种动物骨头资源化利用方法。

在现代食品工业中，动物骨头是用于制备骨粉、骨炭，提取骨油、骨胶和软骨素的主要原料，通过各种技术还能使动物骨头最终加工制造成为优良的添加剂、填充剂、酶载体等。但这些均需要复杂的手段或先进工艺，目前其深加工率仍不足1%。作为一种典型的生物材料，动物骨头（骨组织）由活细胞和钙、磷等矿物质混合构成，主要成分为羟基磷酸钙［$Ca_{10}(PO_4)_6(OH)_2$］，正是这些矿物质使骨头具有坚实的物性，使羟基磷酸钙在煅烧的过程中不容易分解，煅烧过程中产生的气体渗透其中使其出现孔状结构。因此，近年来有许多将动物骨头制备成介孔碳等多孔材料，并将其用于燃料电池电极催化剂或活性炭等的报道。此外，还有将动物骨头制备成吸附材料骨炭，用于水体污染物或重金属的吸附去除等。由此可见，动物骨头制备成功能材料用于特定目的有着巨大研究和应用潜力。

3.1.2 发泡混凝土

混凝土，又名泡沫混凝土或发泡水泥，是为降低水泥浆的密度，向其中充气而形成的轻质水泥基体发泡材料。它与普通混凝土在原材料上最大的区别在于其

不使用粗集料，同时引入大量均匀分布的气泡，导致内部具有大量均匀分布的细孔，具有质轻的优异性能，广泛应用于建筑工程和节能墙体材料中。

中国专利 CN102557550A（申请号 CN201210066791.9）公开了一种利用建筑渣土制备的曝气生物滤池填料及其制备方法，该专利以建筑垃圾中的骨料、水泥和添加剂等为原料，原料来源较多，制备方法包括破碎、配比和造粒等过程，工序较为繁琐，且最终制成的填料密度较大，比表面积小，污水处理效果一般。暨南大学张盛斌等人采用单一粒径的碎石和陶粒作为粗骨料，按照目标孔隙率为25%、水灰比为0.26的要求制备两种不同级配的多孔生态混凝土试件，同时以这两种骨料按等体积紧密堆积并用塑料网框包裹作为对照，采用人工配置废水静态吸附试验方法。结果表明，以碎石为骨料的生态混凝土试件吸附氮效果较好，以陶粒为骨料的生态混凝土试件对磷的吸附效果较好，其原因可能是由于生态混凝土中生物膜的挂膜率高于塑料网框包裹骨料试件，更适于微生物生长繁殖，能在短期内有效富集微生物。除此此外，有学者认为多孔的生态混凝土净水机理也还有另外两点：（1）物理与物理化学净化作用。通过多孔混凝土的过滤和吸附作用去除污水中的污染物；（2）化学净化作用。通过多孔混凝土释放出来的某些化学组分（如 Al^{3+}、Mg^{2+}、OH^{-}等），使污水中的污染物发生沉淀而得以去除。

近30年以来，伴随着农村城镇化进程的快速推进，农村有大量建筑物和构筑物正在新建、改建、修缮和拆毁。若将建筑废物中的发泡混凝土回收，利用其轻质和破碎后比表面积大的特点，将其制备成为适合微生物附着的载体填料就地用于农村生活污水处理，不仅可以将部分建筑废弃物资源化回收利用，减少建筑废弃物的处置量，而且有利于节约农村生活污水处理的经济成本，开发新型填料，对于农村建筑垃圾减量化、无害化和资源化和农村环境保护具有重要意义。

3.1.3　织物

由于我国没有建立织物回收制度，随着生活水平的提高和服装产业的发展，大量的废弃织物亦从资源变成了生活垃圾。据统计，全球每年产生的废弃纺织类产品高达4000万吨以上。据调查，某地区农村生活垃圾中的废弃织物的比例高达9.1%，这不仅造成了资源的浪费，也增加了农村生活垃圾的产量，加剧后续处理压力。

传统的织物资源化的方法可分为：

（1）机械法。利用机械力将纤维还原到初始状态，几乎不破坏原本纤维分子的构成。由于其加工步骤少、工艺简单、要求低、无需分离等优点，是目前应用最广的织物产品资源化方法之一。

（2）物理法。增加必要的助剂或辅料，经过简单的机械加工使废弃织物直接成为其他产品原料。物理法回收再利用比较彻底，但很难实现循环使用。

（3）化学法。通过化学试剂破坏废弃织物中高分子聚合物分子结构，使分子内部结构发生解聚进而转变成单体或低聚物，再用生成的单体或低聚物制造出纤维或者对原材料改性。化学法回收利用最彻底，并可以实现织物重复循环利用，但其工艺复杂、成本较高、对废弃织物的成分要求很严格。

（4）热能法。在高温条件下使废弃织物燃烧，通过对燃烧过程产生的热能加以利用。热能法工艺操作简单，但不规范的燃烧会对环境造成污染。

郝淑丽从旧衣的回收、分拣及再利用几个方面构建了目前我国废弃织物回收企业的废旧衣物回收再利用体系，总结了废旧衣服的再利用通常包括向贫困地区捐赠、出口非洲、物理利用、再纤维化和制造工业材料等几种形式。但由于农村生活垃圾中的废弃织物的回收利用处理费时费力，将废弃织物与农村实际情况结合起来后就地资源化利用就显得尤为重要。东华大学靳琳芳等人选择来源广泛的棉布、麻布、绒布和棉布与涤纶的混纺布作为生物接触氧化池填料，研究了的废弃织物用于污水处理的填料的可行性，发现粗糙度小的材料不能作为填料使用，填料表面粗糙度及孔隙率直接影响挂膜量的多少，可通过改性，增加微生物的附着量。实验表明棉布与混纺布的表面有明显损坏，而绒布的表面没有变化，仅在断面处有微小损坏，说明绒布可以长期作为填料使绒布有很强的耐水力冲击负荷能力。这些研究为废弃织物处理农村生活污水提供了可能。

3.1.4 生活垃圾焚烧炉渣

即使农村生活垃圾从源头产生到最终处理处置的过程中历经源头分类减量，到分类分质资源化利用，再到厌氧消化、好氧堆肥和焚烧或填埋等过程，在当前技术水平条件下也还无法达到“零废物”的效果。由于生活垃圾焚烧具有显著的减量化和无害化效果，世界各国都普遍采用该方法对生活垃圾进行末端处置的大背景下，我国东南沿海和部分中心城市有很多生活垃圾焚烧厂已经投入运营或正在建设中。同时，在“村收集、镇转运和县处理”模式的倡导下，许多地区的农村生活垃圾都将随之进入焚烧系统。

农村生活垃圾在焚烧后仍有残余物——焚烧炉渣产生。炉渣在我国被认为是无毒性的一般废物，可直接填埋处理。目前，生活垃圾焚烧炉渣资源化利用最主要的方式就是作为道路工程的集料和填埋场的覆盖材料，此外也有用于生产水泥和制备免烧砖的报道。由于炉渣经高温烧结，具有较大的比表面积和孔隙率，含有大量的铝硅酸盐物质，将炉渣作为生物膜载体或水处理填料，具有一定的可行性。袁廷香将炉渣作为磷聚填料，研究了磷初始浓度、pH 值、炉渣粒径以及反应温度对炉渣除磷效果的影响。结果表明炉渣具有良好的磷吸附特性，而且重金属的浸出浓度低。文科军等人将焚烧炉渣用作潜流式人工湿地滤料，发现在秋季和冬季时炉渣滤料对氨氮去除效果较石灰石滤料更佳。宋立杰已开发出炉渣反应

床处理禽畜废水的工艺，为炉渣的资源化利用和废水处理提供了方向和经验。因此，生活垃圾焚烧炉渣就地处理农村生活污水也成为了可能。

3.1.5　废旧塑料

科技不断进步和发展，带动了塑料产业的不断前行，不仅塑料的产量在不断上升，日益成熟的生产技术也使生产塑料的成本在不断的降低。相关数据表明，全球塑料的产量已经上亿吨，其中 2010 年的产量接近了两亿吨。塑料与人们的日常生活实践的联系越来越紧密，各种类型的塑料日益广泛地应用到我们生活中的每个方面，在农业、工业方面均占据着十分重要的地位。塑料在隔声消音和化学稳定性方面具有巨大优势，具有良好的电绝缘性、绝热性、弹性和可塑性，容易与其他材料较好的衔接。凭借各种性能优势，塑料已大量代替金属、玻璃等材质。

农村生活垃圾中，由政府部门清运至填埋场或焚烧发电厂的生活垃圾约 1.6 亿吨/年，填埋场中储存的矿化垃圾约 30 亿吨，两者潜在的塑料、纸张、纤维、玻璃等四大类废品资源分别为 5400 万吨/年和 14.1 亿吨，而且还在逐年增加。进入市政部门收运的组分中，有价组分基本上是塑料类，但塑料类废品质量比例不是很大，但所占体积较大。

我国是塑料产量第二，进口可回收塑料量第一的国家，2011 年我国塑料的产量是五千多万吨。工业塑料在实际的生产实践中有着很大的用量。我国地域辽阔，农业发达，而现代农业生产需要大量农用塑料，我国每年农田地膜和温室大棚膜用量高达百万吨。塑料产品在经过一定的时间使用之后，都会转化废弃，大约有 75%的通用塑料在使用年限不超过十年，同时大约有一半的生产实践中使用的塑料会在两年的时间中变成废弃塑料。在我国生活垃圾中，进入市政部门收运的组分中，有价组分基本上是塑料类，废旧塑料利用率却非常低。

随着塑料产业的不断发展和塑料制品应用领域的扩展，废弃塑料的数量和种类都在增加，废弃塑料对于环境的影响也日益严重。人们也已经意识到废弃塑料对于生存环境产生的威胁。提高废弃塑料的循环利用率以及降低塑料使用过程中的老化速度是降低整个塑料产业对环境污染的重要途径。为了降低废旧塑料可能对环境造成的严重污染，各个国家都在逐步采取相应的措施。很多国家都对塑料循环利用投入了大量资金，近十年里，欧盟已经花费 5000 万欧元对塑料废弃物进行科学的管理，并取得了比较理想的效果，有效减少了废弃物对生态环境造成的严重污染。

近几年废弃塑料产品的污染问题愈发严重，废旧塑料产品对环境及人体健康造成的损坏已经引起了越来越多人的关注。人们已经开始采取相应的措施降低废气污染塑料带来的危害。废弃污染塑料的污染问题的原因是多方面的，在土壤植物的种植方面，由于塑料是属于高分子，在自然界中很难进行降解。废弃于土壤中的塑料产品会阻碍植物根系对土壤中的营养成分、水分和氧气的吸收，使植物根系不能正常发育，阻碍植物的呼吸作用和蒸腾作用。废弃污染塑料中的有毒物质利用生态系统中的富集作用，通过蔬菜、水果以及畜产品中，进而间接地进入人体内，影响人类的身体健康。在废弃塑料进行燃烧的过程中，也会产生大量的有毒气体，对周围的环境造成严重的污染并且刺激人类的呼吸系统，形成呼吸系统疾病。

我国塑料总量中 70%~80%的通用塑料在 10 年内将转化为废弃塑料，其中有 50%的塑料也将在两年内转化为废弃塑料。我国废旧塑料利用率仅为 25%，每年不能被及时回收和合理再利用的废旧塑料有 1400 万吨。塑料的基本成分主要来自石油，而石油属于不可再生资源，因此对废旧塑料进行回收利用可以充分利用自然资源，有利于解决塑料工业原料紧张。

废旧塑料的回收和再利用是解决废弃塑料所引起的环境污染问题和资源浪费问题的有效方法。废旧塑料再利用解决塑料工业原料短缺的问题，通过对废旧塑料进行资源化利用，降低了相关产品的价格成本，提高了相关产品在市场中的竞争能力。与简单填埋处理和焚烧处理法相比，废弃塑料的回收再利用实现了真正意义上的资源循环利用，不仅解决了环境资源问题，同时提高了产业经济效益。

废旧塑料回收再利用包括直接积压再造粒的物理法再利用、改性再利用、热能与还原性利用、多种化学分解再利用和复合再利用法。废旧塑料回收利用价值较高，经过破碎、分离、清洗、再生造粒或裂解等过程可以生产各种再生塑材制品或燃料，图 3-1 为废旧塑料回收再利用预处理工艺流程图。对废旧塑料进行循环利用既减少了废弃塑料对环境带来的污染，解决环境问题，同时又可以节省原材料，降低生产成本，获得较好的经济效益。

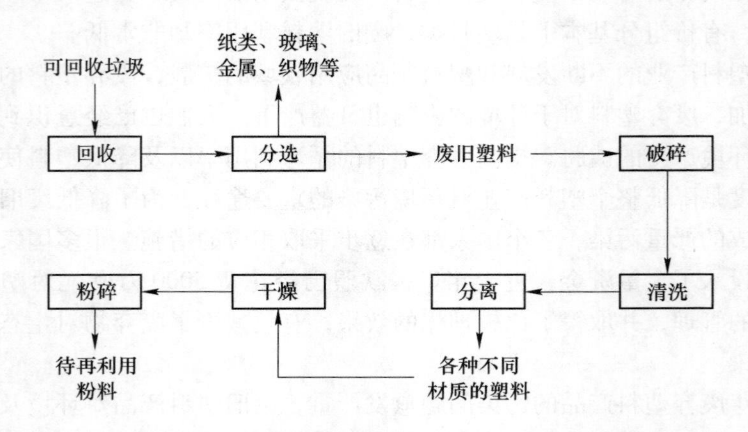

图 3-1　废旧塑料回收再利用预处理工艺流程

塑料在使用过程中，势必受到各种污染，农村生活垃圾中废旧塑料受到生活垃圾中渗滤液、有机物、黏附物等源头污染物的严重污染，在其表面形成不同类型的附着污染物。如不能进行洁净和再生利用，只能填埋或焚烧。农村生活垃圾中的废旧塑料黏附物很复杂，无法清洗，附加值极低，非常不利于后续资源化利用。

废旧塑料的清洗可以去除附着在塑料表面的污物，使识别和分离的准确度更高，直接影响再生塑料产品的质量，是废旧塑料回收再生利用的关键。而目前针对回收的废旧塑料清洗技术的研究较少，这限制了塑料回收再利用的发展。传统的废旧塑料湿法清洗，在使用大量水的同时可能添加大量化学清洗剂，利用清洗剂对废塑料表面的污染或覆盖层进行溶出和剥离，以达到去除污垢的效果。这种清洗方法存在需水量大、产生大量污染废水，需配备相应的污水处理系统、塑料清洗之后需经干燥才能回收利用等缺点，清洗成本高，不利于推广使用，限制了废旧塑料清洗、回收行业的发展。而涉及超声波、干冰和微波等新型清洗技术，以及以空气或吸附性固体介质为媒介的干法清洗的研究极少，应用方面几乎空白。

废旧塑料清洁后必须再经分离，分离技术在塑料的回收循环利用过程中发挥着重要的作用。在废旧塑料回收利用的过程中必须采用一定的分离纯化技术，将塑料中的其他杂质清除，不同废旧塑料混在一起进行加工循环利用的效果不佳，所生产的循环利用塑料产品性能受到影响。目前常用的分类技术有人工分离、重力分离、光学分离、电选分离法、熔点分离和溶解分离。

在废旧塑料回收进行循环利用之前，对不同的塑料进行分类归整，以更好地适应实际的生产需要。另外，对于不同种类的废旧塑料在加工生产的过程中需要添加不同的助剂，未经分离、含有不同添加助剂的废弃塑料，即使添加助剂含量较低依然会降低整炉回收物料的性能。

3.2 难降解干废物与生活污水共处置技术

我国农村生活污水排放面广、排放点分散、排放量增长快、有机物浓度高、排放不均匀，难以集中处理。本着农村生活垃圾源头分类减量与就地资源化处理的初衷，结合农村水环境污染日益突出的现状，本文提出干废物难降解的特性和农村分散式污水处理的思路，筛选农村生活垃圾中难降解的干废物制备适合微生物附着的载体填料就地用于农村生活污水处理，不仅对于农村生活垃圾减量化、无害化和资源化具有一定的意义，而且还能降低农村生活污水处理的费用，有利于农村生活污水治理工作的推广。

在各种农村生活污水处理技术中，生物膜法以其投资费用低、管理维护方便、处理效率高、无占地面积小、出水水质好和无污泥膨胀问题等优点越来越受到人们的重视。生物膜法包括生物滤池、生物转盘、生物接触氧化池、曝气生物滤池及生物流化床等工艺形式，其共同特点是微生物附着生长在填料表面，形成

生物膜，污水与生物膜接触后，污染物被微生物吸附转化，污水得到净化。填料作为生物膜反应器中微生物的载体，影响着微生物的生长、繁殖和脱落，因而对反应器的运行效果具有十分重要的影响。

以曝气生物滤池工艺（biological aerated filter，BAF）为代表的生物膜法污水处理工艺中，填料一般可分为无机类和有机类两种。无机填料由于密度相对较大，属于沉没式填料，常见的有陶粒、瓷粒和矿石破碎后制备的不规则颗粒，以及活性炭、膨胀硅铝酸盐等，而有机填料密度较小，多为上浮式填料，常为聚丙烯等高分子物质制备而成。尽管可以取得较好的效果，但这些人工填料对于农村或经济欠发达地区来说明显成本偏高，不适合在农村分散式污水处理工程中应用。此外，由于其使用的大都是不可再生资源，不仅消耗了资源，还可能对环境造成破坏。

下面根据分散式污水处理的特点，介绍用农村生活垃圾中难降解的干废物（织物、动物骨头和发泡混凝土），制备适合微生物附着的载体填料对生活污水进行就地处理，通过对出水 COD、NH_3-N 等指标的测定，结果显示均取得较好的处理效果，既节约了农村生活污水处理的经济成本，实现了农村生活污水的处理，也使农村生活垃圾得以“以废治废”的资源化利用。

3.2.1 处理装置

采用曝气生物滤池工艺，反应器结构主要包括填料层、承托层、布水系统、布气系统和排水系统等，由有机玻璃制成，如图 3-2 所示。

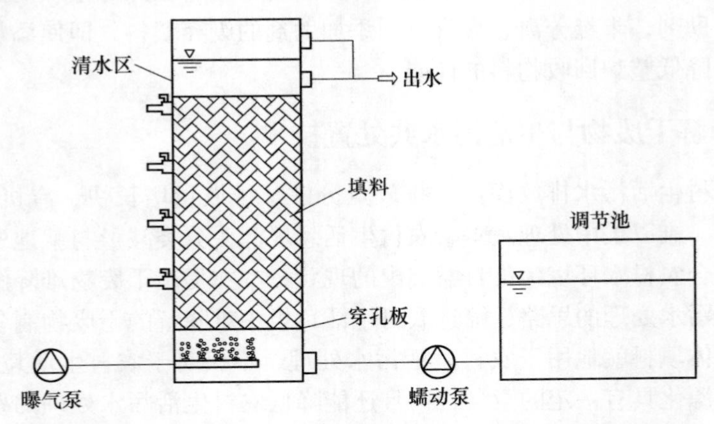

图 3-2 农村生活垃圾干废物处理生活污水 BAF 装置示意

3.2.2 处理结果

采用曝气滤池工艺，利用动物骨头、发泡混凝土和织物三种干废物处理生活污水，其最佳 HRT（水力停留时间）分别是 8h、6h 和 8h。

在此条件下平均出水 NH_3-N 浓度分别为 1.1mg/L、5.1mg/L 和 3.4mg/L，达到《城镇污水处理厂污染物排放标准》（GB 18918—2002 年）一级 B 标准（8mg/L），三种干废物填料中，发泡混凝土的 NH_3-N 去除能力更好，能在相对较低的水力停留时间条件下实现 NH_3-N 去除。

各处理在不同 HRT 条件下出水 COD 差异不大。HRT 为 6h，进水 COD 浓度约为 600mg/L 条件下，织物、动物骨头和发泡混凝土三种处理的平均出水 COD 浓度分别为 38mg/L、45mg/L 和 48mg/L，去除率均在 90%以上，出水 COD 浓度均低于《城镇污水处理厂污染物排放标准》（GB 18918—2002）一级 A 标准阈值（50mg/L）。需要说明的是，当 HRT 为 6h 时，COD 去除效果好，原则上应该缩短 HRT 以降低能耗，但该条件下织物处理和动物骨头处理对于 NH_3-N 去除效果相对较低，去除率约为 60%左右。因此，针对这两个处理，选择延长其 HRT 以保证较优的污染物去除效果是有必要的。当织物和动物骨头处理的 HRT 延长至 8h 时，平均出水 COD 浓度分别为 41mg/L、48mg/L 和 36mg/L，COD 去除效果仍保持较高的水平，平均约 90%。三个处理实现 COD 和 NH_3-N 的同步高效去除。

HRT 为 6h 时，织物、动物骨头和发泡混凝土对浊度的去除率分别为 98%、96%和 96%。改变织物、动物骨头处理 HRT 为 8h 时，其浊度去除率分别为 97%和 97%，缩短发泡混凝土 HRT 为 4h 时，其浊度去除率降低至 82%。不同 HRT 条件下各处理出水清澈，浊度较低且差距不大，说明三种不同干废物填料对污水中的悬浮物有很好的截留和过滤作用，在不同 HRT 条件下，三种干废物填料对污水中悬浮物有很好的截留和过滤作用。同时三种干废物填料 BAF 具有不同的硝化特性，但主要的 NH_3-N 降解区均在进水端。

基于农村生活垃圾干废物处理生活污水小试研究成果，于福建省安溪县建立了农村生活垃圾干废物处理生活污水技术中试线，如图 3-3 所示。设计污水规模约 3.3t/d，采用上进水、自然通风的生物滤池工艺，使用动物骨头、发泡混凝土

图 3-3 农村生活垃圾干废物处理生活污水中试反应器建成效果

和织物组合填料。尽管调试时间较长，但出水水质 COD 和 NH_3-N 浓度较低，分别为 23~41mg/L 和 3.6~7.2mg/L，去除率均保持在 80%以上，基本达到了预期目标，见表 3-1。

表 3-1 农村生活污水处理中试进出水主要污染物平均浓度及去除效果

	时间	8月	9月	10月	11月	12月
NH_3-N	进水/mg·L^{-1}	29.3	26	32.9	42	34.3
	出水/mg·L^{-1}	3.6	4.1	4.9	7.2	5.9
	去除率/%	88	84	85	83	83
COD	进水/mg·L^{-1}	197	293	261	309	247
	出水/mg·L^{-1}	23	39	33	36	41
	去除率/%	88	87	87	88	83

3.3 生活垃圾焚烧炉渣反应床处理生活污水技术

城乡一体化模式下的农村生活垃圾管理中，通过源头分类减量而无法就地资源化的农村生活垃圾纳入城镇生活垃圾焚烧系统后，仍会产生残余物——生活垃圾焚烧炉渣。本节根据农村生活垃圾从源头产生到最末端处置全过程减量化、资源化的目的，结合今后可能产生的实际应用需求与已有基础，开展生活垃圾焚烧炉渣就地处理农村生活污水技术研究，这对于实现农村生活垃圾“源头分类收集-资源化利用-末端处置-末端处置产物二次资源化”的全过程管理具有现实指导意义。

实验利用生活垃圾焚烧炉渣构建反应床处理农村生活污水属于天然基质自净化体系，反应器结构主要包括填料层、承托层、布水系统和排水系统，由有机玻璃制成，如图 3-4 所示。

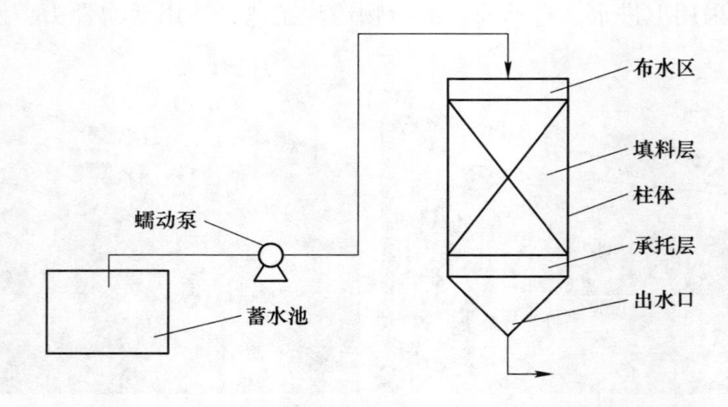

图 3-4 生活垃圾焚烧炉渣反应床处理生活污水装置示意

根据微生物培养与驯化试验结果和调试经验，以《城镇污水处理厂污染物排放标准》（GB18918—2002）一级 B 标准为控制目标，设计了 6 个水力负荷参数（$0.4643m^3/(m^2 \cdot d)$、$0.6964m^3/(m^2 \cdot d)$、$0.9286m^3/(m^2 \cdot d)$、$1.3929m^3/(m^2 \cdot d)$、$1.8571m^3/(m^2 \cdot d)$ 和 $2.7857m^3/(m^2 \cdot d)$），以研究生活垃圾焚烧炉渣反应床处理生活污水在不同的水力负荷条件下的污染物去除效果。结果显示：生活垃圾焚烧炉渣反应床最大水力负荷为 $1.8571m^3/(m^2 \cdot d)$ 时，COD、NH_3-N 和 TN 都能得以同步去除，平均出水浓度分别为 33.1mg/L、5.4mg/L 和 17.2mg/L。有机物的去除机理在于过滤、吸附和生物氧化三种联合作用。

3.4 废旧塑料分离技术

分离技术在塑料的回收循环利用过程中发挥着重要的作用。在废旧塑料回收利用的过程中必须采用一定的分离纯化技术，将塑料中的其他杂质清除，不同废旧塑料混在一起进行加工循环利用的效果不佳，所生产的循环利用塑料产品性能受到影响。在废旧塑料回收进行循环利用之前，对不同的塑料进行分类归整，以更好地适应实际的生产需要。另外，对于不同种类的废旧塑料在加工生产的过程中需要添加不同的助剂，未经分离、含有不同添加助剂的废弃塑料，即使添加助剂含量较低依然会降低整炉回收物料的性能。

3.4.1 人工分离

人工分离方法在生产实践中是一种最为简单、较为常见的分离方法。人工分离法需要操作人员根据自己的实际经验，通过对废旧塑料制品的颜色、外观、手感和透明度等指标的判断进行分类。人工分离的可变因素较多，操作人员经验可变性和感官能力差异，都会造成分离准确性降低，所以不能实现十分精准地对废旧塑料制品实现分离。废旧塑料的人工分离方法操作简单、灵活性较高，但准确性不够、误差较大，工作量大、成本较高。

3.4.2 重力分离法

重力分离法是指利用不同废旧塑料之间的密度差异对其进行分离，也称为浮沉分离方法。重力分离法是最早使用的一种废旧塑料分离方法，在长时间生产实践过程中，进行了较为深入的研究。重力分离法所用分离介质密度应介于不同种类废旧塑料之间，利用废旧塑料本身密度之间的差异，使其在分离介质中实现上沉或者下浮，达到废旧塑料分离的目的。常见的利用重力实现废旧塑料分离的方法有空气分离、水分离、浮选、离心分离等分离方法。在实际的工业生产实践中，可以将经过处理的混合废旧塑料依次经过不同密度的介质实现废旧塑料的快速分离。利用重力分离法实现对废旧塑料的准确分离，首先要选择合适的介质。

工业生产应用中较为常见的重力分离介质有蒸馏水、55%乙醇溶液、氯化钙溶液、饱和食盐水或洁净自来水等。

在2008年，Pongstabodee等人通过实验优化得出了浮选法与三阶段浮沉法相结合的方法，可以实现对废旧塑料的良好分离，而对废旧塑料分离的难点在于正确选择分离介质。在2011年，华东理工大学相关专家在高分子合金实验室中发现，介质的密度、PP和HDPE、塑料大小，以及不同的润滑剂等都会对废旧塑料的分离产生影响。其通过实验研究得出结论，HDPE与PP的分离可以采用木质素磺酸钙润湿剂（CaLS），同时当回收废旧塑料的介质密度为0.91g/cm，塑料大小0.5~1cm时，HDPE与PP可以实现很好的分离，其分离纯度在97%左右。

G. M. Richard通过计算得出颗粒尺寸和介质密度的数学计算式，并设计高分离效率的旋风式密度分离装置。张群安等人通过研究含聚乙烯（PE）、聚丙烯（PP）、聚氯乙烯（PVC）的废旧塑料薄膜以水作为介质的分离过程，优化混合废旧塑料的最优分离条件，得到98%的PVC回收率。

重力分离方法适用于分离密度差异比较大的不同种类塑料，而对于密度差异比较小的物料很难达到理想的分离效果。重力分离法实施方式比较简易，操作相对简单，但仅利用重力分离法很难从混合废旧塑料中得到某一种高纯度塑料，需要与其他分离方法结合使用。

3.4.3 光学分离

光分离方法是通过光分离机对不同透明度和颜色的塑料制品进行识别，进而实现不同种类塑料的分离和塑料与杂质的分离。不同塑料制品之间的红外光谱特性存在差异，因而利用红外光谱检测技术可以实现对不同塑料制品的检测和分类。

近红外光谱鉴别技术可以在较低实验条件限定下对于普通工程型塑料或通用型塑料，比如PP、PE、PS等进行高效率的鉴别和分离；在0.75~2.5μm的波长范围（即波数大约为$1.33\times10^6\sim4\times10^5m^{-1}$）内，近红外光谱鉴别技术对着色度较轻以及透明度较高的塑料鉴别能力较强，识别度较高。以将不同的塑料制品区分开来。Y. Tachwali等人通过研究开发设计了一套基于电耦合摄像机和红外检测，能够实现对塑料瓶自动分类的设备。通过这套设备，依据塑料制品的成分和颜色差异对不同的塑料制品进行分离和分类，使混合塑料的分离效率达到了80%以上。Leitner等人在自动化工业分拣装置中用NIR光谱成像技术实现了在线、实时对塑料制品的尺寸、材质和形状进行鉴别，利用这种方式可以达到谱图识别准确率约90%。2011年，S. Silvia等人通过NIR成像系统，实现了将聚烯烃颗粒由复杂的废物中进行回收，通过这种方法，实现了由建筑垃圾回收PP和PE。

近红外光谱检测技术在国外的发展速度较快，目前在我国国内还没有将近红

外光谱技术应用于生产实践中的仪器设备，但我国已经对红外光谱鉴别技术进行了很多相关的实验研究，并取得了一定的研究进展。谭曜等人通过 OPUS IDNET 化学计量软件对光谱图进行处理研究，借助于近红外光谱仪，通过分析建立的数学模型，实现对不同种类的废旧塑料制品的定性鉴别与分离。杜婧等人研究得出一种基于近红外探测技术的废旧塑料自动鉴别分离系统，其研究结果结合光电传感器和窄带滤光片，该方法对透明塑料的分离效率上升至百分之百。

近红外光谱技术鉴别分离效率比较高，但同时也存在一些缺陷，比如，只使用与高透明度和低着色度的废旧塑料进行高效的鉴别与分离。为提高近红外光谱鉴别对混合废旧塑料的鉴别分离效率，可以对其进行颜色分类，以降低色度对鉴别分离效率的影响。

3.4.4 电选分离法

电选法是依据在不同塑料制品表面接触运动时，不同种类的塑料制品会发生电荷交换，这样致使其中的一种塑料制品带正电，而另外一种塑料制品会带上负电。在实际的生产实际过程中，依据摩擦后的废旧塑料所产生的不同电性和电量可以实现对不同塑料制品的分类和鉴别。电选分离法主要是依据塑料带电方式的不同分为静电分离和摩擦静电识别。

静电分离是利用电晕放电使混合物中不同种类塑料带不同电性和电量，使其在电场中获得分离的方法。摩擦静电识别原理，混合废旧塑料中不同种类塑料因摩擦引起电子得失而获得不同的电量或者带有不同电性。带有不同电性和电量的塑料在电场的作用下发生运动偏移，而使不同种类塑料分离。摩擦静电识别方法对不同种类塑料制品实现分离的关键是要选择适合的摩擦充电材料。

Calin 等人通过一种新型流化床摩擦充电设备，研究两种不同材料使 3 种不同比例的 PVC 和 PET 混合物摩擦带电进而实现两者材料分离的能力。研究结果表明，在塑料与充电室墙壁碰撞、同种塑料碰撞、不同种塑料碰撞而摩擦起电的 3 种方式中，电室墙壁碰撞是具有比较重要的作用和影响。Chul-Hyun Park 等人研究出了一套静电分离 PVC 和 PET 的设备，可以使 PVC 与 PET 的回收率可以达到 95%以上。T. Amar 等人研究了一种卷式静电分离设备，在分离粒径在 2mm 以上的粗糙塑料颗粒时，因电场中产生的电场力小于颗粒本社重力，传统的自由落体式摩擦静电分离器很难达到理想的分离效果，可采用卷式电晕静电分离装置代替传统静电分离装置，提高分离纯度。但是，电选法对待分离的混合塑料制品的干燥程度和运行温度要求较高，导致电选分离方法操作成本比较昂贵，难以适用于废旧塑料分离的工业化生产。

3.4.5 熔点分离

熔点分离法是利用不同种类塑料的塑化温度差异进行分离。Green Source Energy Llc 通过溶解、熔化或选择性分解聚合物，该方法适用于各种形式、各种形状的废旧热固性塑料或热塑性的塑料混合物。吴张琪等人针对分离不同熔点的塑料，通过研究设计出了一种特殊的分离螺杆结构及附属装置，可实现在挤出机中分离 PE、HD、PP。

3.4.6 溶解分离

溶解分离是指利用不同塑料制品的溶解温度不同，采用某种溶剂对混合物中不同种类塑料进行溶解，以达到高效分离目的。日本有学者设计得出一种减少聚合物回收过程中的热处理的设备用于分离含有助燃剂的聚苯乙烯聚合物，该装置可以用于废旧家电产品回收。美国学者早年已经设计得出了用于工业生产的溶解分离设备，其操作流程主要是对塑料清洗、切碎，在这个过程中去除纸张和金属等杂质后，最后干燥，将其投入溶解池并进行分批分离。

3.5 废旧塑料回收再利用技术

3.5.1 物理法

物理回收法具体指的是不采用改变物质性质的途径经过机械处理进而针对废旧塑料实行分选、清洗、破碎、熔融、再造粒或加工成新的塑料制品的回收方法。塑料的物理回收工艺流程比较简单，所需成本较低投资少，回收加工的塑料制品应用广泛，使物理回收方法成为塑料回收的首选方法。

但是，物理回收法对回收进行再加工的塑料原料的清洁度和纯度要求都比较高，通常只有清洁度较高的回收塑料和工业生产中产生的未被利用的边角废料能够满足其工艺要求。而经过多次物理回收的循环利用，回收塑料性能明显下降达不到造粒要求，该方法不能适用于生产性能档次较高的塑料制品。

目前技术上比较完善成熟的工艺技术就是简单再生技术，其很多年前便实现了在工业上的应用。在 20 世纪 50~60 年代，欧美的一些发达国家在技术上领先推出了当时先进的回收造粒设备，主要用于回收普通废弃塑料。随后在 70 年代，我国简单再生技术首先应用于江浙地区，例如，聚氨酯材质的泡沫塑料的处理技术，对待回收材料按照要求进行破碎，将其用在容器包装中的辅助添加剂。或者用粉碎的废弃 PVC 材质塑料作为建筑材料添加剂。周献华等人应用热风熔融机理研究出创新的挤出造粒工艺，此过程不需要传统过程中的粉碎、干燥等步骤，简化了操作过程，提高工作效率。具体过程是将回收得到的 PET（聚对苯二甲酸类塑料）塑料分离得到破碎的原料通过挤出机制作粒料。PET 再生粒料在实际生产中应用较多，首先是将再生粒料再次用于 PET 瓶制造，但再生粒料生产的 PET 瓶不能用于食用食品直接接触场合。其次可以将回收粒料用于纺丝制造工艺，制成纤维用于毡、地毯等较低级纺品。另外，可以用作玻纤材料添加剂，用于汽车

零件的生产。再生 PET 添加剂可以提高玻璃纤维的物理抗压强度，使其具有良好的耐热性。农业生产所产生的废旧 PE 薄膜回收生产的再生粒料，可以用于农业塑料薄膜和质量低要求的包装袋、垃圾袋、水管等元件的制作。

吴仲伟等人对废旧塑料施加多种长时间强劲的复合物理机械力，改变塑料的形态和其他物理性质，以便进行下一步再生利用的过程。在研究过程中对塑料施加切割力、挤压力和撞击力等多种物理机械力，粉碎塑料后对其进行再生研究。在对塑料再生机理进行分析时，发现多种复合机械力能够降低热固性塑料的交联度，增强可塑性，同时增加热固性塑料的表面能。在搅拌釜转速度为 2000r/min 时，持续半个小时之后，对热固性塑料采取挤压措施，并使其达到比较显著的固化成型状态。我国著名学者洪东等人通过进行不断的实验与探究，研究出了全新的翻盖式废塑料脱水机，这一装置解决了旧式脱水机生产性能差、平衡能力差以及修理困难等。其转动速度能够达到 3000r/min，把翻盖式废塑料脱水机应用至标准 PET 瓶片进行脱水时，脱水效果明显。与此同时，替换螺杆与拨片所用的期限缩短至原本的 1/4，这样极大程度地加强了工作效能。

这几类物理方式对废弃塑料的使用效率均比较高，并且在回收时极少会对环境造成污染，处理费用较低，但对原材料的性能要求较高，且所用机械需要操作员长时间看管操作，不能实现自动化要求。

3.5.2 改性再利用法

改性再利用法具体指的是利用多种物理或者化学手段把废弃的塑料改性，然后将改性后的回收塑料加工形成新的产品。改性技术目前已然对于塑料工业来说具有至关重要的作用，当然在塑料回收领域也被大量的应用。通过进行改性处理，废弃塑料可以在性能上特别是力学性能方面中发生极大程度的改变。

杜拴丽等人对聚乙烯醇进行改性研究，并由此制得胶黏剂。并对废旧电器中的热固性和热塑性塑料进行多种改性再利用研究，研究过程中发现苯乙烯-丁烯二酸酐塑料（SMAH）对共混物的增容效果较佳，在共混物的比例是 ABS：PS-HI=70：30，以及 SMAH 质量分数是 8%时，能够显著地提高共混物的力学特性。严义芳等人采用自己研制的改性剂（聚醋酸乙烯酯乳液与松香的混合），利用化学特性改变废聚苯乙烯。结果显示聚苯乙烯：聚醋酸乙烯为 5：1，混和溶剂体积比为 3：1：3，复合乳化剂体积比 1：4 时，乳胶漆的性能较好，表面干燥时间小于 40min，实际干燥时间小于 10h。改性法再生产品性能会得到提高，质量也会相对较好，但是制作工艺复杂，往往需要特定的配套设备和大的投资。

3.5.2.1 物理改性

物理改性具体指的是利用再生料同其他种类的聚合物物理混合，明显地提升

商品的物理特性，甚至能够用在高档次商品的生产中。这种改性方法实际操作的技术过程是比较复杂的，甚至过程中需要固定的机械器材。其具体包含：(1) 填充改性。使用填充剂使废弃塑料可以循环使用，极大地提高了废弃的塑料整体性能。(2) 增强改性。借助添加的多种类型纤维的方法使回收塑料得到广泛的应用。回收塑料通过与纤维融合极大地增强其热塑性。(3) 增韧改性。利用弹性体与废弃塑料回收料进行混合，达到增韧改性目的。

3.5.2.2 化学改性

废弃塑料得回收料，不但可以采用物理改性的方法提高其回收使用价值，也可以采用化学改性的方法扩大其应用范围，增加回收经济效益。塑料回收料的化学改性方法很多：

(1) 氯化改性。也就是对聚烯烃树脂选用氯化的方式获得氯含量不同的聚合物，改性后的聚合物拥有阻燃性、耐油性等不同特性，是改性后的产物适用于多种场合。

(2) 交联改性。通过进行交联处理来改变聚烯烃的拉伸性能、耐热性，增强其化学稳定性和和耐磨性。交联的常见形式主要有：采用辐射方法诱导聚合物高分子长链之间的交联反应的辐射交联和使塑料大分子发生化学性的缩聚反应和加聚反应的化学交联。交联改性的优势在于可以根据改性物料的力学性质，通过改变交联剂添加量和改变反应时间，来控制回收料的交联度。

(3) 采用接枝共聚法进行改性处理。采用接枝单体对聚丙烯进行接枝处理的共聚改性法生产实用性较强，其优势在于可以通过改变接枝物含量以及接枝链长度，在保持其基本性质的前提下来影响聚丙烯的整体性能。接枝共聚改性方法可以聚丙烯同金属以及极性塑料等物质的黏性。

3.5.2.3 物理化学改性

塑料回收料的改性方法可以采用物理和化学混合的方式。同时对材料进行化学改性以及物理改性，改变以往只能用一种处理方法的限制，或者是改性过程中出现的不连续性，极大地减少了塑料的制备与生产周期，明显地提高了再生塑料的整体性能。

3.5.3 燃料热能利用技术

塑料属于高分子有机物，其所含热值较高，研究表明废旧塑料燃烧时可以产生 33472~37656kJ/kg 的热量，介于煤与油的发热量之间，具有能量回收价值。

赖微把废弃塑料喷吹至高炉内，进而取代了煤粉或者重油等燃料，并且针对此种方法进行实验与探究。喷煤粉的燃烧效率是 50%~60%，但是喷废塑料效率

能够达到80%，由此可见，塑料较之于煤粉其效果更加显著。除此之外，因为高炉封口的温度非常高，并且整个反应环境处在还原性，因此，有毒气体的产生量不会增加。

德山公司水泥厂对废旧塑料进行能量回收利用方面取得了比较成功的研究，在水泥回转窑中对塑料屑和空气混合物进行焚烧，使废旧塑料产生比等量煤粉更高的燃烧热量。利用废弃塑料屑代替煤粉生产水泥过程操作简单易行，降低燃料费用，且不影响生产产品的质量。在最近几年以来，德国推行出了使用塑料取代油的全新技术手段，而且对其在不莱梅钢铁企业采取了多次的实验与分析。其根本原理则是使用废旧塑料所具备超高的发热量，进而促进高炉煤气本身产热量的增加，废弃塑料的使用效率已经超过了80%。在此过程中，有60%是通过化学能的方式还原铁矿石，因此能够将废弃塑料应用于高炉喷吹中。塑料燃烧时其中氯元素释放，影响钢铁冶炼，因此高炉喷吹需使用不含氯的绿色塑料。我们从保护环境的角度来考虑，有害物质二恶英与呋喃有毒成分的排放数量只是焚烧炉的0.1%至1%，这样将会最大程度的减少对环境的污染。

这类方式不但能够省去对废弃塑料的前期预处理阶段的复杂工艺，简化塑料处理分类的复杂工作。但是由于所需设备比较大型、成本高，所以当前采用塑料焚烧的国家仅仅局限于发达国家或者地区。

3.5.4 化学分解方法

化学分解方法采用某些化学手段使聚合物分子间作用链断裂，提取出其中的有机成分进而转化为石油化工所需的基本原料。塑料在使用过程中都因存在杂质和性能退化现象，使其化学性能降低；大部分回收的废旧塑料是PE、PP、PVC等不同塑料材质的混合物，采用简单的物理回收方法，成本较高而效果不佳，其经济效益提升空间较小。这种废旧塑料的混合物利用化学方法重新炼制柴油，达到了节约原油的目的。按照所使用的降解反应条件和降解剂的种类，废旧塑料的化学分解法可以分为热解法、水解法、碱解法、氨解法等。

3.5.4.1 热裂解

热裂解是将反应器中不能进行分类处理的废弃塑料加热升温到600~900℃，在无氧或者缺氧的状态下对聚合物分子链进行破坏，实行不可逆热化学反应，使废弃塑料中的大分子量的有机成分分解、吸收、净化得到转化成高价值小分子量的精炼产品，如汽油、原油、燃气、焦油和焦炭等。裂解废塑料可用于制造乙稀、焦油等的化工原料以及像汽油、柴油等液体燃料。

热解技术属于废弃物处理技术方面比较传统的方法，相对发展的较为成熟，已被广泛运用到城市废弃物处理中。早在1994年4月，德国BASF原料回收工厂投入运营，对塑料进行高温裂解后，可产生20%~30%的气体和60%~70%的油类。目前我国对于此项技术研究较成熟，且已得到广泛应用。在很多城市建有废弃塑料油化实验类型的企业。对于像生物质和塑料共热解这两种方法是较为热门的塑料热解技术方法。

董芃等人以废弃塑料为原料，采用热解法在连续给料的鼓泡流化床反应器中进行液体燃料制备，同时验证温度对产率的影响以及产生气体的主要成分。结果表明，液体产率均可达90%以上，且温度升高时，液体产率降低，气体产率增加，热解气的主要成分为甲烷、乙烯和乙烷，净能量收益为15040kJ/kg。王吉林等人利用裂解法，以废聚乙烯为原料，并加入适当溶剂辅助，进行聚乙烯蜡的制备。研究溶剂种类、溶剂加入量、温度、时间对产物收率和结构的影响，结果表明：芳烃类溶剂为最佳的溶剂助剂，最佳的反应温度为425℃，最佳反应时间为15min，且溶剂的加入并不会时聚乙烯蜡的结构发生改变，溶剂易于回收。

废塑料分离过程比较繁琐，先分类后裂解增加处理时间和成本。各种废旧塑料均具备独特的热裂解温度，热裂解可利用废塑料热裂解温度特性的差异对废旧塑料采用分段热裂解分离回收。对像聚氯乙烯、聚乙烯、聚丙烯等常见的多种类废旧塑料混合物，可以采用分段热裂解的方式处理。依靠对热裂解温度的控制来制定裂解阶段，以未分类的废塑料作为原料，裂解的同时做到分类，显著地降低了塑料分类的工作时间。分段裂解的方式可以在低温提取出较纯的聚苯乙烯、价值较高的苯乙烯以及高温段提取出重质燃料油。

但是，针对于部分含氮以及氯等元素比较多的塑料是不能够将其应用于热解材料中的。另外，热解实验对温度的规定比较高，并且对实验所需的操作设施也有着超高标准的规定，工作章程比较复杂，提高了处理费用与回收的困难程度。另外，保守的热裂解方式因为其传热效果不均匀，所以容易导致生成积碳现象，并且产物的相对分子质量跨度较大，转化效果低下。在这样的条件下，怎样改善简单的热裂解方式，进而提升效果是本项实验所探究的重要内容。

3.5.4.2 催化裂解

热裂解反应需要再较高温度下进行，反应所需设备的要求比较严格，反应进行过程难以控制。为了能够降低反应所需环境温度、提高生产质量、节约能源和较低生产成本，会选用适宜的催化剂运用催化裂解方法对废旧塑料进行裂解。催化剂的选择是整个裂解技术的重点环节。

催化裂解技术目前拥有较好的使用前景和发展空间，在美国以及日本等经济发展比较迅速的地区早已对其进行了大范围的应用。例如，日本使用催化裂解装设施，把废弃的塑料裂解转化成汽油。

E. Jakab等人针对聚丙烯材料的塑料物质采取了探究与分析，并把其与木粉

以及木炭等木类产品实行热解处理。通过实验结果我们可以了解到，在上述添加物质特别是木炭等添加物，可以更为有效地推进废弃塑料中化学物质的形成，并且裂解反应可以在一个相对低温的条件下进行。H. S. Yang 等人不但对木质产品和废弃塑料的共热解实行了探究与分析，并且也探究了煤类以及非木类产品和塑料之间所产生的共热解，在对废旧塑料实行各种添加剂的催化热解反应的过程中，塑料制品的热稳定性均会呈现一定程度的降低，使其降解温度下降，也促使废弃塑料的降解效果出现改变。

我国对于催化裂解技术进行了较深入的研究，也有很多这项技术成功使用的案例，在国内，像北京、广州等一线城市同样追随潮流建立起部分规模较小的废塑料工厂。刘贤响等人通过进行实验研究研发出了一类全新的催化剂，主要用到的添加剂是粉煤灰基固体酸，将这种催化剂用在聚苯乙烯塑料的裂解制备燃料油的工艺中。通过实验研究结果我们可了解到，最适宜的反应状态应当为温度380℃，裂解时间 60min，并且这时裂解效率能够达到 81.8%，产油效率超过90%，所获得生产物质均具备超高的应用价值。北京市双新技术企业使用农膜、塑料瓶以及塑料袋等废旧塑料物质，融合塑料油化方法制造出的 90 号汽油与 0 号柴油，总体上转化效率已经超过了 70%，产生了巨大的经济效益。

3.5.4.3 醇分解与水分解

针对不适于进行热解反应回收的塑料，能够通过醇或者水分解的方式进行分解，降低回收的难度，极大地提升回收率。日本某公司研制出新型的分解技术，具体是使用乙二醇化学物质对主要成分为苯二甲酸乙二酯的物质开始分解，最后能够得出其分解物为苯二甲酸二甲酯和乙二醇。在乙二醇融化的条件下以及0.1MPa的情况当中，把研磨后的 PET 瓶与乙二醇充分的融合，在这时 PET 瓶就能够变化为对苯二甲酸双羟基乙二醇酯（BHET）。过滤后，在 0.1MPa 的甲醇蒸汽环境中，用酯交换的形式，BHET 可以与甲醇反应得到 DMT 以及 EG。

3.5.4.4 生物降解

生物降解表示指在生态系统中，经过土壤中的微小生物及其酶的分解作用，将塑料等危害环境的物质进行分解。生物降解塑料的探究研发中还出现了很多技术难点没有攻克，技术效果稳定性较差。现有技术条件还不足以在生产中进行大规模推广废旧塑料的生物降解技术，很多研究人员仍致力于废旧塑料生物降解技术和生产可生物降解塑料的探究。例如，中国科学院就会一直对微生物分解方式展开探究，对淀粉水解糖进行处理，使其发酵并产生聚羟基丁酸（PHB），PHB 的融化点约为 180℃，为一种生物分解性较好、能够全部被分解的热塑性物质，并且该物质分解后的产物能够转化成为可生物利用的物质。因为塑料垃圾对海洋的迫害不可忽视，所以研发运用到海体当中的生物分解材料也至关重要。日本催化剂企业通过探究，把碳酸盐加入到聚丁二酸丁二醇酯（PBS）中，创新地研发出一种耐水的可降解塑料。

3.5.5 复合法

复合法具体指的是把废旧塑料同其他性质差异较大的材料结合，生成具有实际价值的全新适用型产品，或将塑料作为建筑材料的改性剂，添加到建筑材料中，使建筑材料性能有所提高。Marzouk 等研究人士对经过破碎处理过的废弃 PET 粒料根据需要的百分比添加到混凝土中，探索其颗粒直径以及所占体积分数对混凝土性能的影响。张金善等人融化废弃塑料，并随后进行冷却破碎处理形成塑料骨料，并在此基础上探索出一条利用废发泡塑料参与到道路防冻的修建的新途径。并且通过大量的实验得出添加废发泡塑料骨料能够显著提升路基的结论。极大地降低道路出现冻结现象的概率以及深度，对于道路的施工以及防冻方面效果显著。廖利等人使用不同种类的废弃塑料以及线性 SBS（改性剂）掺杂起来作为探究对象，检验了多种废弃塑料在道路沥青的制作中的使用。

对回收塑料的复合再利用方法研究主要集中在仿木材料的制造、土木材料的制造等领域。孙红等人利用硝酸铈铵在纤维表面引发化学反应形成甲基丙烯酸甲酯，并且在不外加任何的添加剂情况下将木粉同 PVC 融合，导致形成的材料在各个方面的性能都有明显地提高。高芙荣等人将 PVC 同木粉复合成为一种全新的木塑材料。塑料的平均粒径值越低，所用废旧塑料微粒的纯度越高，所生成的复合木塑材料性能越好。张志梅等人以废弃塑料以及粉煤灰为基础材料进行建筑用瓦的制作研究。将废弃塑料在稀碱水中浸泡处理，之后使用粉煤灰以及碳酸钙作为补充材料，在热压温度在 145℃左右，热压压力在 135MPa 情况下，进行塑料复合建筑材料生产。聚乙烯含量影响所生产的复合建筑用瓦的强度。在聚乙烯质量分数的 35%左右时，复合建筑用瓦强度较高，在聚乙烯浓度过高和过低都会导致复合建筑瓦硬度降低，质量下降。

废旧塑料的复合利用法不仅通过回收利用废旧塑料减轻环境压力，同时能够节约建筑、装修材料，提高建筑物质量降低成本。虽复合法具有可观的发展前景，但工艺流程复杂，同时还受到廉价的水泥等建筑材料的市场冲击。此外，在制备过程中，各种塑料的混入比率不当及相容性差异会导致产品质量不稳定，性能较差。

3.6 废旧塑料清洗技术

塑料在使用过程中，势必受到各种污染，在其表面形成不同类型的附着污染物。废旧塑料需经过分选、破碎、清洗、识别、分离等预处理之后才能进行再生

利用。废旧塑料的清洗可以去除附着在塑料表面的污物，使识别和分离的准确度更高，直接影响再生塑料产品的质量，是塑料回收过程中的十分重要的步骤。要获得质量较高的再生塑料产品，必须降低废塑料中各种杂质的含量，对回收塑料进行较彻底的清洗，因此清洗工艺是废旧塑料回收再生利用的关键。而目前针对回收的废旧塑料清洗技术的研究非常少，这限制了塑料回收再利用的发展。

3.6.1　传统清洗技术

传统的废旧塑料清洗技术包括机械清洗和手工清洗。手工清洗据废旧塑料方式选择的依据是根据清洗方式的不同。机械清洗根据塑料材质不同将普通塑料分为硬质塑料和塑料薄膜，这两类塑料的机械清洗方式是不同的。传统的清洗方式分为不同的工艺流程，适用于不同类型的塑料制品。

3.6.1.1　硬质塑料的机械清洗

硬质塑料清洗机主要使用安装在清洗机内部中心的搅拌桨在电机带动下转动，使搅拌桨与物料之间、物料与桶壁之间、物料与物料之间形成撞击力、摩擦力，通过搅拌桨对清洗机内塑料和水的机械搅动，使附着在塑料表面的污垢脱落，达到清洗目的。硬质塑料清洗机通常在清洗机主体内壁上可以加大摩擦力的部件，以改善清洗效果。硬质塑料清洗一般可分为连续式与间歇式两种清洗方式，在清洗过程中，可根据所需清洗塑料中的杂质情况来选择不同的清洗方式：物料中所含杂质的量比较均匀，则可以选择连续清洗方式；若杂质含量不均匀，更适用于间歇式清洗。

连续式清洗机主要依靠机器自动进料和出料，用螺旋状搅拌桨搅拌并输送物料，清洗过程由物料进入料口至物料和杂质分离并通过出料口整个过程都是连续进行，如果螺旋状搅拌桨在清洗容器内转速较大，在增加了摩擦力的同时加大了物料传输速度，缩短物料在容器内的清洗时间，清洗效果变差，所以硬质塑料的连续式清洗一般在低转速下进行。这类清洗机通常在外筒内壁上增加有隔板，限制物料行进速度，增加摩擦力，提高清洗质量。硬质塑料的连续式清洗技术发展比较成熟，已经在 PET 塑料清洗中大量使用，其缺点是清洗时间没有可控性，不能满足不同污染程度、不同种类的塑料清洗。

间歇式清洗可以经过粗洗、清洗、漂洗几个过程完成。首先对废旧塑料进行初步冲洗，利用机械搅拌力使松散附着物，如沙子、泥土、木屑、纸片等脱落分离，并分别从池底部和上部进行收集去除。由工人分选出大块的含有油漆、带有胶黏剂的标签等附着牢固、不易去除附着污染物的物料，在其粉碎、浸泡热碱液之后，再通过一次或多次机械搅拌使之相互摩擦碰撞，除去污物，然后再进入间歇式清洗装置中进行清洗。硬质塑料的间歇式清洗方法使用较早，并且一直沿

用，其特点是：间歇式作业直至达到所需清洗效果为止，清洗过程易于控制，产品质量能够保证。间歇式清洗的清洗过程中连续注入大量水，所以用水量巨大，投入产出比较低，同时需要大量人工操作，增加了劳动量，所以这种清洗方式并不适合使用工厂生产线中。

3.6.1.2　软质废塑料薄膜的机械清洗

软质塑料薄膜质地较软较薄，易卷曲发生形变包裹附着污染物，同时又存在一定黏滞性，清洗废塑料薄膜难度更大。塑料薄膜的机械清洗同样存在间歇式与和连续式两种清洗方式，其间歇式清洗方式与硬质塑料类似，连续性清洗则存在较大不同。

传统的塑料薄膜连续清洗将分选、粉碎后的塑料薄膜送入粗洗池中，薄膜中所混杂的砂石等经粗洗沉入水底并及时分离；经粗洗后的薄膜需浸入碱液中，通过搅拌桨的机械搅拌作用进行清洗，之后将物料送入清水槽中以同样的搅拌速度和停留时间进行漂洗，再经过热风干燥器、旋风分离器得到清洁塑料薄膜。连续式清洗的各个清洗槽内需保持一定水位，使物料充分分散，由于薄膜之间的黏滞问题，薄膜的清洗需增强清洗过程摩擦、分散作用，以保证高速分离和高效清洁。

清洗设备主要分为立式和卧式两种类型，其工作原理都是利用装在主轴上的叶轮或者桨叶，搅动塑料与水流，使塑料之间进行撞击和摩擦，以去除表面污物。清洗对象不同，所选的清洗设备也会有所不同。

3.6.2　塑料清洗剂

由于表面的疏水基团，塑料的表层通常表现疏水性，由于塑料不导电，有较好的绝缘性，其表面易带电荷，静电引力作用下会吸引带有相反电荷的污垢离子。所以在湿法清洗过程中需在水中添加大量化学清洗剂，通过溶解力、分散力、化学反应力等清洗力作用达到清洗效果。

根据塑料所附着的污物性质不同，所需塑料清洗剂功能不同而添加不同种类的化学试剂。对于清洗可皂化聚合物，清洗剂中添加碱性物质，通过皂化反应加以去除。在使用碱性清洗剂时需注意清洗温度和碱液浓度，适当加热可以加快反应速率，缩短清洗时间，提高效率，但温度过高可能使反应逆向进行。针对含有金属涂层附着物的塑料，清洗剂可以添加硫酸、硝酸、醋酸等酸性物质。表面活性剂可在清洗中起到渗透、气泡、乳化、增溶作用，塑料表层与固体污染物都带负电荷，阴离子表面活性剂利用两者界面电势增加，洗脱附着物并防止沉积。阳离子表面活性剂，则降低电势，不利用固体附着物去除。非离子表面活性剂可在二者之间形成障碍空间，防止脱落物沉积。所以较常使用的是阴离子表面活性剂

和非离子表面活性剂。对表面活性剂起到协同作用的EDTA等清洗助剂，可以防止洗脱下的污垢再沉积，软化水质，防止钙皂生成。有机溶剂可溶解或溶胀有机物涂层，加快渗透作用，可用于去除顽固涂层、胶黏剂，分离塑料与其他材料形成的复合材料，其种类繁多烃类、卤代烃类、醇类、醚类、酯类、酚类都可作为有机清洗剂。有机溶剂作为清洁剂的过程中需考虑对清洗对象的溶解性以及其本身毒性。

3.6.3 新型清洗方法及设备

传统的湿法清洗废旧塑料，在使用大量水的同时添加大量化学清洗剂，利用清洗剂对废塑料表面的污染或覆盖层进行化学改造、溶出和剥离，以达到去除油脂和锈迹、去除污垢的效果。从环保角度，这种清洗方式需水量大，且水资源污染严重，缺水问题日益严重，水资源紧缺是现在我们面临的重大难题。经济角度，湿法清洗产生大量污染废水，在湿法清洗运行的同时必须配备相应的污水处理系统，提高的清洗成本，不利于推广使用，限制了废旧塑料清洗、回收行业的发展。操作程序角度，废旧塑料在湿法清洗之后需经过干燥才能回收利用，而水资源充足的地区多为阴雨天，不利于清洗后干燥；气候干燥的地区大都是干旱缺水区，不适用湿法清洗；未经干燥的废旧塑料直接回收再利用，严重影响再生塑料产品的质量，降低再生资源综合利用效果。而添加单独的干燥装置，再次增加运行成本。为避免湿法清洁带来的水资源浪费和二次污染问题，塑料清洗行业逐渐出现一些与常规清洗方法有所不同的新型清洗方法和设备。

3.6.3.1 超声波清洗

超声波清洗能够代替强酸碱清洗应用在机械、化工、制药等行业，对表面凹凸不平或有盲孔、狭缝的材料进行有效清洗，达到远远超出一般传统清洗工艺的效果。国内有研究将其应用在可重复使用的塑料包装盒的清洗，降低了工人的劳动强度，节省人力；改善工人作业环境，保证工人健康。同时塑料盒清洗效率提高数倍，解决了手工清洗不彻底的问题，提高了工作效率和处理质量、减少了强酸碱清洗带来的污染。超声波清洗可以达到高效、快速清洗的目标，降低生产成本。超声波清洗需注意及时补充清洗水，保证液面在报警线以上，避免“干烧”现象，损坏电加热器及其他相关部件。同时超声波清洗需要使用大量水，需注意污水处理排放，和及时清理过滤出的油污以保证水质清洁达标排放，避免造成污染。

现有较常用的清洗方法中，超声波清洗的效率最高，效果也是最好的。超声波清洗结合化学清洗力与物理清洗力，通过空化效应加速清洁剂的污垢分散，乳化，剥离过程，提高清洁效率加快清洗过程。超声波清洗在诸多工业领域都应

用，发展较为迅速，但在废旧塑料清洗方面仅有少量研究，还没有出现可工业化生产的塑料超声清洗机。因此，结合新型清洗工艺，并研制超声波清洗系统，推广工业化，有望为废旧塑料再生利用带来巨大便利与效益。

3.6.3.2 干法清洁

传统的废旧塑料湿法清洗，是使用大量水或添加大量化学清洗剂，利用清洗剂对废塑料表面的污染或覆盖层进行溶出和剥离，以达到去除污垢的效果。这种清洗方法需水量大且产生大量污染废水，需配备相应的污水处理系统。塑料清洗之后需经干燥才能回收利用，清洗成本相对高。如图 3-5 所示是废塑料无水清洁装置，以廉价砂石和空气作为清洗介质，分为固体介质清洗装置、分选装置、空气介质清洗装置和除尘装置四部分，借助高速空气去除塑料片表面浮尘，通过砂石与塑料片之间的相互作用达到清洗目的。清洗介质廉价、易得、可循环使用，避免了水资源的浪费。

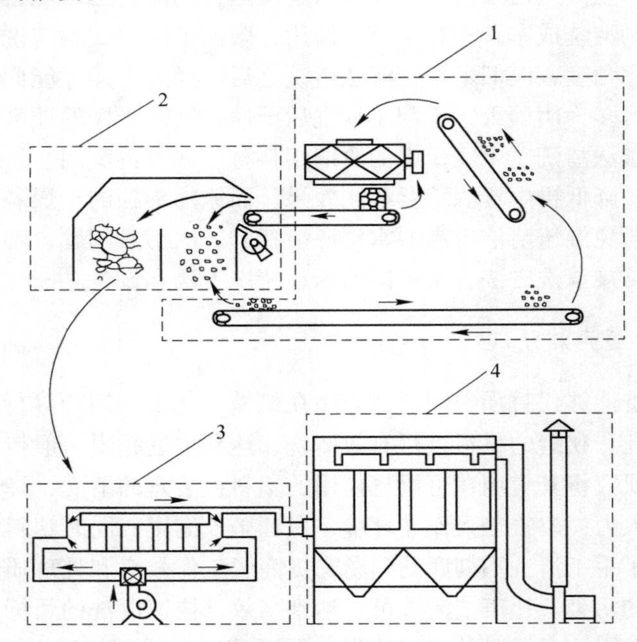

图 3-5 农村生活垃圾中废塑料无水清洗系统

1—固体介质清洗装置；2—分选系统；3—高速空气清洗装置；4—除尘装置

目前废旧塑料的干法清洁研究较少，昆明理工大学曾研究不用水作为介质，而是使用空气作为清洗介质的干法清洁技术。对塑料薄膜进行破碎形成塑料片后，在压缩空气形成的气流场内使塑料片高速运动，通过塑料片之间，塑料片与高速空气之间，以及塑料片与预装在清洗器内的圆杆之间发生摩擦碰撞，使附着

在塑料表面的污垢脱落并通过除尘器去除，得到洁净塑料。此方法减少水资源浪费，同时降低水资源污染程度和处理污染废水所耗费用。适用范围较小，仅针对附着土壤的农用地膜，对硬质塑料和含有油污等污染的其他塑料薄膜没有清洗功能。

赵由才、宋楠研究了硬质和软质废旧污染塑料的无水清洗方法。针对非油性污染硬质废旧污染塑料，设计硬质废旧塑料的无介质清洗装置，采用“烘干—无介质清洗”清洗方法，首先将非油性污染硬质废旧塑料进行破碎、烘干，在烘干过程中附着物黏着度下降，附着力也随之降低。烘干后的附着物在无介质清洗装置中，通过搅拌桨与塑料片之间、塑料片与清洗主罐内壁之间和塑料片与塑料片之间的撞击力、摩擦力作用使低黏着度的附着物脱落，并通过隔网与塑料片分离，清洗效果较明显。如图 3-6 所示为非油性硬质废旧污染塑料片在无介质清洗前后对比图。

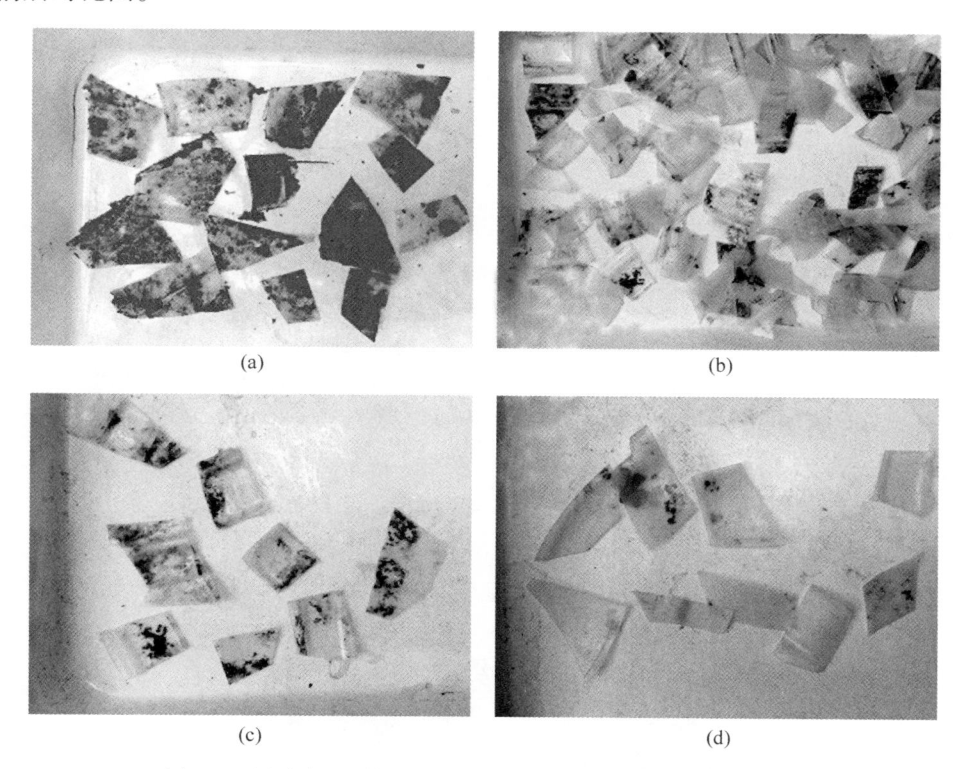

图 3-6　硬质非油性废旧污染塑料片在无介质清洗前后对比图

（a）烘干后清洗前的硬质废旧污染塑料；（b）无介质清洗后的样品；
（c）无介质清洗效果较差的部分；（d）无介质清洗效果较好的部分

针对油性污染的硬质废旧污染塑料，设计硬质废旧塑料的固体介质清洗装置和无介质清洗装置，采用“固体介质清洗–无介质清洗”的清洗方法，选择“木屑”、“电石渣+河砂”、“粉煤灰+河砂”作为固体清洗介质。木屑作为固体清洗介质时，清洗后样品的漂洗滤液 COD 约为空白样品的 2.31 倍，色度（稀释 4 倍）在 173 PCU 左右。电石渣和河砂作为固体清洗介质时，清洗后样品的漂洗滤液 COD 约为空白样品的 2.02 倍，色度（稀释 4 倍）在 147 PCU 左右。粉煤灰和河砂作为固体清洗介质时，清洗后样品的漂洗滤液 COD 约为空白样品的 1.14 倍，色度（稀释 4 倍）在 83 PCU 左右。利用吸附性固体介质吸附废旧塑料表面油层，在油性物质被吸附后，虽然附着物黏着度降低，但仍有部分吸附剂附着在废旧塑料表面，发生再吸附，需要再使用无介质清洗方法使再吸附的吸附剂由塑料表面脱落。分离后得到含油性污染物的吸附剂集中处理，清洁后的塑料片收集后待回收利用。如图 3-7 所示为不同介质清洗效果图，图 3-7（a）、图 3-7（b）、图 3-7（c）分别为“电石渣+河砂”、“土壤+河砂”、“木屑”介质清洗样品经漂洗后的效果图。

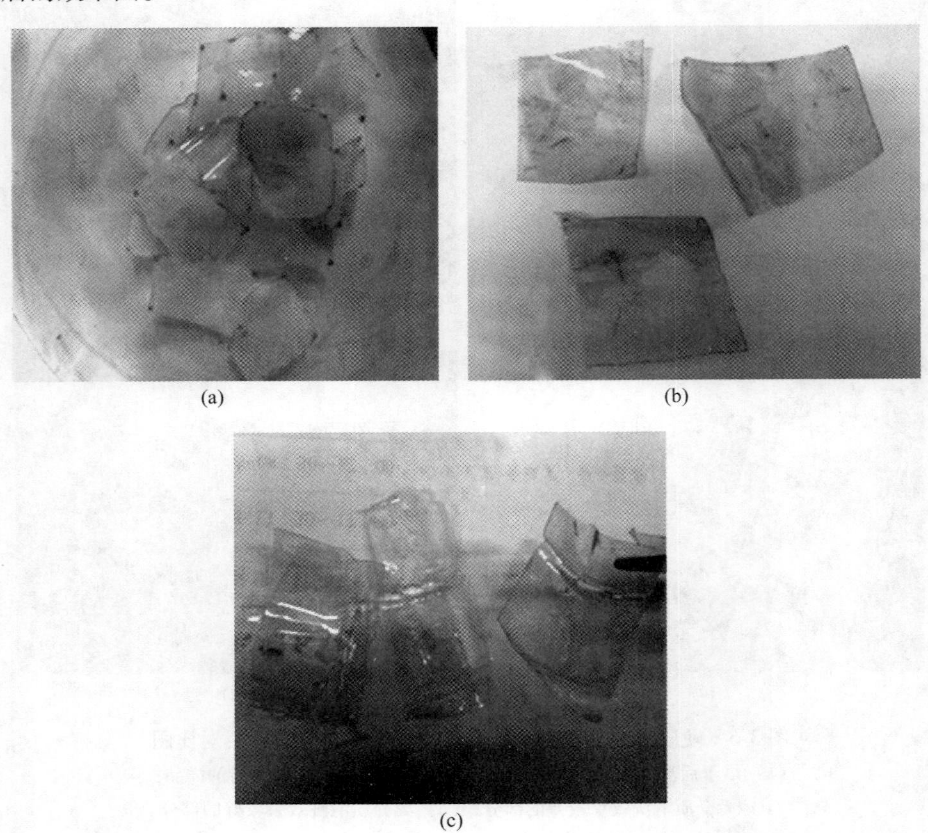

图 3-7　不同介质对硬质废旧污染塑料清洗效果对比图

（a）清洗介质为“电石渣+河砂”；（b）清洗介质为“土壤+河砂”；（c）清洗介质为“木屑”

软质废旧塑料进行无水清洗，采用“固体介质清洗-分选-高速空气清洗”的清洗方法，使用砂石作为清洗介质。清洗过程中前15min，清洗效果变化较明显，15min后清洗效果基本稳定。无水清洁40min和50min的样品清洗率分别达到92.72%和94.90%，接近于水洗样品的94.56%；无水清洁40min和50min的样品平均遮光率分别达到43.56%和40.10%，接近于水洗样品的41.84%。无水清洁50min所得样品各项评价指标均超出实验中水洗清洁效果。

国外有采用常压非热等离子体射流清洁塑料表面涂层的研究。使用干燥空气作为等离子气体，产生非热等离子体喷射流对塑料表面聚氨酯纤维涂层进行清洗。通过控制脉冲频率和放电时间甄选对于不同特性被清洗物的最适宜清洗条件。干法清洁还包括干冰清洗等方法，这类干法清洗可以避免湿法清洁所带来的一系列问题，缺点是技术要求较高，只适用于少部分特定涂层。

在选择农村生活垃圾处理技术时，应充分考虑每一种处理技术对当地农村的适应性，通过技术和经济的对比分析，采用合适的处理技术，最终实现环境和经济上的双重效益。针对当今垃圾处理技术和我国农村经济发展现状，农村生活垃圾处理技术的选择应重点考虑如下条件：一是技术成熟可靠且具有针对性；二是处理设施简单，三是投资省，四是运行维护方便，五是运行费用低。

4 农村生活垃圾源头分类收集与示范

据调查，目前我国农村人均日产垃圾为 0.8~1.0kg，每年可产生农村垃圾 3.75~3.44 亿吨，而且这个数据还在逐年上升。大量产生的生活垃圾以及日益突出的农村垃圾污染问题，已经对农村生态环境、农村居民生活和身心健康造成了严重影响和潜在威胁。我国城市垃圾分类开展已久，但分类效果并不理想，农村地区的分类基础则更加薄弱。美国、日本、德国、瑞士、瑞典、新加坡等很多国家从 20 世纪 70 年代开始，已经逐步施行了生活垃圾的分类投放和收集。特别是在经济发达国家，垃圾分类已被公众广泛接受，分类制度相对完善，而分类后的废旧报纸、废塑料、玻璃、废金属、废电器等，其回收和再利用技术体系也比较成熟，甚至很多废料再生制品占据着很大市场份额，创造了可观的经济效益。而纵观我国生活垃圾全过程处置，前端是盲点和重点。源头分类不仅可以实现其最终处置量的减少，降低垃圾清运及处理费用，同时可有效避免有毒有害物质造成的二次污染，也是实现垃圾高效资源化处置的前提和重要手段。

本章以福建省某县作为示范点，该县位于福建省东南沿海，晋江西溪上游，厦（门）漳（州）泉（州）金三角西北部，地处戴云山脉东南坡，境内多山，属亚热带湿润气候区。全县总面积 3056.29hm^2（$1hm^2=10^4m^2$），年均气温 16~20℃，年降雨量 1600~1900mm，有汉族、畲族等多个民族。全县下辖共 24 个乡镇、466 个村（居）。首先收集整理了全县生活垃圾产量的时间序列数据，建立多种模型对其 2016~2020 年的生活垃圾产量进行了预测。同时采用实地调研、入户访谈、发放问卷等方式，对示范区生活垃圾收集、清运、处理处置现状以及居民对环境的满意度、垃圾分类意识和行为进行了调研，摸清了当地农村居民的垃圾分类意识和行为，提出了示范县农村地区生活垃圾源头分类模式，并建立了基于源头分类的农村生活垃圾收集和资源化处理模式。该示范点的研究成果将为全国农村生活垃圾科学管理和资源化利用推广提供一定参考意义。

4.1 示范县农村生活垃圾产量预测

常见的生活垃圾产量定量预测方法包括灰色预测、多元回归、线性回归、逐步降元回归、时间序列法、灰色和多元回归组合法等，而筛选生活垃圾产量主要影响因素的方法通常为相关性分析、灰色关联度分析、路径分析等。本节通过建立多种模型对示范点 2016~2020 年的生活垃圾产量进行预测，并用类比计算合

理预测示范点某乡农村生活垃圾产量。

4.1.1 灰色模型预测示范县生活垃圾产量

灰色模型是一种单变量梳理统计模型，只考虑单个因素的作用。该示范点是以生活垃圾在时间序列上的产生量为基础数据（见表4-1），首先建立原始灰色模型GM（1，1）对示范县生活垃圾产量进行预测，经计算，原始灰色模型GM(1，1）的时间响应式为：

$$\hat{x}^{(1)}(k+1) = 639075.7437 \times e^{0.1420k} - 560499.7437, \quad k = 1, 2, \cdots, n$$

表 4-1 示范县全县历年生活垃圾清运量

年份	2011	2012	2013	2014	2015
生活垃圾年清运量/t	78576	104898	108789	118443	141762

为了提高模型的拟合度以及预测结果的精准度，又分别建立了弱化缓冲算子变换灰色模型、对数值变换灰色模型、开平方变换灰色模型和开三次方变换灰色模型4种改良的灰色模型进行预测，并对预测结果精度进行了残差、关联度检验，其中：

弱化缓冲算子变换灰色模型的时间响应式为：

$$\hat{x}^{(1)}(k+1) = 1695515.6725 \times e^{0.0676k} - 1585022.0725, \quad k = 1, 2, \cdots, n$$

对数值变换灰色模型的时间响应式为：

$$\hat{x}^{(1)}(k+1) = 913.6398 \times e^{0.0125k} - 902.3680, \quad k = 1, 2, \cdots, n$$

开平方变换灰色模型的时间响应式为：

$$\hat{x}^{(1)}(k+1) = 414.8874 \times e^{0.4022k} - 134.5733, \quad k = 1, 2, \cdots, n$$

开三次方变换灰色模型的时间响应式为：

$$\hat{x}^{(1)}(k+1) = 937.4586 \times e^{0.0480k} - 894.6271, \quad k = 1, 2, \cdots, n$$

4.1.2 基于主成分分析的一元线性模型预测示范县生活垃圾产量

为了定量研究示范县生活垃圾产量与各影响因素之间的关系，通过查阅县志、年鉴、统计年报等，获得示范县历年人口、经济指标以及全县生活垃圾产量数据（见表4-2)。因为生活垃圾清运量与其总产量在一定时期内充分相关，故以示范县生活垃圾清运量有效表征其生活垃圾产量。同时选取户籍人口、年末常住人口、常住城镇人口、常住农村人口来代表社会人口方面的影响因素，GDP、社会消费品零售总额代表当地经济发展水平，农民人均纯收入、农民人均生活消费支出、城镇居民人均消费性支出、城镇居民人均可支配收入来代表当地居民生活水平方面的影响。

表 4-2　示范县历年生活垃圾产量、人口及经济指标

年　份	2005	2006	2007	2008	2009	2010	2011	2012	2013	2014	2015	2016
X_1 GDP/亿元	136.72	158.42	194.95	243.44	248.95	305.99	324.60	350.96	381.22	410.19	424.03	466.37
X_2 户籍人口/万人	106.85	106.69	107.04	107.21	107.77	109.40	111.65	112.24	114.68	117.78	118.42	—
X_3 年末常住人口/万人	104.8	105.5	106.2	107.1	108.1	97.62	98.22	99.18	99.5	99.8	100.5	—
X_4 年末常住城镇人口/万人	27.35	29.54	31.86	34.49	37.08	33.56	34.64	36.40	38.21	40.82	40.80	—
X_5 年末常住农村人口/万人	77.45	75.96	74.34	72.61	71.02	64.06	63.58	62.78	61.29	58.98	59.70	—
X_6 社会消费品零售总额/亿元	40.34	47.35	55.52	67.13	78.67	89.58	106.24	124.09	141.60	159.60	205.25	232.26
X_7 农民人均纯收入/元	5156	5781	6435	7118	7701	8405	9542	10778	12135	12001	13015	14004
X_8 农民人均生活消费支出/元	—	—	—	—	—	—	7431	8257	9284	13991	10851	—
X_9 城镇居民人均可支配收入/元	8350	9205	10448	11545	12815	13975	15876	17942	19829	23757	25320	27247
X_{10} 城镇居民人均消费性支出/元	5811	6324	7124	8228	9087	9720	11035	12225	13310	21526	17454	—
X 垃圾年产量/吨	—	—	—	—	—	—	78576	104898	108789	118443	141762	164221

4.1.2.1　影响因子主成分分析

在 Excel 中对各个影响因素 $X_1 \sim X_{10}$ 与生活垃圾产量 X 进行 Pearson 相关性分析，结果见表 4-3。对各影响因子进行灰色关联度分析，计算得到生活垃圾产量与各影响因素的关联度（表 4-4）及其排序为：$r_6 > r_4 = r_5 = r_3 > r_2 > r_1 > r_{10} > r_8 > r_7 > r_9$。

表 4-3　生活垃圾产量的各影响因素相关性矩阵

GDP	1									
户籍人口	0.9817	1								
年末常住人口	0.9636	0.9061	1							
年末常住城镇人口	0.9920	0.9822	0.9338	1						
年末常住农村人口	−0.9643	−0.9754	−0.8679	−0.9882	1					

续表 4-3

社会消费品零售总额	0.9402	0.9267	0.9551	0.8985	-0.8381	1					
农民人均纯收入	0.9549	0.8915	0.9709	0.9210	-0.8626	0.9135	1				
农民人均生活消费支出	0.8224	0.8622	0.6777	0.8865	-0.9404	0.6320	0.6520	1			
城镇居民人均可支配收入	0.9887	0.9891	0.9486	0.9829	-0.9581	0.9558	0.9106	0.8310	1		
城镇居民人均消费性支出	0.8503	0.8968	0.7174	0.9059	-0.9502	0.6992	0.6709	0.9913	0.8739	1	
垃圾年产量	0.9432	0.8890	0.9942	0.9080	-0.8346	0.9669	0.9445	0.6388	0.9411	0.6911	1

表 4-4 生活垃圾产量与其影响因素关联度分析

关联度	r_1 (X, X_1)	r_2 (X, X_2)	r_3 (X, X_3)	r_4 (X, X_4)	r_5 (X, X_5)
	0.8346	0.8347	0.8348	0.8348	0.8348
关联度	r_6 (X, X_6)	r_7 (X, X_7)	r_8 (X, X_8)	r_9 (X, X_9)	r_{10} (X, X_{10})
	0.8349	0.8284	0.8341	0.8275	0.8343

注：关联度计算数据是 X、X_1 ~ X_{10} 在 2011~2015 年的历年数据。

因为示范县生活垃圾产量数据为 2011~2015 年，故最终选取的影响因子总数 $n \leqslant 5$，综上，通过相关性分析、灰色关联度分析，从所有影响因素中筛选得到 5 个主要影响因素，分别为：X_1 GDP、X_5 年末常住农村人口总数、X_6 社会消费品零售总额、X_7 农民人均纯收入、X_{10} 城镇居民人均消费性支出。

利用 SPSS 17.0 对以上 5 个主要影响因素进行主成分分析。首先以 GDP、年末常住人口、农民人均纯收入、社会消费品零售总额为主要影响因素，对其历年统计数据进行降维处理，用 KOM 和 Bartlett 检验各变量间偏相关度。分析结果显示，KOM 值为 0.824>0.6，Sig = 0.02<0.05，表明该组数据适合做主成分分析，且变量信息提取和成分分析结果有效。由于主成分 1 的方差为 3.849，累计方差贡献率为 96.234%>85%，故认为主成分 1 已涵盖大部分信息，可用来分析某县生活垃圾产量。计算后提取到主成分 1 的特征向量，并得到综合影响因子（主成分 1）：

$$Z_1 = 0.501 X_1 + 0.505 X_3 + 0.495 X_6 + 0.499 X_7$$

此外，以 GDP、年末常住农村人口、城镇居民人均消费性支出、社会消费品零售总额为主要影响因素进行主成分分析，分析结果显示 KOM 值为 0.511<0.6，表明该组数据不适合做主成分分析，结果无效。

4.1.2.2 建立生活垃圾产量一元线性预测模型

利用 SPSS 对某县生活垃圾产量与主成分 1 进行拟合，得到的一元线性预测方程为：

$$X = 30.489Z_1 - 73914\ ,\ R^2 = 0.899$$

式中，X 为生活垃圾年产量，t。

对该一元线性预测模型得到的生活垃圾产量计算值与实际值进行误差检验分析得到，平均相对误差为 9.0668%，预测值与实际值的相关度为 62.5171%。

4.1.3 示范区生活垃圾产量预测结果分析

4.1.3.1 灰色模型预测结果

不同灰色模型的拟合误差以及拟合值与实际值的关联度比较，见表 4-5。模型 4 的拟合误差高达 31.8440%，该模型不合理。其他 4 种灰色模型的平均相对误差均小于 10%，且模型 2 和模型 5 中拟合值与实际值的关联度大于 60%，拟合较好。

表 4-5 各种灰色模型拟合误差及关联度比较

类　型	原始 GM（1，1）模型 1	弱化缓冲算子模型 2	对数变换模型 3	开平方变换模型 4	开三次方变换模型 5
平均相对误差 $\overline{\Delta}$/%	5.0058	2.0063	0.4764	31.8440	3.3307
关联度/%	56.0406	63.3234	54.7854	66.9272	67.0780

对不同模型得到的生活垃圾产量拟合值与实际值做增长率趋势对比分析，如图 4-1。虽然开三次方变换模型 5 的拟合误差较小，关联度较好，但拟合值在 2014~2015 年呈下降趋势，严重偏离实际情况，且随年份推移预测垃圾产量波动非常大，所以不合理。原始 GM(1，1) 模型 1 的预测值在 2018~2020 年突然下降并急剧上升，模型不稳定。进一步分析得到，与模型 1 和 2 相比，只有对数变换模型 3 的预测趋势与实际情况吻合，且该模型预测的拟合误差最小。

此外，对数变换灰色模型 3 计算得到的 $|a| = 0.0125 < 0.3$，则该模型可用于示范县生活垃圾产量的中长期预测，最终计算得到示范县 2016~2020 年生活垃圾产量见表 4-6。

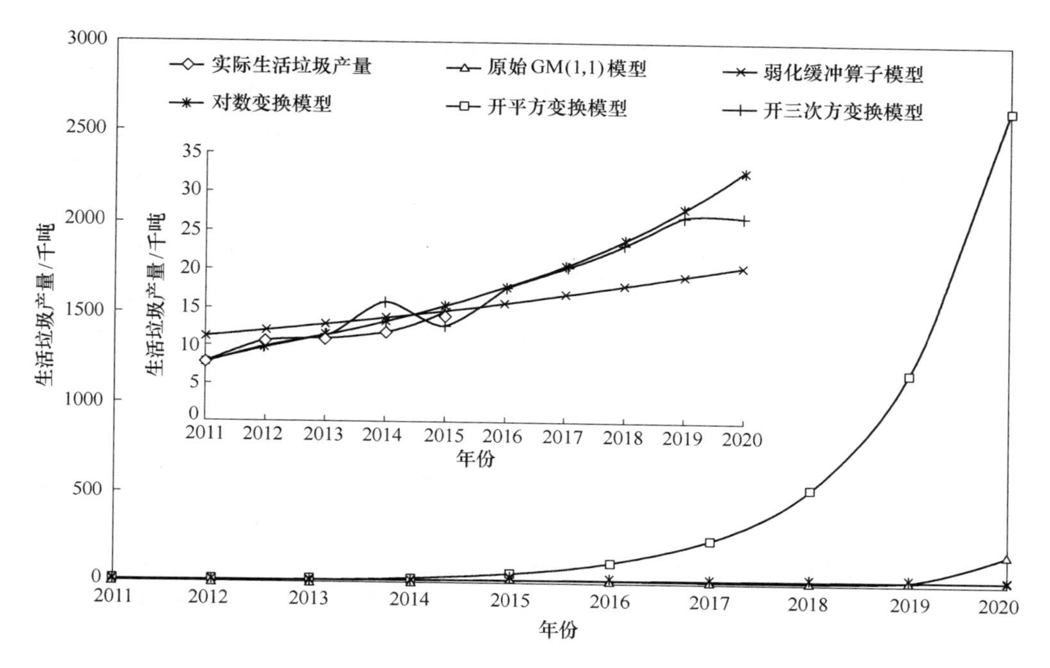

图 4-1　生活垃圾产量实际值与不同模型预测值变化

表 4-6　示范县生活垃圾产量预测结果

年　份	2016	2017	2018	2019	2020
生活垃圾产量/t	176555	205532	239721	280140	328016

4.1.3.2　基于主成分的一元线性模型预测结果

根据示范县历年数据（表 4-6）分别建立与主成分相关的四个影响因子的预测函数式，见表 4-7，其中 y 为各个因子的预测值，x 为所在年份。

表 4-7　各影响因子预测模型方程

影响因子	线性预测模型	方程相关系数
X_1 GDP/亿元	$y=29.849x-59708$	$R^2=0.9922$
X_3 年末常住人口/万人	$y=0.556x-1019.8$	$R^2=0.9707$
X_6 社会消费品零售总额/元	$y=16.734x-33532$	$R^2=0.9398$
X_7 农民人均纯收入/元	$y=828.14x-1655264.7$	$R^2=0.9869$

计算得到 2016~2020 年 X_1、X_3、X_6和 X_7的预测值，并代入一元线性预测模型中，得到示范县 2016~2020 年生活垃圾产量数据见表 4-8。

表 4-8 示范县生活垃圾产量预测结果

年 份	2016	2017	2018	2019	2020
GDP/亿元	467.58	497.43	527.28	557.13	586.98
年末常住人口/万人	101.10	101.65	102.21	102.76	103.32
社会消费品零售总额/元	203.74	220.48	237.21	253.95	270.68
农民人均纯收入/元	14265.54	15093.68	15921.82	16749.96	17578.10
Z_1	7504.67	7941.43	8378.19	8814.95	9251.71
生活垃圾产量/t	154895.9	168212.3	181528.7	194845.1	208161.5

4.1.3.3 示范县及示范乡生活垃圾产生量预测结果

对比分析示范全县生活垃圾产生量的以上两组预测数据（见图 4-2）可看出，2011~2015 年预测值与实际值拟合度较好，但从预测值变化趋势来看，灰色模型预测值持续不仅大于线性模型的预测值，且其增速过快，预测误差较大，而基于主成分分析的一元线性模型预测结果则增速相对平稳，预测结果可信度更高。

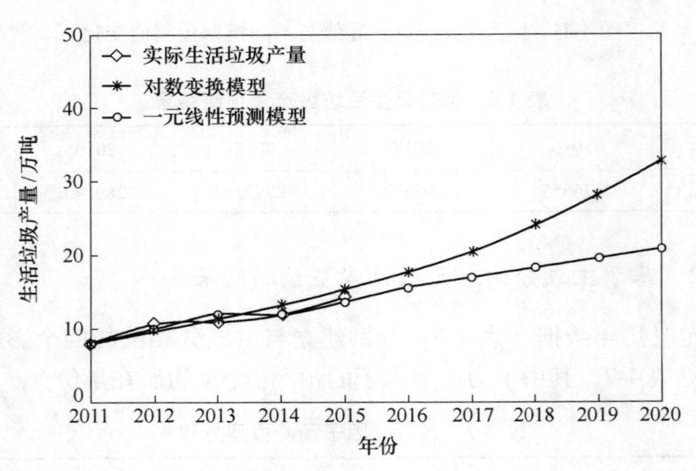

图 4-2 示范县生活垃圾产量预测结果

由于只考虑了时间序列上的生活垃圾产量因子，所以灰色模型预测可靠性较低，而基于主成分分析得到的一元线性回归模型，其考虑的主要影响因子均是通过相关性分析、灰色关联度分析筛选所得，因此该模型可靠性较高。此外，根据示范县环境卫生管理处最新数据，2016 年示范全县生活垃圾产量为 164221t，与之相应的，对数变换灰色模型预测值为 176555t，基于主成分分析的一元线性回归模型的预测值为 154896，其相对误差分别为 7.51%、5.68%，这一结果进一步

验证了上述分析的合理性。所以，对示范县 2017 年至 2020 年生活垃圾产量的预测值分别为：168212.3t、181528.7t、194845.1t、208161.5t。

统计数据显示，示范乡 2015-2016 年的生活垃圾产生量变化趋势与示范县基本相同，部分月份垃圾产量涨幅甚至远大于示范县。受到数据缺失的限制，以 2015-2016 年的数据为基础进行线性计算，2015 年、2016 年示范乡生活垃圾产生量分别占示范全县生活垃圾产量的 3.85%、3.96%，预计 2017～2020 年该占比分别为 4.07%、4.18%、4.28%和 4.39%。2017～2020 年示范乡农村生活垃圾产量的预测结果见表 4-9。

表 4-9　示范乡 2017～2020 年生活垃圾产量预测结果

年　份	2017	2018	2019	2020
生活垃圾年产量/吨	8362.27	10010.27	11998.40	14400.56

4.1.4　农村地区生活垃圾产量预测研究新趋势

4.1.4.1　多种模型组合预测

单变量数理统计模型在构建模型时只考虑单个因素对城市生活垃圾产生量的影响，缺乏对影响因素的全面考虑，精度检验结果通常不能满足要求；多变量数理统计模型例如多元回归模型，虽能够充分考虑各种影响因素，但由于需要对各因素的影响程度进行识别以提高模型精度，所以预测模型的选取对预测结果的精确性有着重大影响。自 1969 年 Bates 和 Granger 首次提出组合预测的概念以来，因为采用组合预测模型对生活垃圾产量进行预测可以有效地提高预测精度，因此组合模型的研究和应用受到了国内外预测工作者的重视。如陈国艳等人建立的改良线性回归模型以及组合灰色多元线性回归模型，王林昌等人建立的线性回归、指数回归、年增长率组合预测模型，王文梅等人研究的灰色模型结合多元线性回归预测模型等。针对我国农村地区，其生活垃圾产量数据偏少甚至没有，且其他相关数据的获得相对滞后，所以采用不同模式的组合模型对其生活垃圾产量进行预测，将成为农村垃圾产量预测的大趋势。

4.1.4.2　结合大数据思想预测农村垃圾产量

在我国农村地区，生活垃圾预测模型的建立还存在诸多以下问题：

（1）所需数据收集困难、滞后，不仅对预测本身甚至是以预测结果为导向的相关规划都造成很大阻力。

（2）对产量造成影响的因素众多，而收集到的数据大多相关性较好，一味利用这些数据建立常规模型没有太大意义。

（3）关于农村的研究成果大多针对特定农村或示范村，所得到成果在范围

扩大或变更的情况下不具有适用性。

（4）目前我国新农村环境规划发展较快，但常规模型或组合模型因其适用对象特殊、模型建立耗时较久，故需建立新方法以实现及时、有效、大范围的预测。

针对我国农村生活垃圾产生特点，结合近年非常热门的“大数据思想”，本书提出了新的预测理论及方案。该思路的实施路线见图4-3所示。基于大数据模型可以科学预测农村生活垃圾产量及组分，而模型结果还可指导农村生活垃圾分类管理及预测垃圾分类前后产量等。不可否认的是，这种预测模型的实施与我国环卫信息系统的信息化程度是密不可分的，所以其应用也受到我国环卫信息化程度的制约，发展模式呈现出从城市向农村蔓延的趋势。

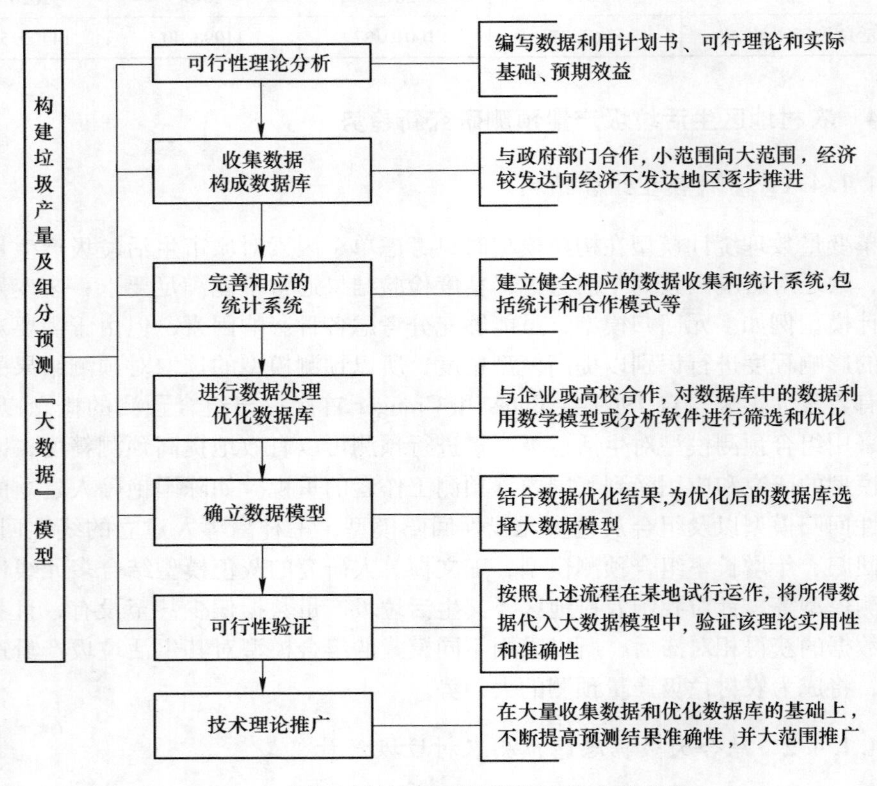

图4-3　农村生活垃圾产量预测新思路实施路线

4.2　示范县农村生活垃圾源头分类模式

狭义的垃圾分类是相对于传统的垃圾混合收集而言的，与垃圾源头分类概念类似，是在垃圾收集过程或收集之前实现垃圾的分类投放。广义的垃圾分类则包

括了垃圾产生、投放、清运及处理处置全过程。本节中的垃圾分类指代的是生活垃圾源头分类，以示范县为例，提出该类型农村地区的最佳生活垃圾源头分类收集模式，促进农村地区垃圾分类的展开，增强居民分类积极性，为全国农村生活垃圾分类的开展和推广提供一定参考。

4.2.1 农村生活垃圾源头分类方案

示范县农村地区具有密集型村庄的特点，即居民多集中居住在距离较近的几个村内，人口密度较大，村庄以组团方式存在，构成示范县农村现有自然形态。示范县农村生活垃圾分类方案的提出需要遵循以下原则：

（1）可实现生活垃圾源头减量，便于后续资源化再利用，且减少生活垃圾污染，这是制定垃圾分类方案的首要条件。最适分类模式下，各类垃圾的分类和回收率、资源化程度将达到最佳值，分类后的生活垃圾可与当地资源化处理社会条件（工艺技术、企业能力、管理水平等）相匹配，同时生活垃圾污染及二次污染有所降低。

（2）分类模式简单，易掌握。单纯就生活垃圾源头分类而言，生活垃圾分类越精细，越有利于减量及后续资源化处置。考虑到所需分类的垃圾种类越多，对基础设施的建设要求越高，而鉴于目前我国农村地区环卫设施极度落后的现状，加之农村地区分类基础薄弱，虽然源头细分类效果最好，但操作过于繁琐，极易打击居民分类积极性，对当前农村地区的适用性其实并不高。

（3）在合理有效的分类模式下，各类垃圾的概念应该容易被界定，避免部分组分分类不明的现象。故从分类模式的可接受程度来考虑，农村居民受教育程度普遍偏低，若各类垃圾之间不易界定，居民就无法正确理解并进行垃圾分类，所以从物理特征着手的干、湿分类，以及从可降解特性着手的有机易腐烂垃圾、不腐烂垃圾分类，比较适合农村地区初期推广。

（4）在实现生活垃圾源头减量的同时，提高有价值废物的高效回收和利用。随着农村地区经济水平的提高，可回收废物的占比将不断增加，且农村地区可回收废物的分类已有一定基础，这部分废物的有效分类在降低垃圾清运量的同时，可提高生活垃圾的资源化水平，为居民或企业创造一定经济效益。

（5）提高生活垃圾资源化利用水平。考虑到南方地区生活垃圾组成特性，生活垃圾源头分类需将其中占比重最大的有机易腐烂垃圾、湿垃圾、厨余垃圾单独分类，结合收集设施进行源头沥水，从而降低垃圾清运量、垃圾含水率、清运成本和最终处置成本。

综合国外发达国家垃圾分类模式，通常可回收废物和有机垃圾被作为优先分类项，考虑以上因素，以居民可接受程度为导向，结合农村地区已有分类基础、垃圾分类目的，本文提出的农村地区生活垃圾源头分类方案为：

1）源头不分类+集中分拣（C_1）；

2）可回收废物+有毒有害垃圾+不可回收废物（C_2）；

3）可回收废物+有毒有害垃圾+干垃圾+湿垃圾（C_3）；

4）可回收废物+有毒有害垃圾+易腐烂垃圾+不腐烂垃圾（C_4）。

其中，方案1与示范县现有模式相比，增加了中转分拣或集中分拣流程。2/3/4对有毒有害垃圾、可回收废物进行了源头分类，避免有害垃圾在收集清运过程中产生二次污染，提高垃圾资源化率。方案3/4对有机易腐烂垃圾/湿垃圾进行分类，可降低垃圾清运量，且方案4更便于有机易腐烂垃圾的后续资源化处置。

4.2.2 AHP优化农村生活垃圾源头分类模式

目前，城市或农村生活垃圾分类模式的选取及优化，尚未建立一种体系化的评价方法，通常由对实际情况的主观认识确定，而无法真正的对各类方案进行定性定量比较，可行性也往往经受不住考验。层次分析法（AHP，Analytic Hierarchy Process）是一种层次权重决策分析方法，它可以将与决策目标相关的所有因素分解并形成层次结构，将半定性、半定量的问题转化为定量计算问题，通过逐层比较各种关联因素的重要性，来为分析以及最终的决策提供定量的依据，最终对提出的不同方案进行比较和优化。生活垃圾分类涉及主体多元化，影响分类方法的因素众多，且各因素之间还互相制约和影响，存在错综复杂的联系，而层次分析法对解决这类问题已经运用非常成熟，且在生活垃圾收运模式优选、垃圾分类模式选择优化等领域，层次分析也是最常用的研究方法。所以本节将采用层次分析法，建立生活垃圾分类模式的决策系统，确定农村地区的垃圾分类模式。

4.2.2.1 *层次分析法基本概念及原理*

层次分析法是将与决策或目标总是相关的元素进行筛选和分解，形成目标、准则、方案等层次结构体系，在此基础上，由专业人员对两两因素进行重要性比较，即在定性的前提下对每个因素进行定量分析，确定每个层次权重，最终对方案层各因素进行综合评价和排序，从而得到最优的决策方案。该方法适用于定量信息较少，定性分析较多的决策体系，是一种非常有效的系统分析方法。

层次分析法可以有效地分解复杂性决策问题，将各个因素对结果的影响考虑在内并将其量化，使得多目标、多准则的问题在定性的基础上，还能够进行定量化比较。这种方法比一般的定量方法更讲究定性的分析和判断，通常用来解决传统技术无法解决的实际问题。

但是，该方法是对已有方案进行比较和优化，无法提供新的决策方案，或对

现有方案进行改进和完善。其次，评价指标的选取涵盖面一定有所不足，特别是定性的指标过多时，分析结果不易令人信服。同时，在计算过程中得到的大部分定量数据依旧建立在定性的基础上且数值因人而异，所以分析结果不具有完全一致性。其次，进行评价指标较多的层次分析时，最大特征值和特征向量的精确求解比较困难，需要借助其近似求解法，如和法、幂法、根法等。最后，当一个目标的评价指标过多时，其关系就更复杂，用现有的标度法来确定其相对重要性就变得尤为困难，甚至分析结果无法通过一致性检验，且不容易调整。

4.2.2.2 确立评价指标结构体系

本节构建的评价指标体系（见图4-4）由目标层、准则层和方案层组成，且无子准则层。目标层表示要解决的问题或想要得到的结论，为最高层；准则层表示影响结果决策及方案评价的主要因素，最底层为方案层，又称为措施层。这里指的目标层是得到适合农村地区的生活垃圾源头分类模式（A）；准则层主要考虑5个评价指标：居民接受程度（B_1）、减量化程度（B_2）、资源化程度（B_3）、分类运行成本（B_4）以及体系管理（B_5）；方案层为上节中提出的4种分类模式：源头不分类+集中分拣（C_1）、可回收废物+有毒有害垃圾+不可回收废物（C_2）、可回收废物+有毒有害垃圾+干垃圾+湿垃圾（C_3）、可回收废物+有毒有害垃圾+易腐烂垃圾+不腐烂垃圾（C_4）。

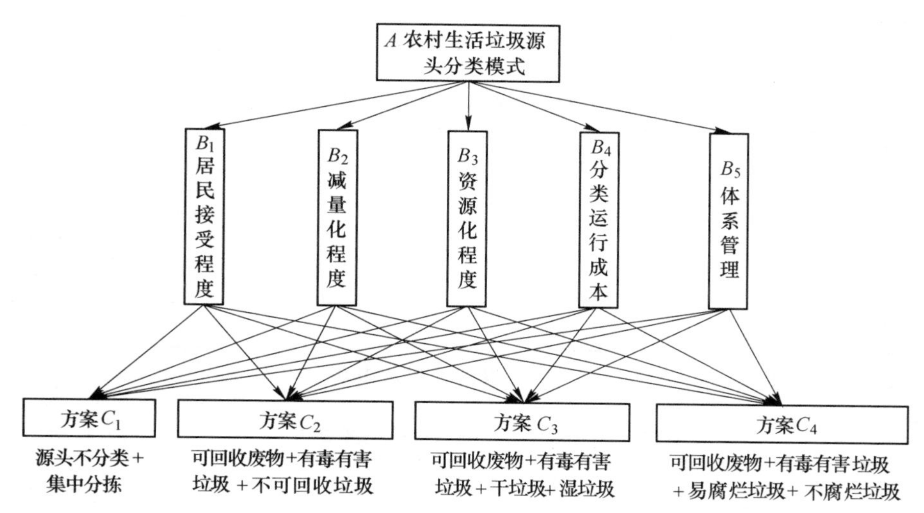

图4-4 层次分析模型评价指标体系

4.2.2.3 构建比较判断矩阵并计算层次总排序权重

由相关研究人员作为直接评价者，按照5级9等标度法，对各因素之间的影响关系进行量化，并结合了专家意见，在“目标层-准则层”判断矩阵、“准则层-方案层”判断矩阵的基础上，计算层次总排序权重，计算结果见表 4-10~表 4-15。

表 4-10　$A\sim B_{1\sim5}$ 比较判断矩阵

A	B_1	B_2	B_3	B_4	B_5	ω_A
B_1	1	3	4	5	7	0. 4845
B_2	1/3	1	2	3	5	0. 2289
B_3	1/4	1/2	1	2	4	0. 1469
B_4	1/5	1/3	1/2	1	3	0. 0946
B_5	1/7	1/5	1/4	1/3	1	0. 0451

注：最大特征根 $\lambda_{max}=5.1385$；$CI=0.0346$；$RI=1.1200$；$CR=0.0309<0.1$，通过一致性检验要求。

表 4-11　$B_1\sim C_{1\sim4}$ 比较判断矩阵（居民接受程度）

B_1	C_1	C_2	C_3	C_4	ω_{B1}
C_1	1	3	5	6	0. 5577
C_2	1/3	1	3	4	0. 2594
C_3	1/5	1/3	1	2	0. 1124
C_4	1/6	1/4	1/2	1	0. 0705

注：最大特征根 $\lambda_{max}=4.0792$；$CI=0.0264$；$RI=0.9$；$CR=0.0293<0.1$，通过一致性检验要求。

表 4-12　$B_2\sim C_{1\sim4}$ 比较判断矩阵（减量化程度）

B_2	C_1	C_2	C_3	C_4	ω_{B2}
C_1	1	1/2	1/4	1/7	0. 0627
C_2	2	1	1/3	1/6	0. 0994
C_3	4	3	1	1/4	0. 2412
C_4	7	6	4	1	0. 5967

注：最大特征根 $\lambda_{max}=4.1078$；$CI=0.0359$；$RI=0.9$；$CR=0.0399<0.1$，通过一致性检验要求。

表 4-13　$B_3\sim C_{1\sim4}$ 比较判断矩阵（资源化程度）

B_3	C_1	C_2	C_3	C_4	ω_{B3}
C_1	1	1/2	1/2	1/6	0. 0862
C_2	2	1	1	1/4	0. 1599
C_3	2	1	1	1/4	0. 1599
C_4	6	4	4	1	0. 5941

注：最大特征根 $\lambda_{max}=4.0104$；$CI=0.0035$；$RI=0.9$；$CR=0.0038<0.1$，通过一致性检验要求。

表 4-14 $B_4 \sim C_{1\sim4}$比较判断矩阵（分类运行成本）

B_4	C_1	C_2	C_3	C_4	ω_{B4}
C_1	1	1/2	1/3	1/6	0.0751
C_2	2	1	1/2	1/5	0.1231
C_3	3	2	1	1/2	0.2956
C_4	6	5	2	1	0.5062

注：最大特征根 $\lambda_{max}=4.0559$；$CI=0.0186$；$RI=0.9$；$CR=0.0207<0.1$，通过一致性检验要求。

表 4-15 $B_5 \sim C_{1\sim4}$比较判断矩阵（体系管理）

B_5	C_1	C_2	C_3	C_4	ω_{B5}
C_1	1	3	5	7	0.5579
C_2	1/3	1	3	5	0.2633
C_3	1/5	1/3	1	3	0.1219
C_4	1/7	1/5	1/3	1	0.0569

注：最大特征根 $\lambda_{max}=4.1185$；$CI=0.0395$；$RI=0.9$；$CR=0.0439<0.1$，通过一致性检验要求。

最后，根据准则 B 对目标 A、方案 C 对准则 B 的权向量，计算得到方案 C 对于总目标层 A 的层次总排序（见表 4-16），并对结果进行一致性检验。

表 4-16 层次综合权重

层次 B	B_1	B_2	B_3	B_4	B_5	综合权重
	0.4845	0.2289	0.1469	0.0946	0.0451	
C_1	0.5577	0.0627	0.0862	0.0751	0.5579	0.3295
C_2	0.2594	0.0994	0.1599	0.1231	0.2633	0.1955
C_3	0.1124	0.2412	0.1599	0.2956	0.1219	0.1666
C_4	0.0705	0.5967	0.5941	0.5062	0.0569	0.3085
RI	0.9	0.9	0.9	0.9	0.9	—
CI	0.0293	0.0399	0.0038	0.0207	0.0439	—

层次总排序的一致性检验：

$$CR = \frac{0.4845 \times 0.0293 + 0.2289 \times 0.0399 + 0.1469 \times 0.0038 + 0.0946 \times 0.0207 + 0.0451 \times 0.043}{0.9 \times (0.4845 + 0.2289 + 0.1469 + 0.0946 + 0.0451)}$$

$$= 0.0309 < 0.1$$

故认为层次总排序的结果具有满意的一致性，而总目标条件下的最优方案则为综合权重值排序最靠前的方案。

4.2.2.4　优化结果及分析

（1）由于居民对分类模式的接受程度将直接影响分类的推广、施行及分类效果，故将其作为影响农村地区垃圾分类模式的最主要因素。而垃圾的减量和资源化则是进行垃圾分类的主要目标，最后考虑的是垃圾分类的运行成本及管理。

（2）不同分类方案对准则层各因素影响的重要程度判断矩阵如表4-10～表4-15。

1）从居民接受程度来看，方案1为混合收集模式，其居民接受程度最高，按照分类操作难易程度，依次为$C_1>C_2>C_3>C_4$。

2）混合收集模式下，垃圾减量率最低，而方案2、3、4通过对可回收废物进行分类，能够达到一定减量效果。此外，方案3及方案4配合分类设施，可进一步实现垃圾渗滤液的单独收集，降低生活垃圾清运量，而方案4中易腐烂垃圾可通过资源化处置进一步实现垃圾减量。

3）生活垃圾资源化主要考虑的是：可回收废物的正确分类与回收、有机易腐烂垃圾的资源化处理。

4）运行成本主要包括：垃圾清运引起的转运成本，以及分类行为产生的人工、机械、分类设施、人员培训等成本。

5）混合收集模式下，体系管理针对的对象最少、难度最低，其次为方案2、3，另方案4可能涉及有机易腐烂垃圾的单独收运及处置，因此其管理难度系数最高。

（3）通过层次分析模型对示范县农村地区生活垃圾源头分类模式进行评价和优化，单从表4-16中的综合权重值排序来说，文中所述四种垃圾分类方案的相对优先顺序为：$C_1>C_4>C_2>C_3$，其中C_1是“源头不分类+集中分拣”，C_4为“可回收废物+有毒有害垃圾+易腐烂垃圾+不腐烂垃圾”。

在层次分析计算过程中，将“居民接受程度B_1”作为了农村生活垃圾源头分类模式的最重要影响因素，所以相比于其他方案，C_1在决策过程中占有绝对大的优势，直接导致方案1的综合权重值最高。然而，在该分类模式下，居民源头不分类，后续集中分拣则主要依靠垃圾中转站或分拣中心，将涉及分拣中心的建立、中转站功能性改进、分拣人员雇佣管理、分拣设备购置运行维护等一系列成本支出及管理难题。此外，混合垃圾中的有毒有害垃圾通过直接接触造成二次污染，不仅降低可回收废物的回收率和资源化率，同时对分拣的机械和人员也形成极大的安全隐患。

C_4是仅次于C_1的最优分类方案，其综合取重值大幅领先C_2和C_3。相比于C_1，由居民在源头将可回收废物和有毒有害垃圾分类，更利于可回收物的回收和再利用，且杜绝了有毒害垃圾对环境和人员的二次污染。其次，有机易腐烂垃圾

的分类收集及资源化，在降低生活垃圾清运量的同时，进一步提高了农村地区生活垃圾资源化程度，而资源化产物如沼气、饲料、有机肥等，又为农村地区创造直接经济收益。

（4）基于以上原因，结合生活垃圾分类的大趋势和示范县农村实际情况，目前方案4是示范县农村地区最适宜的垃圾分类模式。但需要考虑的是，如果不因地制宜的全面考虑当地生活垃圾处理方式、资源化目标、技术及能力，单纯而盲目的进行分类，不仅会造成财政和资产浪费，垃圾也无法得到有效可行地利用，甚至挫伤民众继续分类的积极性。

4.2.3 基于源头分类的生活垃圾处理与资源化模式

4.2.3.1 农村生活垃圾源头分类处理与资源化模式构建

通过模型优化，得到示范县农村地区生活垃圾源头分类模式，基于该模式下各类垃圾处理与资源化如图4-5所示。由于有毒有害垃圾和不腐烂垃圾的处理模式单一、技术成熟，有机易腐烂垃圾堆肥处置的研究及应用体系也较成熟；可回收废物的回收与再利用具有很大的主动性和盈利驱动性，该类废物的回收和处理也不是难题。而对于有机易腐烂垃圾，由于之前绝大部分是与其他垃圾混杂运输和处理的，导致与此类垃圾减量、无害化处理相关的技术研究欠缺，为了实现农村生活垃圾在实现源头分类的基础上可以构建出一个完善和健康的垃圾处理与资源化模式，有必要对有机易腐垃圾的源头减量与无害化预处理进行研究。

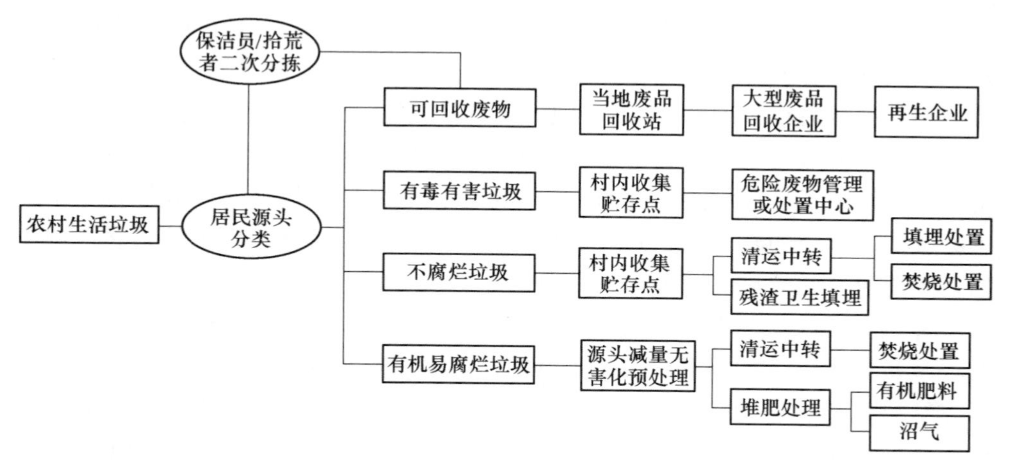

图4-5 基于源头分类的农村生活垃圾处理与资源化

4.2.3.2 有机易腐烂垃圾源头减量与致病菌灭活

本书中，“减量”定义为有机易腐垃圾体积和质量的减少，以减轻后续运输、处理工艺的负担；“无害化预处理”指的是对有机易腐垃圾中的致病性微生物进行减量和灭活处理，减少有机易腐垃圾在运输和处理过程中由于微生物的活动可能造成的疾病传染等问题。

从表观理化性质上看，有机易腐烂垃圾具有含水率高、有机质含量高、热值低等特点。高含水率导致有机易腐垃圾在收集、运输乃至后续的处理与资源化过程都存在着一定的困难。此外，有机易腐垃圾中存在大量的微生物，而在此类垃圾中，微生物会大量且快速的增殖，分解有机物，产生渗滤液和臭气，对周围的环境（包括土地和空气等）造成不利的影响。而且垃圾中的有害成分很容易经雨水汇流到地面水体，将垃圾中的重金属溶解出来，经土壤渗透会进入周边土壤或地下水体造成更大范围的污染。

有机易腐垃圾收集存放过程中必然会滋生很多的致病性微生物，常见的致病性微生物包括金黄色葡萄球菌、沙门氏菌、大肠杆菌、变形杆菌等等。大部分病原菌可引起腹泻、呕吐、发热、头痛等轻微症状，少部分强致病菌在较低感染浓度下可引起严重的系统性疾病甚至死亡。部分细菌、病毒、寄生虫等微生物能够以生活垃圾为媒介进行疾病传播，从而引发霍乱、伤寒、传染性肝炎、钩端螺旋体等疾病。与此同时，若有机易腐垃圾长期堆放，产生大量渗滤液，这可能会造成地下水体、地表水体和土壤的二次污染。

目前，国内并未大范围实现生活垃圾的分类收集和处理，有机易腐垃圾与其他废物混合丢弃、收集、运输和处理处置，针对于有机易腐生活垃圾的处理技术方法并没有成立专门的体系。考虑到有机易腐垃圾分类管理模式尚未成熟，收集到的有机易腐垃圾存在着含水率高、成分复杂等问题，而且收集到的有机易腐垃圾后续处理链未完全打通，导致垃圾清运不及时，可能滋生病原菌传播、有毒滤液溢流等问题。较高含水率的有机易腐垃圾除了加快微生物的增殖外，也增加了后续可能处理的负荷。故本书从降低有机易腐垃圾的含水率入手尝试实现垃圾的减量化，并通过药剂投加灭活有机易腐垃圾中的致病性微生物，实现对该类垃圾的无害化预处理。基于这种研究思路，具体实施中将有机易腐垃圾源头减量和无害化预处理相结合，研发了“有机易腐烂垃圾源头沥水减量技术”和“有机易腐烂垃圾致病菌源头灭活技术”。这两项技术的研究结果显示：$Ca(OH)_2$ 可促进单位质量有机易腐烂垃圾在单位时间内沥水率的增加，生石灰和熟石灰（CaO 和 $Ca(OH)_2$）可以实现有机易腐垃圾中致病菌的灭活，这对于有机易腐垃圾的安全卫生运输和处理是极为重要的。除此之外，实验过程中发现，虽然含氯消毒片对有机易腐烂垃圾源头沥水减量与致病菌灭活效果不显著，但其对垃圾恶臭有很好的抑制，且添加量少、作用时间长。

4.3 示范区农村生活垃圾分类收集示范

以福建省某乡作为农村生活垃圾分类收集示范点，采用实地调研、入户访谈、发放问卷等方式，对示范区生活垃圾收集、清运、处理处置现状，以及居民对环境的满意度、垃圾分类意识和行为进行了前期调研。在此基础上，首先开展了垃圾分类宣传教育和培训，对居民分类进行正确的引导，其次设计了适用于农村地区的新型分类垃圾桶和垃圾房，完善了示范区生活垃圾基础设施，同时制定了生活垃圾源头分类和管理办法，以及配套了相应的分类奖励措施。示范工程稳定运行后，生活垃圾源头减量率大于30%，可回收废物的回收率超87%，示范效果良好。该示范可为我国农村地区生活垃圾分类与管理提供借鉴。

4.3.1 示范区生活垃圾产生及处置前期调研

4.3.1.1 生活垃圾产生量及组分特征

根据示范地环境卫生管理处提供的2016年生活垃圾清运量数据，统计得出示范乡生活垃圾月清运量见表4-17，整理得到，示范乡全年共计清运垃圾6505.39t，年末户籍人口数为30346，外来从业人口数为64618人，则常住人口数约为34964人，所以人均生活垃圾日产量约为0.51kg。

表4-17 2016年示范乡生活垃圾清运量

月份	1月	2月	3月	4月	5月	6月
垃圾清运量/t	571.21	595.12	527.98	533.59	511.08	506.47
月份	7月	8月	9月	10月	11月	12月
垃圾清运量/t	468.07	486.80	677.39	558.83	542.61	526.24

在实验室对样品组分、密度、含水率、热值进行分析，其中各类垃圾组分的说明见表4-18，分析结果见表4-19。

表4-18 生活垃圾各类组分明细

类别	详　　细
厨余	餐饮垃圾、果皮核壳、菜叶、剩饭剩菜、动物饲料等
橡塑	茶叶包装袋、塑料汤匙碗碟、产品外包装、塑料容器、一次性塑料袋、废弃塑料玩具、废橡胶、废皮革等
金属	钉子、发卡、啤酒盖、易拉罐、金属工具、电子废物金属部件等
织物	废布块、衣物、袜子、鞋垫、线绳、床褥、棉花等
废纸	废纸板、废报纸、废书纸、书写纸、包装纸、包装填充纸、酸奶等纸盒容器、烟盒、标牌等

续表 4-18

类别	详　细
木竹	竹牙签、竹筷、木板、木质边角料等
玻璃	酱油瓶、啤酒瓶、玻璃容器、碎玻璃、镜子等
灰土	庭院清扫或装修产生的灰土、灰渣，炉灰等
砖瓦陶瓷	破碎陶瓷、砖瓦等
其他有机垃圾	庭院枯枝落叶、修剪树枝、废弃植物等
混合类	10mm 筛下物中无法辨识种类的垃圾，主要为渣土和有机残渣
其他垃圾	烟头、厕所纸巾、妇女卫生用品、婴儿尿不湿等
有毒有害垃圾	药品罐、过期药品、废弃绷带胶带、废弃输液管、油漆瓶罐等

表 4-19　示范区生活垃圾物化特性

时间	湿基含量占比/%			
	2016. 04	2016. 08	2016. 12	均值
厨余类	62. 25	63. 12	60. 64	62. 00
橡塑类	21. 46	18. 05	16. 83	18. 78
金属类	0. 10	0. 14	1. 13	0. 46
织物类	0. 08	0. 34	0. 29	0. 24
废纸类	5. 46	3. 48	6. 47	5. 14
木竹类	1. 06	1. 63	0. 70	1. 13
玻璃类	0. 88	1. 91	1. 32	1. 37
灰土类	2. 02	1. 71	2. 96	2. 23
砖瓦陶瓷类	0. 89	0. 00	2. 23	1. 04
其他有机垃圾	1. 52	3. 76	2. 85	2. 71
混合类	0. 83	0. 72	0. 67	0. 74
其他垃圾	3. 36	4. 99	3. 68	4. 01
有毒有害垃圾	0. 09	0. 15	0. 23	0. 16
总含水率/%	49. 59	53. 74	51. 25	51. 53
容重/$kg \cdot m^{-3}$	177	204	183	188
低位热值/$kcal \cdot kg^{-1}$	3737. 69	4122. 57	3235. 26	3698. 51

结合农村生活垃圾源头分类模式的优化结果，示范区生活垃圾中有机易腐烂垃圾（厨余类、其他有机垃圾类）、不腐烂垃圾（灰土类、砖瓦陶瓷类、混合类、其他垃圾）、可回收废物（橡塑类、金属类、织物类、废纸类、木竹类、玻璃类）、有毒有害垃圾的占比如图 4-6 所示，其中少量混合类由于无法再分类且

资源化价值低，故将其划分为不腐烂垃圾。

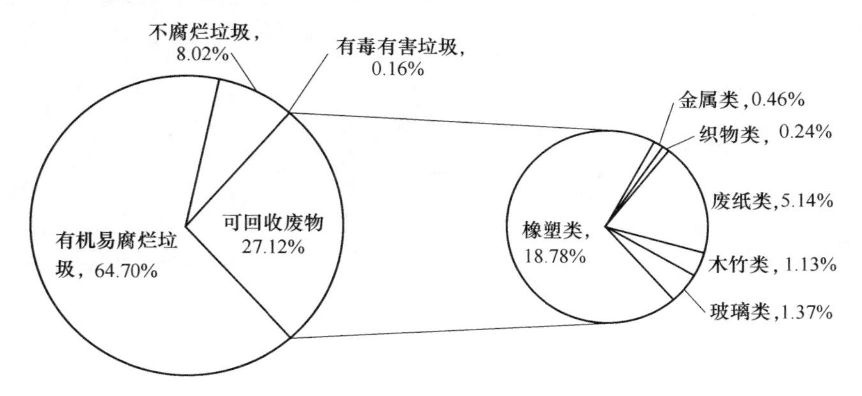

图 4-6 示范区生活垃圾组分特性

从图 4-6 中看出，示范区生活垃圾中的可回收废物的比例约为 27.12%，而在可回收废物中，橡塑类和废纸类的含量占比又最高，分别为 18.78%、5.14%。就农村地区而言，其实大部分可回收废物已在源头被居民分类并变卖给当地废品回收人员，并未进入垃圾收运体系中。此外，由于拾荒者的存在，一部分可回收废物（受到当地回收市场的制约，主要为废纸类、废塑料、废金属类）在进入垃圾清运系统前已被其捡走。因此，示范区生活垃圾中可回收废物的实际含量应高于测定值，并且随着生活水平的不断提高，可回收废物在生活垃圾中的占比将会越来越高。而可回收废物在生活垃圾中的高占比，也为当地推行垃圾分类、减量和资源化政策提供了理论支撑。

4.3.1.2 垃圾收集清运及处理处置

虽然近年来农村环境整治受到了福建省政府的重视，但推行垃圾分类需要投入大量资金、时间和精力，由于环保资金缺口大、技术不到位、准备时间尚不足等原因，导致生活垃圾分类设施的配置、垃圾分类现状仍不尽如人意。根据实地调研走访结果及政府人员、环卫人员的访谈内容，示范区生活垃圾的投放、收集、清运、处理处置全过程均未分类进行。

A 示范区生活垃圾产生及投放

示范区居民一般以家庭或户为单位用垃圾桶混合收集生活垃圾，并将其直接倾倒在公共垃圾收集设施内（垃圾围、垃圾筐等），且大部分居民无使用垃圾袋的习惯，导致生活垃圾产生的大量渗滤液随着混合垃圾进入垃圾收集和清运设施（图 4-7），垃圾含水率较高。此外，由于一些街道的垃圾清运不及时、收集设施数量不足或布点不合理（收集点距离房屋太远）等问题，仍有部分农户将生活垃圾投放到河沟或路边，不仅侵占土地和道路，也对河体、土壤造成严重的二次污染。

图 4-7　生活垃圾源头混合收集或随意丢弃

B　示范区生活垃圾收集与清运

示范区现有垃圾收集点共计 43 个，垃圾收集设施主要有水泥垃圾围、移动式塑料垃圾筐两种，从图 4-8 可看出当地垃圾收集设施相对简陋、规格不合理极易溢出，配合现有垃圾清运频次，无法满足居民需求。

生活垃圾的清运以村为单位进行，清运频次为 1～2 次/天，配置有保洁车辆、保洁员及流动人员若干，其中流动人员负责不定期的道路清扫。保洁员的工作体系相对松散，工作时间无法保证，且由于资金有限，收运垃圾车配置落后、车辆老化且数量不足，有时会造成垃圾无法及时清运，但一般来说，示范区垃圾收集设施内的生活垃圾清运率基本可以达到 100%。

图 4-8　示范区生活垃圾收集及清运设施

C　示范区生活垃圾中转

示范区生活垃圾中转主要通过某垃圾中转站和某垃圾压缩中转站如图 4-9 所示。

D　示范区生活垃圾最终处理处置

示范县的生活垃圾焚烧发电厂可实现日处理生活垃圾 600t，为示范县周边 7 个乡镇和市政环卫部门处理日常产生生活垃圾，终期年最大发电量可达 0.72 亿

(a)

(b)

图 4-9　生活垃圾中转站

(a) 某垃圾中转站；(b) 某垃圾压缩中转站

千瓦时，为 100 万居民提供优质安全的垃圾处理和发电服务。目前，示范区内进入环卫清运体系的生活垃圾，经由中转站集中运往示范县垃圾焚烧厂进行最终处置，生活垃圾末端无害化处置率达到 100%。由于垃圾收集设施数量不足、布点不合理，垃圾清运力度不足等原因，仍有少量垃圾被就地焚烧或随意堆弃，但整体来说示范区生活垃圾无害化率较高。

4.3.2　示范区居民参与垃圾分类的意识及行为调研

2015 年 5 月，研究人员一行深入示范区，在实地考察的基础上，通过入户访谈、发放调查问卷等方式，对示范区居民对当地垃圾收集及处置的环境满意度、居民源头分类行为与意识进行了调查研究，调查结果如下。

4.3.2.1　生活垃圾基础设施落后

与我国其他农村地区相比，示范区生活垃圾的清运率和无害化率较高，但其生活垃圾基础设施仍旧停留在较低水平。主要体现在设施简陋、规格不合理、数量严重不足，无法满足居民需求。并且垃圾设施的非密闭结构又将造成空气污染、渗滤液横流等现象，严重影响周边居民的日常生活。

4.3.2.2　居民已有垃圾分类基础但主动性仍受多方制约

示范区生活垃圾分类行为主要体现在可回收废物的分类与回收，而有毒有害垃圾、有机厨余垃圾仍旧被混合丢弃。由此可见，居民现有分类意识与行为在本质上受到经济利益的驱使。并且，可回收废物的分类受到当地废品市场的极大制约，如随着玻璃回收行情的下跌，玻璃类废物的分类率急剧下降，此外，回收方式的便捷性如是否提供上门收购服务等，对居民分类行为也造成极大阻碍。

4.3.2.3 居民分类积极性高但缺乏长效性及正确引导

调查发现，由于居民垃圾分类知识的掌握不足，如对可回收废物的界定为废品站所回收垃圾种类、不了解哪些是有毒有害垃圾等，往往无法正确进行分类，这也大大挫伤了居民分类的积极性。所以农村地区若要推广垃圾分类，长期而有效的教育宣传、引导和激励是十分必要的。此外，虽然示范区居民参与垃圾分类的积极性很高，但垃圾分类是一种长期行为且极易出现从众心理而难以坚持。总的来说，农村地区对垃圾分类的重视度仍旧不足，居民分类也缺乏长效性。

4.3.3 生活垃圾分类收集与管理示范工程的建设与运行

在示范区建立了居民生活垃圾源头分类示范工程，工程内容包括：(1) 垃圾分类宣传教育与培训；(2) 生活垃圾基础设施设计与建设；(3) 分类垃圾桶及垃圾房的配置与布点；(4) 垃圾源头分类管理办法与奖惩措施的制定与实施。

4.3.3.1 开展垃圾源头分类宣传教育与人员培训

垃圾源头分类的开展需要加强居民的参与度和配合度，而有效地宣传教育可以提升居民对垃圾分类的知晓率，进一步促进居民参与，确保源头分类的正确率。基于前期调研成果，针对居民对各类垃圾明细界定不明的现状，制作、分发、张贴了生活垃圾宣传单、垃圾分类明细表、垃圾分类手册。同时组织开展针对村委、居民、小学生的垃圾分类公开讲座，以及针对保洁员的垃圾分类培训，讲解垃圾分类常识及方法，提升其分类意识。在后续的推广过程中，可结合现代新闻媒介宣传、互联网公众号推送、定期组织分类知识比赛、成立监督小组等方式，加强农村地区垃圾分类宣传效果。

4.3.3.2 配套与完善示范区生活垃圾基础设施

A 分类垃圾桶设计

示范区居民尚未形成使用垃圾袋的习惯，大量生活垃圾渗滤液直接进入垃圾收运体系，而示范区垃圾清运完全依赖于人工操作，较高的含水率导致垃圾清运困难、耗时、耗力，保洁员工作环境恶劣，工作效率降低。其次，受到示范区自身地理条件影响，居民大多聚集于少量地势平坦区域，土地利用率高，街道狭窄(部分不到1m)，现有的自动化垃圾清运车辆无法使用，加之受当地经济水平限制，环卫基础设施配置不全。综合考虑各项因素，以实际需求为导向，经由专业生产厂家指导，综合设计了符合示范区特色的新型分类垃圾桶（见图4-10)，用于有机易腐烂垃圾的收集，而其他类别的生活垃圾依旧通过常规单层垃圾桶收集。

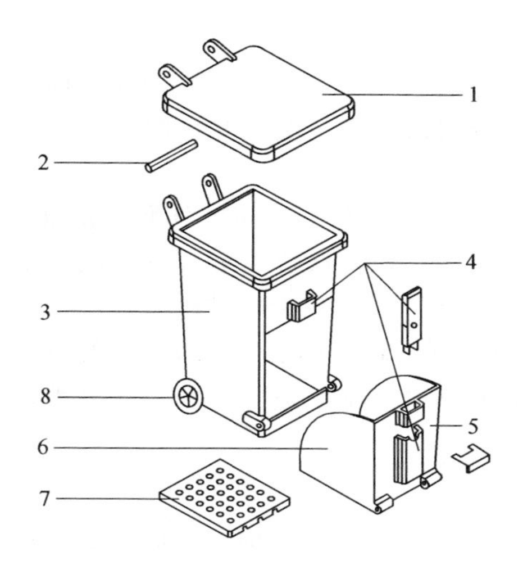

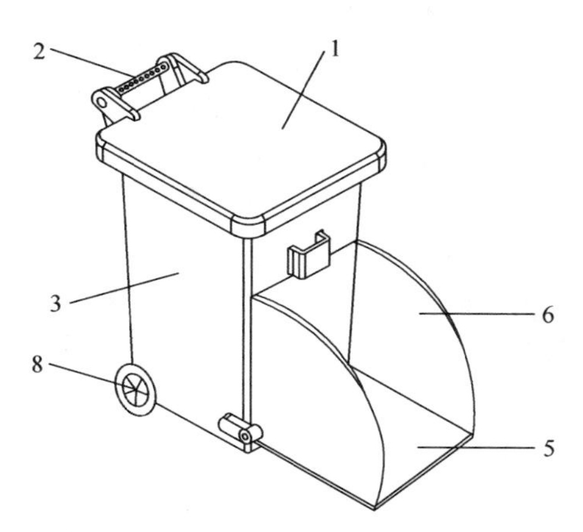

图 4-10 可便捷倾倒的分类垃圾桶

1—桶盖；2—防滑运输手柄；3—桶体；4—锁扣组件；
5—活动式桶壁；6—挡板；7—多孔隔板；8—运输轮

该垃圾桶桶体的一个侧壁上设有垃圾出口，出口处设有翻斗及锁扣组件，而翻斗与桶体铰接，存储垃圾时，翻斗通过锁扣组件将垃圾出口封闭，倾倒垃圾时，开启锁扣，翻斗自动向下翻转将垃圾出口打开。桶体内还设有呈网状结构或带有多个通孔的隔板，将桶体内部分为两层，上层为垃圾收集存储区，下层为垃圾渗滤液收集储存区，垃圾出口设置在垃圾收集存储区。在垃圾渗滤液收集储存区设有排液龙头及液位观察孔。用脚踏机构控制桶盖开合，方便居民投放垃圾的同时也更清洁卫生。

在实现生活垃圾分类收集需求的同时，该新型分类垃圾桶还可以实现垃圾渗滤液的单独收集，降低收运过程中的人力消耗、有效减少垃圾收运过程中的二次污染，使用方便、成本低。除此之外，垃圾桶可采用不同颜色进行区分，桶壁印刷文字和图画表征所收集垃圾种类，垃圾桶身高度须与垃圾房投放口高度协调。

B 分类垃圾桶或垃圾房配置与布点

分类垃圾桶分为两种，一种为双层式可沥水垃圾桶，用于收集有机易腐烂垃圾，另一种为一般的塑质垃圾桶。分类垃圾房则可以对可回收废物、有毒有害垃圾、有机易腐烂垃圾、不腐烂、其他垃圾进行分类收集。通常，垃圾收集设施的布点主要围绕道路、街道、居民住宅区进行，布点原则为：

（1）居民住宅区，相邻垃圾收集点间距离约 50～100m，商业性街道上，相邻垃圾收集点间距 50～100m，主干路、次干路等交通道路，相邻垃圾收集点间距 100～200m，并考虑对居民区、农田、河流等设置缓冲距离。

（2）主要交通道路上，在道路交叉口或距离居民住宅区较近的区域选择点位布置分类垃圾房，距离居民区较远区域布置分类垃圾桶。

（3）村内主干道、功能性街道（村委会、村政府等所在街道）、商业性街道（餐饮业、菜市场等），考虑优先布置分类垃圾房，道路情况不允许时，在街道布置分类垃圾桶并就近配置分类垃圾房。

（4）居民住宅区域合理布置分类垃圾房，住宅小区楼层内布置分类垃圾桶。

（5）根据区域特征合理调整垃圾桶配置比例，如餐饮业、菜市场区域可增设双层沥水垃圾桶，建筑施工区域增设一般垃圾桶，小学附近额外配置可回收分类垃圾桶等。依据上述垃圾桶或垃圾房的布点原则，确定每个生活垃圾收集点可配置3个分类垃圾桶（2个有机易腐烂垃圾桶和1个其他垃圾桶）或一座分类垃圾房。

C 分类垃圾袋配置与发放

分类垃圾袋整体采用半透明材质，颜色与分类垃圾桶相对应，表面印刷有收集垃圾类别、名称、项目名称以及农户家庭编号，规格为45cm×50cm，31只为一卷。示范区内居民均可免费领取分类垃圾袋，发放原则为：以家庭或户为单位，每月可免费领取不腐烂/其他垃圾袋1卷；每两个月领取有毒有害垃圾袋1卷；每年6~10月可免费领取有机易腐烂垃圾袋2卷，其他月份为1卷。

4.3.4 建立示范区生活垃圾源头分类管理办法

4.3.4.1 实现垃圾实名制管理

为了更好的监管农村垃圾分类进展并对其做出适应性改进，分类垃圾袋的免费发放采用了“实名制”方式，即为每套分类垃圾袋配套固定的家庭编号。每户领取垃圾袋的家庭同时认领其固定编号，用于垃圾分类情况的记录依据，充分促进垃圾分类的管理和监督，同时使奖惩渠道有迹可循。

4.3.4.2 制定生活垃圾分类投放办法

生活垃圾源头分类工作主要包括四个关键步骤：居民自主分类、垃圾分类投放、保洁员收集转运、分类抽查与记录。垃圾源头分类与投放需依赖居民自觉性完成，居民分类投放垃圾后，由保洁人员进行分类收集和转运，并与监督人员一起对分类情况做出抽查和记录，依据垃圾袋编号追溯垃圾源头，对分类行为实施者进行奖励或批评教育。其中，分类垃圾桶只收集有机易腐烂生活垃圾和不腐烂/其他垃圾，可回收废物和有毒有害垃圾需投放至分类垃圾房内。此外，垃圾房收集点还提供可回收废物的收购服务，促进可回收废物的分类。

4.3.4.3 配套垃圾分类激励机制

为促进农村生活垃圾分类，目前对农村居民生活垃圾分类行为的激励制度应

以经济性奖励为主，例如，建立与垃圾分类行为或分类效果挂靠的经济补贴、物资奖励、收费减免等措施。

垃圾分类奖励的实现需以居民垃圾分类行为为前提，结合保洁员对居民分类行为的抽查与记录结果，对分类正确的家庭给予积分，进而作为奖品兑换的依据。示范区内每户居民每月可免费领取规定数量的分类垃圾袋、认领固定垃圾袋编号，通过正确分类投放垃圾获得相应积分，每月15号在所属村委会用所得积分兑换所需生活用品。积分统一由保洁员根据垃圾投放行为记录，积分标准为：(1) 每正确分类并投放一袋垃圾，可获得1积分；(2) 为了鼓励居民对有毒有害垃圾进行分类，降低示范区人居环境及居民自身安全隐患，该类垃圾正确投放后奖励1分/公斤；(3) 为促进可回收废物的高效分类与回收，除对该类垃圾进行收购外，额外奖励1分/公斤。

4.3.5 生活垃圾分类收集示范效果

4.3.5.1 提升居民环境意识和环境满意度

示范工程自2016年稳定运行至今，期间多次举办生活垃圾源头分类宣传讲座，并对保洁员组织专业培训，联合县环卫处、乡政府、各村委开展多次推进会议。通过不定期入户回访调查，了解到居民、保洁员及相关干部村委，对生活垃圾分类已有了较全面的掌握，全民环保意识得到一定提升。通过免费分发分类垃圾袋，已逐步改善居民混合收集、直接倾倒垃圾的习惯。此外，生活垃圾源头分类管理及垃圾分类积分奖励制度也极大提升了居民分类积极性。

4.3.5.2 完善示范区生活垃圾基础设施

据示范区前期调研数据显示，生活垃圾收集设施少、设施简陋、管理落后是造成居民环境满意度低的重要原因，示范工程的稳定运行完善了示范地生活垃圾收集设施（图4-11），改善了居民生活环境。

根据基础设施的布点原则，结合实地调研情况，示范区内共建设分类垃圾房12座，布设分类垃圾桶的收集点共计43个，可满足示范区生活垃圾的消纳需求。

4.3.5.3 可回收废物高效分类与回收

示范区可回收废物的分类与回收途径主要包括如下：

(1) 居民源头分类，并将可回收废物自发出售。

(2) 居民将无法出售的可回收废物分类，投放至垃圾分类示范点，获取相应积分兑取生活用品。

(3) 由保洁员从混合垃圾中分拣出可回收废物，部分出售。

图 4-11　示范区生活垃圾分类收集基础设施建设实物图

（4）拾荒人员从垃圾收集点挑选出可回收废物并出售。

随着示范的稳定运行，居民和保洁员对生活垃圾分类的接收程度逐渐增强，2016 年 4~12 月，示范区可回收废物回收率均稳定并高达 90%以上，3 月示范区可回收废物回收率较低约为 87%，原因是春节期间示范区回收市场未正常营业，居民源头分类及混合垃圾分拣得到的生活垃圾无法及时得到回收。

4.3.5.4　促进示范区生活垃圾源头减量

生活垃圾源头分类是促进生活垃圾减量的重要举措，示范县生活垃圾源头分类示范工程运行管理过程中将生活垃圾分为可回收废物、有毒有害垃圾、有机易腐烂垃圾和其他不腐烂垃圾四大类，并鼓励可回收废物和有毒有害垃圾单独分类、回收或处理。生活垃圾源头分类示范区鼓励居民自主将可回收废物、有毒有害垃圾分类，从而获得积分兑换生活用品，并要求保洁员将混合垃圾或未正确分类的垃圾中将可回收废物、有毒有害垃圾捡出并收集，减少最终进入垃圾清运体系的生活垃圾总量。

该示范工程于 2016 年初完成示范区基础设施建设，并于 3 月开始由保洁员记录数据，3~7 月示范区生活垃圾源头减量率持续在 30%上下波动，并于 8 月开

始逐渐升高。随着示范工程的稳定运行，居民生活垃圾分类行为不断被强化，示范区生活垃圾源头减量率已稳定超过30%。

4.3.6 农村生活垃圾管理建议

4.3.6.1 增加农村环保财政投入，完善生活垃圾基础设施建设

大部分农村地区目前还未配置垃圾桶和垃圾房，大多将垃圾集中堆置后进行简单的混合转运或就地焚烧，生活垃圾及其引起的二次污染严重危害生态环境和居民健康。以环境保护为前提的生活垃圾分类是一项昂贵的工作，根据经济发展水平和地区特点，适度加大财政环保投入势在必行，同时辅以合理的“垃圾收费”政策，完善包括垃圾分类收集、转运和处理处置等基础设施建设，如结合生活垃圾产生特征，选取处理处置和资源化技术模式，规划建设县级卫生填埋场、焚烧厂等。此外，还应完善农村环卫人员配置，改善其作业条件。

4.3.6.2 建立健全相关规章制度，完善管理体系组织架构，加强政策引导

加强专项立法和地方性法律法规建设，使农村生活垃圾管理有法可依，完善生活垃圾污染防治的配套法律制度，如责任延伸制度、奖惩制度、垃圾收费制度、垃圾分类制度、处理处置技术规范等，加强生活垃圾管理法律制度的可操作性和适用性，并在地方环保组织体系承担和管理范围内，建立无偿或低成本提供法律援助的部门体系。如全面推行垃圾分类及垃圾收费制度，制定《生活垃圾分类工作实施方案》、《生活垃圾分类管理规定》、《促进生活垃圾分类减量办法》，以及“多排放多收费、少排放少收费、混合垃圾多付费、分类垃圾少付费”的垃圾计量、计类收费制度（《北京市生活垃圾管理条例》）等。

完善农村环境管理体系组织架构，细化各级单位环境责任范围。在最新《环境保护法》和《固体废物污染环境防治法》等法规中，虽然对地方政府的环境责任做出了阐述，但概念都比较宽泛，对其具体职责范围和界限仍应做出具体定位，同时还应将环境治理纳入其业绩考核体系，促进环境建设发展。

此外，环境政策由管制性向引导性转变才是生活垃圾治理和地区环境建设的大趋势，如适当减免可回收废物收购市场的税收标准，为环保再生企业提供资金补助，或对产生垃圾量大的产品多征税、而适当减免再生产品的税收支出等，为其提供可回收废物转运渠道，调控废品回收市场适当提高废品收购价格等。最后，还应进一步加强环境信息的公开透明度，这不仅可激励居民直接参与地区环境建设，使其充分了解相关政策、质量、收费标准等，同时可对多方环境行为进行有效监督，促进环境治理。

4.3.6.3 引入多元化管理模式，点面结合稳步推进环境建设

我国农村地区覆盖面积广、居住人口多，直接照搬城市生活垃圾治理理论或采用“一刀切”的管理模式，对推进其生活垃圾治理可能导致事倍功半的结果。在我国大部分农村地区，生活垃圾收运及处理处置仍是一项依赖于政府的公共服务行为，通过政府的管制行为来推进生活垃圾源头分类及全过程处置。2013 年开始受到中央和地方政府的热推的 PPP（Public-Private-Partnership）模式目前已被引入生活垃圾管理过程中。由于该模式下政府和企业共同拥有控制权，政府财政负担减小，环卫作业效率提高，目前在广州、南昌、大连、乐山等诸多城市和福清市龙田镇、泉州市惠安县等经济发达区县，已通过试点或全面覆盖的形式应用于环境卫生保洁、城市园林绿化、市政设施维护等领域。但相比于传统的公共环卫服务而言，PPP 模式下企业为了中标都会尽力压低成本控制输出，此时政府财政负担虽然降低，但为维持运营及获得企业盈利，环卫工人工资过低、居民承担的服务费用上涨、企业收费困难等问题层出不穷，导致多地环卫外包项目最终运行不力、折戟沉沙。总的来说，PPP 作为一项新兴管理模式，在成熟应用于生活垃圾等环卫领域之前，还应通过试点试行，大量累积经验，建立长效、合理、完善的收费和运营机制，实现人员成功转型，以点带面、点面结合，最终解决农村地区生活垃圾难题。但总的来说，农村环境建设将不再是政府部门一己之事，政府部门的角色应向管理者、合作者转变，而工作内容则主要为监督、公众教育、规划等方面。

4.3.6.4 加强生活垃圾分类宣传教育和培训指导工作，全面推行垃圾分类

通过举办环保知识讲座、入户宣传垃圾分类、滚动播放环保宣传片、组织开展绿色环保行动、参观先进示范小区等，配合建立环境督查小组，充分激发和发挥领带班子的带头作用，全面普及垃圾分类等环保知识，鼓励和倡导全民环保，提升居民环保意识。创建公开、公正、透明的农村卫生服务公共平台，允许所有利益相关者（如村民、政府、企业等）及时了解、反馈关于生活垃圾分类及管理的各类信息。生活垃圾等污染严重的地区，还可聘请法律工作者对居民和干部进行包括方针、政策、法律法规等法律培训。对中、小学生进行垃圾分类教育，从小培养垃圾分类行为，同时带动其他家庭人员共同分类，使环境保护更深入人心。此外，在推行全民分类的同时，应加强对一线环卫人员的培训和指导工作，提高其自身素质保护其人身安全，同时避免出现垃圾分类收集后被混合收运处置的现象。最后，居民垃圾分类行为不能一蹴而就，按照“不分类→粗分类→细分类”的步骤深入，结合居民文化素质、地区生活习惯、各类垃圾产量，以及分类模式的可操作性等因素，综合选取并因地制宜的推行生活垃圾源头分类，建立高

效运行的稳定管理体系，没有统一的捷径可言。

4.3.6.5 加强农村地区有价废品回收体系建设，提高可回收废物回收利用率

基于农村地区已有有价废物的分类基础，应继续加强废纸类、废塑料、废旧橡胶、金属类等可回收废物的回收和再利用。据报道，农村永久性废品回收点的数量目前远远少于流动性收购单位，废品回收市场极不稳定，回收价格波动高，导致回收废品种类差异明显，这也是部分地区废品回收率不低但回收废品类型却差异较大的原因。所以废品回收体系的构建对可回收废物的分类回收及垃圾减量意义重大，同时关于有价废物回收物流体系的构建也必不可少。

综上所述，要长期有效的解决我国农村地区生活垃圾问题，需要联合“政府、企业、居民”三方力量共同努力。首先政府应提高其对生活垃圾问题的重视程度，加大环保宣传力度，完善环卫基础设施，并以先进科学技术手段为支撑，采用集中和分散相结合、无害化和资源化并重的垃圾处理处置方式。同时，充分结合市场资源配置优势，鼓励企业承接生活垃圾处置公共服务，引进多元化运营管理模式，建立相对完善、低成本、因地制宜的生活垃圾管理体系。

5 农村生活垃圾末端收运与处置技术

近年来，随着我国新农村建设的全面展开，农村生活垃圾处理问题受到广泛关注，各级政府对农村生活垃圾越来越重视，不断加大对农村地区的环境保护投入，提供资金、技术和政策支持以改善村容村貌，建设美丽乡村。在这期间，许多地区也开始对农村生活垃圾管理做了一些有益的尝试，但总体上农村生活垃圾问题的形势仍不容乐观。

我国地域辽阔，农村居住地呈现“大分散小集中”的地域特点，当前农村生活垃圾呈现出点多面大、布局分散的格局，同时随经济的发展，垃圾成分日趋复杂，而源头分类减量进展缓慢、垃圾收集成本高、经济效益低、市场化运作困难，加重了农村的环境污染。目前我国大部分地区农村生活垃圾的处理处置主要采取简易填埋、临时堆放焚烧和随意倾倒三种方式，资源化水平低下。因此，结合农村生活垃圾源头分类收集，减量化的要求，建立相对完善、低成本的农村生活垃圾末端收运系统，研发成本低、污染少、可持续的农村生活垃圾处理处置技术，因地制宜地推进农村生活垃圾无害化、资源化处理，是防治农村环境污染，有效提高农村生活垃圾资源化技术水平的必由之路。

5.1 农村生活垃圾末端收集与转运

5.1.1 农村生活垃圾收集与处理状态

目前农村生活垃圾主要采取混合收集、统一清运和集中处理的管理方式，虽然取得了一定的成效，但在大部分经济一般或不发达的农村地区，却无法推广、复制该模式，乡镇政府和村委会往往无力负担高额的环卫设施建设和清运处理费用。因此，我国大部分地区的农村生活垃圾还普遍处于粗放的“无序”管理状态。

根据实地调研与相关报道，农村生活垃圾收集与处理状态主要存在有收集有处理、有收集无处理和无收集无处理三种。

5.1.1.1 有收集有处理

我国已经开展的是“户收集、村集中、镇转运、县市集中处理”的城乡一体化的运作模式。（1）收集、清运的专用设施基本到位。由垃圾桶、垃圾池、垃圾房和垃圾储备设施等组成的收集设施网络逐渐形成。（2）运输。各区县除

了原有的环卫服务中心外，街、乡镇也组建了专职保洁队伍，各行政村设立了保洁员，负责道路清扫和垃圾收集、运输以及环卫设施的日常维护。(3) 集中处理。将收集好的垃圾及时运输到垃圾处理厂进行统一的处理。(4) 收集、运输、处理费用。各区县建立了区、乡镇、村三级资金保障机制。村级承担垃圾收集费，乡镇保证专职队伍的运行费，区县财政承担部分建设资金和处理费，为实现垃圾不落地工程奠定了基础。农村生活垃圾收集和处理的农村地区，主要是经济发达的农村地区或城镇周边的农村地区大部分呈现混合收集、混合处理的方式。

在此基础上，在一些经济文化比较发达的地区逐渐开始探索和实施农村生活垃圾源头分类，又有生活垃圾分类收集、分类处理模式。在这种模式下，一般由政府免费为各家各户配备统一的垃圾桶、垃圾袋，村民按照灰土垃圾、厨余垃圾、有价废品、可燃垃圾、有毒有害垃圾等分类方式存放或投放垃圾，由保洁人员通过流动垃圾车或固定分类垃圾房定时定点收集。政府将集中回收的灰土垃圾、厨余垃圾进行有机堆肥，就地消纳；有价废品统一出售给废品回收部门；有害垃圾集中存放，统一送到有资质的单位处理。农村生活垃圾源头分类，可以大大提高其资源化利用率，同时由于厨余垃圾、灰土垃圾占农村生活垃圾总量的70%以上，不出村或镇就地消纳，可以大大减少传统模式垃圾收集、运输和处理过程中的固定设施投入和运营成本，并且杜绝了对环境的二次污染。

此外，某些经济条件较好或当地政府对环境保护比较重视的农村地区，积极探索适合当地农村的垃圾处理技术和方式。将集中收集的垃圾送往填埋场之前，经过一道网筛过滤分类，过滤出来的细土、碎柴草、菜叶等回收支撑优质的农作物有机物肥料；粗渣、细石和砖头等统一存放，用于填坑、修路；废塑料、废弃物等不可回收利用的垃圾焚烧后放入垃圾填埋场。

5.1.1.2 有收集无处理

有收集无处理类型是指由于某些农村地区无力承担建立垃圾无害化处理设施的费用，在农村生活垃圾管理中只加强了垃圾的收集，没有进行末端处理，仅仅将收集的农村生活垃圾进行统一堆存，造成农村生活垃圾堆存量日益增大。一般由乡镇政府或村委出资修建简易的垃圾桶、垃圾池、垃圾房和垃圾储备设施等，农户自行将生活垃圾投放到垃圾收集设施，有专门的垃圾收集人员定期或不定期地将设施内的农村生活垃圾清运至无人区随意堆存，仅保持农户聚居区范围的环境卫生良好，但总的来说仍对当地环境造成了严重的二次污染。

5.1.1.3 无收集无处理

这种模式主要是存在于我国大部分以偏远农村或经济条件较差为代表的农村

地区。乡镇政府和村委会无力承担集中处理的费用，呈现“四无”状态，即无环卫保洁队伍、无固定的垃圾收集点、无垃圾清运工具、无处理垃圾专用场地。所以村民只有自行将生活垃圾清理到户外，随意丢弃或自然堆放在路边、河流旁，且不能及时覆盖，村内环境卫生较差甚至恶劣，二次污染严重，制约了后续处理方案的选择。

5.1.2 农村生活垃圾收运

农村生活垃圾收集和转运是对其进行全过程管理的关键环节，合理布局垃圾收集点转运站、科学规划车辆运输路线可以大大降低农村生活垃圾管理成本。农村生活垃圾收运系统主要包括各种收集和转运设施、输送设备、转运设备、其他附属设备（如车辆定位）、管理和操作规程等，如图 5-1 所示为该系统简化示意图。

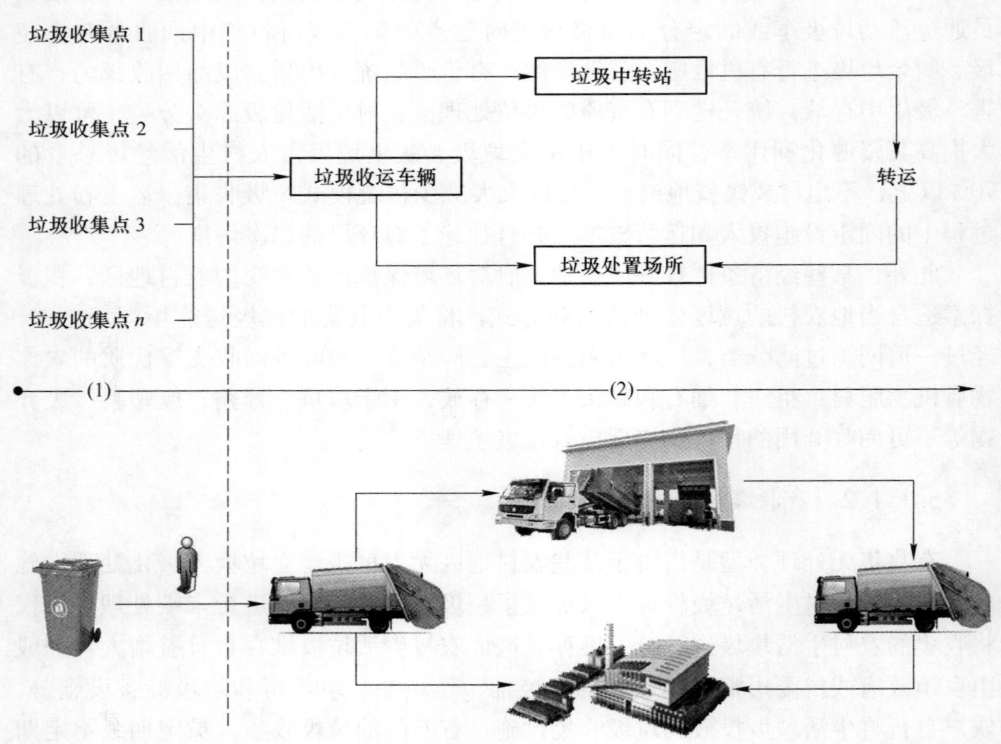

图 5-1 农村生活垃圾城乡一体化收运系统

5.1.2.1 垃圾的收集

垃圾收集是指利用小型运输车辆或垃圾收集设施将源头产生垃圾集中收集的

过程。农村生活垃圾应及时收集、清运，是村庄整洁的保证。我国农村地区居民分布范围广、垃圾产生源分散，生活垃圾有效管理的影响因素众多且相互制约，其生活垃圾收集模式呈现以下几种模式。

（1）按照源头分类与否可分为混合收集和分类收集。分类收集操作繁琐，对居民自身行为要求较高，管理和推广困难，前期投入资金巨大，而混合收集操作简单，运行费用低，目前被大部分农村地区普遍采用，但混合收集方式会增加垃圾后续处理难度，降低垃圾的再利用价值。分类收集则在减少垃圾产量的同时，便于垃圾综合利用。

（2）按垃圾投放方式可分为自主投放和上门收集。自主投放指居民将自家产生垃圾自主投放到垃圾收集点，该投放行为不受时间限制，而上门收集是由卫生保洁人员或环卫工作者流动性直接向农户收集垃圾。

（3）按照垃圾包装方式分为散装收集和袋装收集。垃圾散装收集过程容易形成二次扬尘、垃圾散落、散发臭气、污水横流的现象，恶化环卫人员工作环境，袋装收集可有效改善该类状况，但大量使用不可降解垃圾袋易造成二次污染，且后续处理需要破袋。

（4）按照收集场所可分为定点收集和流动收集。定点收集就是由卫生保洁人员或环卫工作者定时或不定时的收集垃圾桶和垃圾房的垃圾。流动收集是卫生保洁人员或环卫工作者沿着街道或道路上收集农户已堆放垃圾，一般受到时间限制。

垃圾分类收集是垃圾减量化、资源化和无害化的前提，越来越受到国家的重视。农村地区淳朴节俭的生活习惯，有垃圾分类处理的传统，因此，垃圾的先分类后收集理念应该容易被接受。如工业废弃物、家庭有毒有害垃圾宜单独收集处置，少量非有害的工业废弃物可与生活垃圾一起处置。废纸、废金属等废品类垃圾可定期出售。塑料等不易腐烂的包装物应定期收集，可沿村庄内部道路合理设置废弃物遗弃收集点。可生物降解的有机垃圾单独收集后应就地处理，可结合粪便、污泥及秸杆等农业废弃物进行资源化处理，包括家庭堆肥处理、村庄堆肥处理和利用农村沼气工程厌氧消化处理。

5.1.2.2 垃圾的转运

垃圾转运是指将集中收集的垃圾通过垃圾运输车辆、垃圾中转站转载到大型运输设备，直至运输到最终处置场所的过程。该过程直接实施者是保洁人员和运输人员，将集中收集的垃圾直接运至垃圾处置场，或经中转站多次转运至垃圾处置场所，该过程由监督管理人员对车辆和人员进行调控，并对车辆收运路线做出优化。根据转运次数不同可以将垃圾转运分为直接转运、一级转运（二次运输）、二级转运（三次运输），运行流程见表 5-1。

表 5-1 生活垃圾转运模式及流程

转运模式	运行流程
直接转运一次运输	垃圾收集点 —转运→ 垃圾处置场
一级转运二次运输	垃圾收集点 —一次运输— 垃圾中转站 —二次运输— 垃圾处置场
二级转运三次运输	垃圾收集点 —一次运输— 小型垃圾中转站 —二次运输— 大型垃圾中转站 —三次运输— 垃圾处置场

直接转运模式适用于人口密度较低、垃圾产量较大、道路设施完善，且居住区临近垃圾处理场的农村地区，转运距离一般在 20km 以内，需要配置吨位较大的运输车辆。该模式灵活性好，但由于对外部环境要求高且前期投资较大，加之多数农村地区尚未建设垃圾处理厂，故其适用性较低。

一级转运、二次运输模式，通过小型运输车辆（小吨位的人力、机动车辆）实现垃圾从收集点到中转站的转运，服务面积约 $10km^2$，再用大型车辆将中转站垃圾经压缩、破碎等预处理后运至垃圾处理场，服务半径为 15~30km。该模式为中、长距离运输模式，适用于人口密度较高、道路条件较不完善、距离垃圾最终处理场所较远的农村地区，清运效率较高，运行成本较低，人员劳动强度较低，管理方便，在我国应用范围较广，如部分实行“村收集—镇处理”的农村地区，村内将垃圾集中收集运输至中转站，再由镇集中处置。

二级转运、三次运输是当垃圾产量大、且收集点距离最终处置场所较远（一般大于 30km）时采用的转运模式，服务距离达 30~50km。一次和二次运输分别通过小型（1~2 吨位）和大型（5~8 吨位）车辆完成，垃圾在大型中转站压缩装填，通过大型运输车（15 吨位及以上）运至最终处置场所。“村收集—镇转运—县市处理”的农村地区所采用的转运方法就类似于该模式。

综上，垃圾的运转过程包括“垃圾收集点→最终处置场所、垃圾收集点→垃圾中转站、小型垃圾中转站→大型垃圾中转站、垃圾中转站→垃圾最终处置场所”垃圾直接或中转运输、卸料、返回的全过程。运输方式与运输工具的选取主要由垃圾产量及运输距离决定，运输效率和费用受到垃圾收集方法、运输方式、运输工具、车辆路线、车辆机械化、运输管理等各方面影响。

5.1.3 农村生活垃圾收运设施

5.1.3.1 垃圾的收集设施

垃圾收集过程的基础设施主要有清扫和清运工具、垃圾袋、垃圾桶/箱、垃

圾池/槽、垃圾房、垃圾收集管道等，我国农村地区目前存在较为普遍的是垃圾桶、垃圾箱、垃圾池、垃圾槽。农村常见的生活垃圾简易清运车辆有人力和机动车两种（见图 5-2）。采用人力方式进行垃圾收集时，收集服务半径宜为 0.4km 以内，最大不应超过 1.0km；采用小型机动车进行垃圾收集时，收集服务半径宜为 3.0km 以内，最大不应超过 5.0km；采用中型机动车进行垃圾收集运输时，可根据实际情况扩大服务半径。

图 5-2 生活垃圾收集车辆

表 5-2 列出了农村地区常见的室外垃圾桶/箱，其外观、形状和规格各异，按照材质不同有塑料、金属、钢制、木质、复合材料等。农村现有垃圾桶一般是开放式或加盖式不封闭的，材质以塑料及金属为主，外观较为简单，有可移动式和固定式两种，少数垃圾产量较大的农村地区采用垃圾箱和垃圾围（垃圾箱的一种，四周封闭而上下面完全不封闭，可移动）代替垃圾桶，其材质一般为塑料及金属材质。

表 5-2 我国农村常见生活垃圾桶

名称	可移动式	固定式
塑料垃圾桶		

续表 5-2

名称	可移动式	固定式
金属垃圾桶		
钢制垃圾桶		
垃圾箱		

农村环保发展起点晚，目前大部分地区普遍存在的垃圾收集设施是固定式垃圾池、垃圾槽等，一般为敞开式，实行混合收集，周围卫生条件较差。我国农村地区常见的垃圾池/槽如图 5-3 所示，材质以水泥、砖块为主，为了配套垃圾分类功能、防止臭气溢出、易于清洗和外貌美观，可以用金属板做垃圾投放口或清运门、用瓷砖修葺垃圾池外露面，其施工和操作简便，但拆除材料不可回收易形成二次污染。修建规格与当地垃圾产量及土地利用情况有关，不适用于经济发展速度过快的农村地区。

图 5-3　农村地区常见垃圾池

一般的大量农村生活垃圾主要投放于垃圾池、垃圾槽、垃圾房、垃圾收集站中。农村地区垃圾房/站主要为水泥、砖体结构，为便于清洗、防止臭气外溢及美观性能，通常会用金属板、瓷砖、玻璃及其他装饰材料修葺，如图 5-4 所示。由于垃圾房/站外形更为美观，可以配合村容村貌建设，并能有效防止臭气外溢，保洁人员工作环境及周边卫生条件更好，容易配合试行垃圾分类，目前经济条件较好的农村都已建设垃圾房/站代替落后、简陋的垃圾池，其相关企业、技术也具有广阔的发展和应用前景。

与城市垃圾真空管道收集方法不同，在 20 世纪，我国部分农村地区居民楼由于未安装电梯等设施致使投放垃圾不便，故在楼内设有贯穿整栋建筑的垃圾投放管道，每层开设一个垃圾投放口，居民生活垃圾在管道出口靠重力作用被统一收集。由于垃圾袋容易被管道内异物划破且易堵塞管道，夏天更是造成严重的臭气外溢，目前已逐步被取缔。随着电梯等基础设施的普及，农村地区新建居民楼

图 5-4　我国农村常见垃圾房/站

已不采取该收集方式。

需要强调的是在人口密度较高的区域，生活垃圾处理设施应在县域范围内统一规划建设，并根据当地垃圾分类技术的发展以及农村城市化的趋势，适应性采取城乡一体化处理模式、源头分类收集集中处理模式、源头分类分散处理模式等进行处理处置。

5.1.3.2　垃圾的运输设施

垃圾的运输车辆设施按照吨位分为小型、中型、大型车；按照装卸方式分为自卸式、自装卸式垃圾车；按功能包括压缩、压缩对接垃圾车，而具有压缩功能的垃圾车辆又有前装式、侧装式、后装式压缩类别之分。小型自卸式垃圾车可以收集各垃圾分散投放点或沿街道收集垃圾，车身轻便，收运快捷，经济性良好，在农村地区实用性强，使用范围最广。压缩式垃圾车由密封式垃圾箱、液压系统、操作系统组成，采用机电液一体化技术，通过车厢填装器等专用装置，实现

垃圾倒入、压碎或压扁和强力装填，把垃圾挤入车厢并压实和推卸，污水进入污水箱，较为彻底的解决了垃圾运输过程中的二次污染的问题。其中前装式压缩车运用较少，后装式压缩车更为普遍。

5.1.3.3 垃圾的中转设施

垃圾的中转主要指将收集垃圾转载到大型运输工具，并运往最终处置场所的过程，不仅可以增加小型收集车辆往返次数、提高作业效率，同时通过对收集垃圾进行分选、压缩、打包、破碎等预处理增大垃圾容重，从而提高转运车辆装载效率，进一步减少转运次数和车辆运输费用。

当垃圾处理设施距垃圾收集服务区平均运距大于30km且垃圾收集量足够时，应设置大型转运站，必要时宜设置二级转运站（系统）。在我国，大型垃圾中转站主要设立于大中型城市，而小城市及其乡镇垃圾收运过程中未设立或设立小、中型垃圾中转站。如图5-5所示为浙江省嵊州市甘霖镇吊装压缩式垃圾处理中转站，如图5-6所示为广东省惠阳市平潭镇垃圾压缩中转站，如图5-7所示为广东省梅江区辖区内2011年建成的两座位于平远路口、长沙圩镇的城乡垃圾中转站。我国农村垃圾中转站以乡镇级为主，功能随当地经济条件多样化，而行政村垃圾转运站数量少，且只具有简单收集和转运功能。

图5-5 某镇吊装压缩垃圾中转站

图5-6 某镇垃圾压缩中转站

图5-7 某区平远路口、某镇垃圾中转站

5.1.4 生活垃圾收集设施优化配置

在农村，比较常见的固定式垃圾收集点有垃圾池、垃圾槽、垃圾房或垃圾收集站，其中一般垃圾收集站规模较小且不具有分选、压缩、打包等功能，与一般垃圾房的结构和功能很类似，在农村地区相对普遍。垃圾收集点的设置应满足居民日常垃圾投放和分类需求，选址时既要方便居民使用和便于清运，同时应尽量降低对周边环境和居民生活造成的影响。外形美观，不影响村容村貌和景观环境，合理设置投放口高度，兼顾排水、防水、防渗、密闭性能，避免臭气大量外溢。

垃圾桶（箱）一般设置在各类交通设施、公共设施、广场、街道、道路、停车场、居民区、居民楼出入口附近。设置在道路两侧的垃圾桶/箱，其间距随道路功能不同而做出区分：商业、金融业街道为50~100m，主干路、次干路、有辅导的快速路为100~200m，支路、有人行道的快速路为200~400m。农村公共居住区域垃圾桶/箱的服务半径100m左右，服务家庭10户左右。垃圾桶容积既要满足居民日常投放垃圾量需求，又要保证垃圾有一定的存储期限（一般1~3天）。垃圾桶配置应在外形美观的基础上，选取自重轻，易于清洗、倾倒及清运，避免雨水浸泡，材质坚固耐用、耐腐蚀、耐热、防晒、不易燃、不易老化、抗撞拉，且价格低廉的垃圾桶/箱，而其规格则应根据各地区垃圾产量合理配置。

农村生活垃圾收集点的服务半径不宜超过70m，生活垃圾收集点可放置垃圾容器或建造垃圾容器间，市场、交通客运枢纽及其他产生生活垃圾量较大的设施附近应单独设置生活垃圾收集点。生活垃圾收集点的垃圾容器或垃圾容器间的容量按生活垃圾分类的种类、生活垃圾日排出量及清运周期计算，其计算方法为：

（1）生活垃圾收集点收集范围内的生活垃圾日排出质量：

$$Q = RCA_1A_2$$

式中 Q——生活垃圾日排出质量，t/d；

R——收集点范围内居住人口数量，人；

C——预测的人均生活垃圾日排出质量，吨/(人·天)；

A_1——生活垃圾日排出质量不均匀系数，取值为1.1~1.5；

A_2——居住人口变动系数，取值为1.02~1.05。

（2）生活垃圾收集点收集范围内的生活垃圾日排出体积：

$$V_{ave} = \frac{Q}{D_{ave}A_3}$$

$$V_{max} = KV_{ave}$$

式中 V_{ave}——生活垃圾平均日排出体积，m^3/d；

A_3——生活垃圾密度变动系数，取值为0.7~0.9；

D_{ave} ——生活垃圾平均密度，t/m³；

K——生活垃圾高峰日排出体积的变动系数，$K=1.5\sim1.8$；

V_{max} ——生活垃圾高峰日排出最大体积，m³/d。

（3）生活垃圾收集点所需设置的垃圾容器数量：

$$N_{ave}=\frac{V_{ave}A_4}{EB}$$

$$N_{max}=\frac{V_{max}A_4}{EB}$$

式中 N_{ave} ——平时所需设置的垃圾容器数量；

E ——单只垃圾容器的体积，立方米/只；

B ——垃圾容器充填系数，取值为0.75~0.9；

A_4 ——生活垃圾清除周期，日/次（如每日清除1次则 $A_4=1$，每日清除2次则 $A_4=0.5$，每两日清除1次则 $A_4=2$）；

N_{max} ——生活垃圾高峰日所需设置的垃圾容器数量。

5.1.5 农村生活垃圾转运站优化配置

生活垃圾转运站选址应符合城市总体规划及环境卫生专业规划要求，综合考虑服务区域、转运能力、运输距离、污染控制、配套条件等因素的影响，设在交通便利，易安排清运线路的地方，并满足供水、供电、污水排放的要求。而不应设在下列地区：（1）立交桥或平交路口旁；（2）大型商场、影剧院出人口等繁华地段。若必须选址于此类地段时，应对转运站进出通道的结构与形式进行优化或完善；（3）邻近学校、餐饮店等群众日常生活聚集场所。在运距较远，且具备铁路运输或水路运输条件时，宜设置铁路或水路运输转运站（码头）。此外，环境卫生工程设施的选址应满足城市环境保护和城市景观要求，并应减少其运行时产生的废气、废水、废渣等污染物对城市的影响。生活垃圾处理、处置设施及二次转运站宜位于城市规划建成区夏季最小频率风向的上风侧及城市水系的下游，并符合城市建设项目环境影响评价的要求。对环境卫生工程设施运行中产生的污染物应进行处理并达到有关环境保护标准的要求。生活垃圾转运站宜靠近服务区域中心或生活垃圾产量多且交通运输方便的地方，不宜设在公共设施集中区域和靠近人流、车流集中地区。当生活垃圾运输距离超过经济运距且运输量较大时，宜在城市建成区以外设置二次转运站并可跨区域设置。

生活垃圾转运站设置标准应符合表5-3的规定，按照处理规模可分为小型中转站、中型中转站和大型中转站（或Ⅰ、Ⅱ、Ⅲ、Ⅳ类），各项用地设计指标见表5-4。

表 5-3 生活垃圾转运站设置标准

转运量/$t \cdot d^{-1}$	用地面积/m^2	与相邻建筑间距/m	绿化隔离带宽度/m
>450	>8000	>30	≥15
150~450	2500~10000	≥15	≥8
50~150	800~3000	≥10	≥5
<50	200~1000	≥8	≥3

注：1. 表内用地面积不包括垃圾分类和堆放作业用地；

2. 用地面积中包含沿周边设置的绿化隔离带用地；

3. 生活垃圾转运站的垃圾准运量可按照 $Q=\delta \cdot n \cdot q/1000$（详见本小节（3））计算；

4. 当选用的用地指标为两个档次的重合部分时，可采用下档次的绿化隔离带指标；

5. 二次转运站宜偏上限选取用地指标。

小型垃圾转运站服务半径不应超过 2~3km^2。当垃圾转运距离超过 20km 时，应设置大、中型转运站。当服务区平均运距大于 30km 且垃圾量较大时，宜设置大型转运站。采用非机动车收运方式时，生活垃圾转运站服务半径宜为0.4~1km；采用小型机动车收运方式时，其服务半径宜为 2~4km；采用大、中型机动车收运的，可根据实际情况确定其服务范围。

表 5-4 垃圾转运站主要用地指标

类型		转运量/$t \cdot d^{-1}$	占地面积/m^2	与相邻建筑间距/m	绿化隔离带宽度/m
大型	Ⅰ	1000~3000	≤2000	≥50	≥20
	Ⅱ	450~1000	15000~20000	≥30	≥15
中型	Ⅲ	150~450	4000~15000	≥15	≥8
小型	Ⅳ	50~150	1000~4000	≥10	≥5
	Ⅴ	≤50	≤1000	≥8	≥3

注：1. 表内用地不含垃圾分类、资源回收等其他功能用地；

2. 用地面积含转运站周边专门设置的绿化隔离带，但不含兼起绿化隔离作用的市政绿地和园林用地；

3. 与相邻建筑间隔自转运站边界起计算；

4. 对于邻近江河、湖泊、海洋和大型水面的城市生活垃圾转运码头，其陆上转运站用地指标可适当上浮；

5. 以上规模类型Ⅱ、Ⅲ、Ⅳ含下限值不含上限值，Ⅰ类含上下限值。

常规垃圾中转站的设计能力原则上不低于 10t/d，具有压缩功能的压缩转运站不低于 30t/d。其设计规模和类型应结合转运站接收垃圾量、服务区域特征、地方建设规划及经济水平等确定，并考虑垃圾产量的季节波动性。转运站具体设计规模还可以通过以下两种方式计算，其中公式 $Q_C = n \cdot q/1000$ 适用于服务区无垃圾收集量年均值的情况，公式 $Q = \delta \cdot n \cdot q/1000$ 适用于服务区无垃圾收集量日均值的情况：

$$Q_D = K_S \cdot Q_C$$

式中 Q_D——转运站设计规模，t/d；

K_S——垃圾排放季节性波动系数，原则上按当地实测值，无实测值时可取1.3~1.5；

Q_C——服务区垃圾收集量，取年平均值，t/d。

$$Q_C = n \cdot q/1000$$

式中 Q_C——服务区垃圾收集量，取年平均值，t/d；

n——服务区内实际服务人数；

q——服务区内人均垃圾排放量，公斤/(人·天)，原则上按当地实测值；无实测值时可取0.8~1.2。

$$Q = \delta \cdot n \cdot q/1000$$

式中 Q——转运站生活垃圾日转运量，t/d；

n——服务区域内居住人口数；

q——服务区内人均生活垃圾排放量，公斤/(人·天)，原则上按当地实测值，无实测值时可取0.8~1.8；

δ——生活垃圾产量变化系数，原则上按当地实测值，无实测值时一般可采用1.3~1.4。

转运站应设置垃圾称重计量装置，大型转运站必须在垃圾收集车进出站口设置计量设施，计量设备宜选用动态汽车衡。在运输车辆进站处或计量设施处应设置车号自动识别系统，并进行垃圾来源、运输单位及车辆型号、规格登记，且设置进站垃圾运输车抽样检查停车检查区。

转运站除简单转运功能外，大多还具有分选、压缩、打包等单一或多种功能。单一压缩的转运站是将混合或分类垃圾经压缩线压缩后由大型运输工具运出，混合收集的垃圾在进入生产线之前需将其中大件垃圾等废弃物分选出来；设计有分选功能的转运站需将分选后垃圾进行分别转运，并结合需求做压缩或打包处理。

垃圾转运过程中形成的二次扬尘以及分选压缩等工艺工程中形成的粉尘对保洁人员和转运站周边环境造成不利影响，故完整的转运体系应结合一定除尘工艺设计除尘系统，并定期维护监控使其正常运作，防止站内细微垃圾和粉尘外溢。

中转站在转运垃圾的同时也是垃圾暂存场所，在这个阶段及垃圾分选压缩阶段都会产生大量臭气，直接危害转运站及周边居民生存环境，应采取间断式喷洒除臭药剂、掩盖剂等方式，设计和配置站内臭气控制设施。特别是在垃圾卸料、转运作业区，应配置通风、降尘、除臭系统，并保持该系统与车辆卸料动作联动。大型转运站必须设置独立的抽排风/除臭系统。

生活垃圾中有机易降解垃圾所占比例与垃圾产地经济条件呈现负相关，我国

农村生活垃圾产量相比城市较低，但厨余垃圾比例及垃圾含水率较高。转运车间应设置收集和处理转运作业过程产生的垃圾渗沥液和场地冲洗等生产污水的积污坑（沉沙井），积污坑的结构和容量必须与污水处理方案及工艺路线相匹配，并按雨污分流原则进行转运站排水系统，站内场地应平整，不滞留渍水，并设置污水导排沟（管）。站内地面冲洗废水及渗滤液应集中收集并进行后续处理。

5.2 农村生活垃圾末端处理技术

我国农村生活垃圾在源头分类收集并资源化处理的基础上，仍会有一部分垃圾残渣需要集中进行末端处理的垃圾。对这部分垃圾残渣的处理对防治污染、保护农村环境方面具有重要意义。目前农村生活垃圾末端处理主要是沿用城市生活垃圾处理处置的技术模式，比较成熟的主要有卫生填埋和垃圾焚烧两项处理技术。针对当今末端垃圾处理技术和我国农村经济发展现状，农村生活垃圾末端处理技术选择应重点考虑如下条件：一是技术成熟可靠且具有针对性和实用性；二是处理设施简单，三是投资省，四是运行维护方便，五是运行费用低。下面将就我国农村的末端生活垃圾处理的这两项技术予以介绍。

5.2.1 生活垃圾末端卫生填埋技术

20 世纪 90 年代中期，垃圾卫生填埋已发展成为较为成熟的技术。针对我国目前大多数农村生活垃圾无收集无处理、有收集无处理及有收集有处理的垃圾残渣，卫生填埋都是农村生活垃圾最重要的主流技术和最终处置方式之一。卫生填埋主要有卫生土地填埋和安全土地填埋两种方式，农村和小城镇主要采取卫生填埋。

卫生填埋场是一个村镇基本的环境卫生设施，与简易的土地堆填相比，卫生填埋场的最大特点是采取如底部防渗、沼气导排、渗滤液处理、严格覆盖、压实处理等一系列工程措施以防止垃圾中污染物质的迁移与扩散、降低垃圾降解产生的渗滤液污染、实现沼气的收集利用、增加土地利用效率；相比于焚烧和堆肥处理，卫生填埋是一种完全独立的处理方式，可以消纳一切形态的生活垃圾，而不需要任何形式的预处理，可作为其他垃圾处理技术的最终处置方式，处理技术相对完善，运营管理相对简便，处理成本相对较低。

典型的垃圾卫生填埋场主要由主体设施、配套设施和生活服务管理设施组成，主体设施主要是指填埋库区，包括前期的底部平整、水土保持、防渗工程、堤坝设施、场区道路和中期的雨污分流系统、填埋气导排与处理系统、渗滤液收集处理系统以及后期的封场系统、监测系统、绿化系统等；配套设施主要是为保障主体工程的顺利实施而建立的附属设施，包括机修、配电、给排水、通讯、消防、化验室、场区道路等设施；生活服务管理设施是为保证生产作业与管理人员

的正常生活和管理而建立的设施，包括办公楼、宿舍楼、食堂等。

卫生填埋场填埋作业遵循安全、有序的原则，实行计划式作业，填埋作业工艺较为完善，填埋工艺流程如图5-8所示。首先根据库区规划制定每日的作业区域（即作业单元），垃圾运输车在作业单元指定的卸料点进行卸料，然后由推土机在作业面按照每层40~75cm的厚度均匀推铺，推铺层达到一定厚度时，使用重型压实设备进行反复碾压以增加垃圾密度、减小垃圾沉降、提高土地使用效率和延长填埋场使用年限。每天操作后用一层15~30cm黏土覆盖和压实，构成一个填埋单元，同样高度衔接的单元构成填埋层，当填埋到设计高度后覆盖90~120cm的土壤，压实后形成完整的卫生填埋场。为防止蚊蝇滋生、垃圾飞扬和恶臭扩散，填埋作业结束后需及时进行覆盖操作，覆盖工艺包括日覆盖、中间覆盖和封场覆盖，覆盖材料主要有黏土、人工合成土工膜或合成土工布等。封场工程是当填埋场填埋作业至设计终场标高或不再受纳垃圾而停止使用时，为维护填埋场的安全稳定、利于生态恢复、土地利用和保护环境的目标而进行的一项操作，包括雨污分流、渗滤液与处理、防渗、沼气收集处理、边坡稳定、植被种植、终场覆盖等工程。

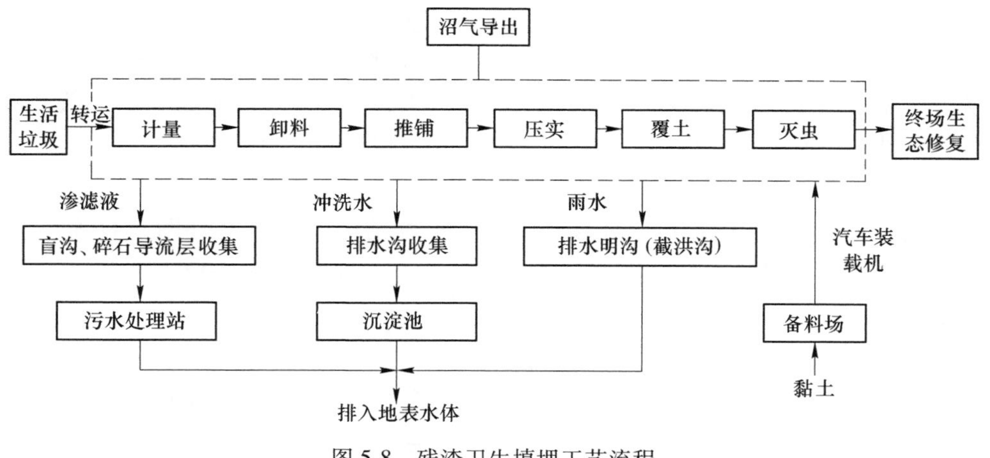

图5-8 残渣卫生填埋工艺流程

5.2.1.1 填埋场建设

填埋场的结构随填埋场类型的不同而各有特色，目前根据地形地貌填埋场可分为山谷型填埋、滩涂型填埋和平地型填埋三类。

山谷型卫生填埋场是一种利用天然的沟壑、山谷对垃圾进行处理的方式，具有填埋容量大、建设费用低等优点。滩涂主要是指位于海滩附近、经过长期冲击淤积而成的滩地，这类填埋场的地下水位较高，其关键点在于地下水防渗系统的设计。平原型通常适用于地形比较平坦且地下水较浅的地区，一般采取高层埋放

垃圾的方式，但是存在覆盖土源短缺的突出问题，所以目前大量使用在填埋场的底部开挖基坑的方法来保证覆盖土的供应的办法。

A 填埋场选址

无论是哪种类型的填埋场，严禁选址于村庄水源保护区范围内，宜选择在村庄主导风向下风向，尽可能远离常住居民区，且应避免占用农田、林地等农业生产用地，宜选择地下水位低并有不渗水黏土层的坑地或洼地，选址与村庄居住建筑用地的距离不宜小于卫生防护距离要求。同时还需主要遵循两条原则：一是从防止环境污染角度考虑的安全原则，要防止场地对大气的污染，地表水的污染，尤其是要防止渗滤液的释出对地下水的污染，维护场地的安全性。二是从经济角度考虑的经济合理原则，合理的选址可充分利用场地的天然地形条件，尽可能减少挖掘土方量，降低场地施工造价。确定选址后，红线内不能有居民，红线外的居民区，应尽可能搬离；空出来的土地，不能作为住宅区使用。

B 填埋场防渗材料

防渗处理是生活垃圾卫生填埋场建设要考虑的重要因素之一。人工防渗是指采用人工合成有机材料（柔性膜）与黏土结合作防渗衬层的防渗方法。根据填埋场渗滤液收集系统、防渗系统和保护层、过滤层的不同组合，一般可分为单层衬层防渗系统、单复合衬层防渗系统、双层衬层防渗系统和双复合衬层防渗系统。常见的用于垃圾填埋场的主防渗材料有人工合成的柔性土工膜和压实黏土两种，另外，钠基膨润土垫（GCL）也常用于垃圾填埋场的防渗。

C 填埋场水平防渗结构

图 5-9 是我国生活垃圾填埋场防渗系统推荐结构。图 5-10 和图 5-11 分别是我国生活垃圾填埋技术新标准规定的复合防渗系统结构。图 5-12 是标准单衬里系统示意图。

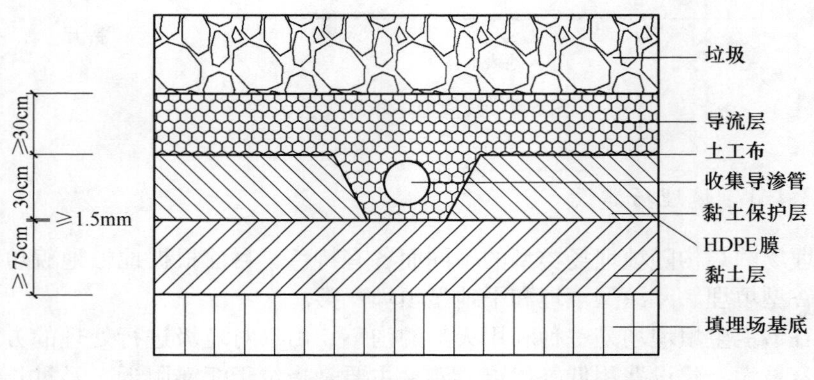

图 5-9 我国生活垃圾填埋场防渗系统推荐结构

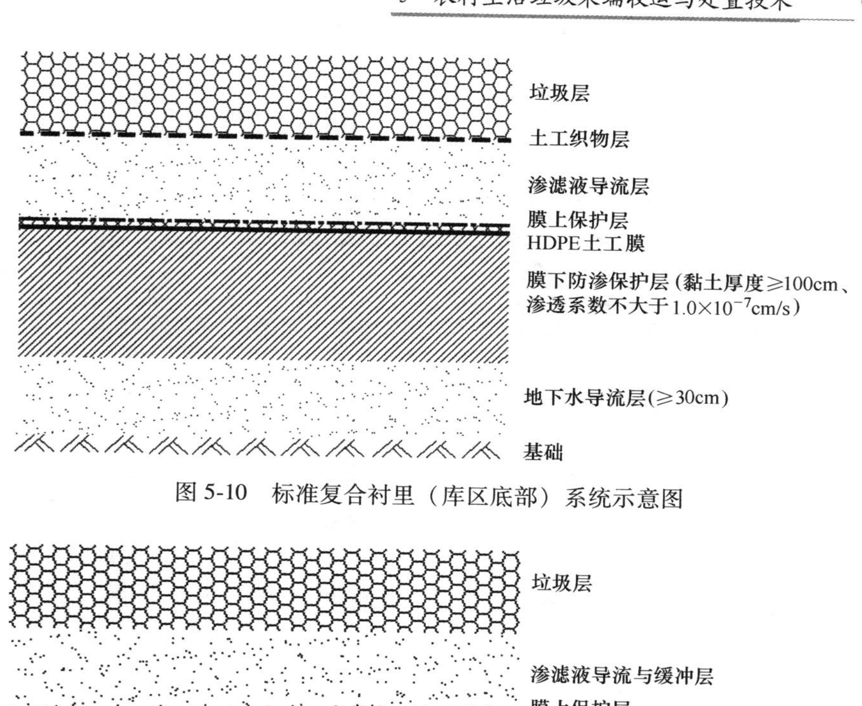

图 5-10 标准复合衬里（库区底部）系统示意图

垃圾层
渗滤液导流与缓冲层
膜上保护层
HDPE土工膜
膜下防渗保护层（黏土厚度≥75cm、渗透系数不大于1.0×10^{-7}cm/s）
地下水导流层(≥30cm)
基础

图 5-11 标准复合衬里（库区边坡）系统示意图

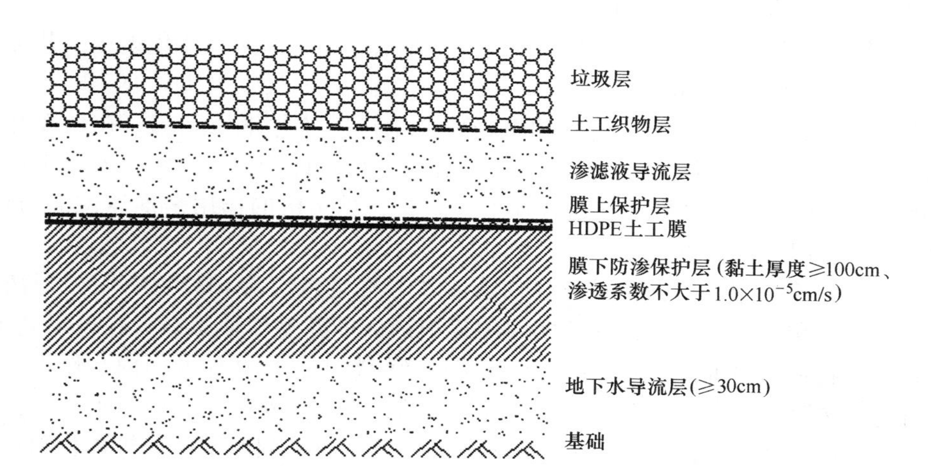

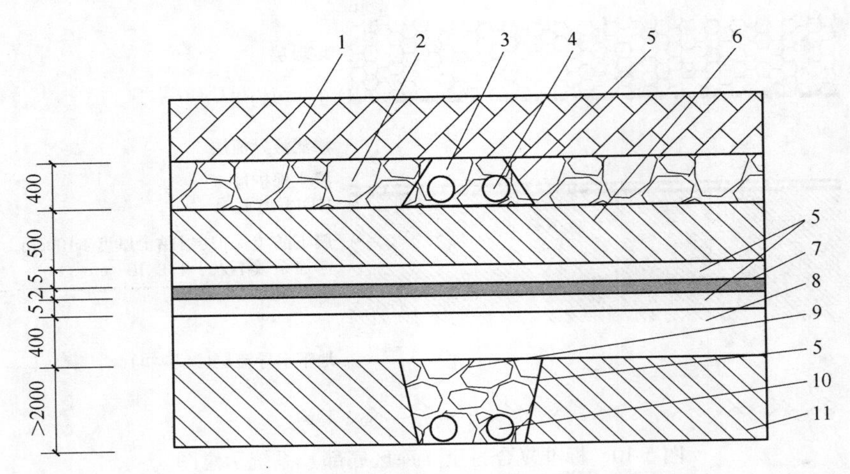

图 5-12　标准单衬里系统示意图

1—垃圾体；2—碎石层；3—渗滤液收集沟；4—HDPE 管；5—土工布；6—黏土层；7—HDPE 膜；8—沙层；9—地下水收集沟；10—水泥管；11—基础层

5.2.1.2　填埋作业及机械设备

接收的垃圾将使用“分区法”运至日常作业区进行填埋。日常作业区的面积将根据当日的垃圾接收量而定。每个日常作业区将用于填埋当日接收的垃圾。垃圾收集车、转运拖车、垃圾集装箱或者其他类似车辆中的废弃物将被卸到日单元作业区上。采用推土机将废弃物摊平，采用大型钢轮压实机把松散摊放的废弃物压实。日单元作业区的大小将被随时控制，以最大限度地减少渗滤液的产生和被风吹起的杂物并影响填埋压实度。在防渗系统上的第一层废弃物分层堆放时，将采用精选的松散废弃物，并在监督人员的监督下仔细铺放这些废弃物，从而最大限度地减小意外损坏填埋场防渗系统的可能性。

根据作业机械的组合方式不同，填埋作业工艺可总结为一体化推压工艺和挖推压组合工艺两种，如图 5-13 所示。

（1）一体化推压工艺。传统的填埋作业采用一体化推压工艺，在垃圾卸料后由推土机直接从卸料点推向作业面，并在作业面推铺开，用压实机或推土机反复碾压形成压实的垃圾层。在这种作业方式中，推土机的作用是推运摊铺物料，挖掘机一般用于整修边坡。

（2）挖推压组合工艺。挖推压组合工艺是在老港废弃物处置有限公司浦东分公司（原黎明填埋场）的作业实践中逐渐形成的新型作业工艺。在该工艺中，首先充分利用挖掘机臂长的特点，将物料搬离卸料点，放在作业面内，然后推土机将物料按照一定的厚度在作业面上进行推铺，专用压实机械进行压实。

挖推压组合工艺相比于传统的作业工艺，其特点是利用了挖掘机臂长和转向

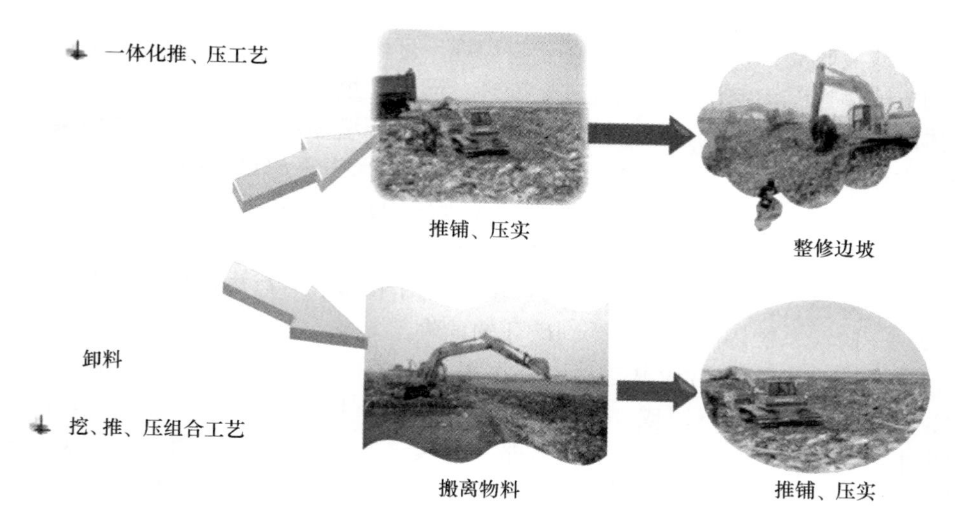

图 5-13 一体化推压工艺和挖推压组合工艺

灵活的特点，实现了物料从卸料点的快速搬离，将推土机解放出来专门进行推铺，提高了物料转移速度和填埋作业速度。在物料搬离过程中，传统工艺中的推土机推离作业方式，一方面速度较慢，另一方面，推土机时刻需要注意卸料平台上的车辆倾卸的物料，在车流密度较大时，推土机常被掉落的垃圾掩埋，增加了推土机损耗，影响驾驶员的情绪。

根据垃圾卫生填埋工艺要求，垃圾填埋一般采用单元填埋，经压实的垃圾要进行日覆盖，填埋作业单元完成后要进行中间覆盖，达到最终填埋标高后进行终场覆盖。要完成这一系列操作过程，必须配备填埋作业机械。填埋作业机械主要为垃圾压实机、推土机和覆盖土运输车辆。填埋场作业机械的配备要根据作业机械的能力和垃圾处理规模设置，并考虑一定的机械使用率和完好率。一般情况下，推铺、压实机械的工作范围不超过 60m。为此确定填埋场工艺设备的选用符合表 5-5。

表 5-5 填埋场工艺设备选用表

规模/$t \cdot d^{-1}$	推土机	压实机	挖掘机	装载机	规模/$t \cdot d^{-1}$	推土机	压实机	挖掘机	装载机
Ⅰ级	0~3	2~3	2	2~3	Ⅲ级	1~2	1~2	1~2	1~2
Ⅱ级	2	2	2	2	Ⅳ级	1~2	1~2	1~2	1~2

注：1. 卫生填埋机械使用率不得低于 65%；

2. 不使用压实机的，可两倍数量增配推土机。

5.2.1.3 填埋场渗滤液收集系统

渗滤液收集系统的主要作用在于将填埋库区内产生的渗滤液收集起来，并通过调节池输送至渗滤液处理系统进行处理，同时向填埋堆体供给空气，以利于垃圾体的稳定化。为了避免因液位升高、水头变大而增加对库区地下水的污染，美国要求该系统应保证使衬垫或场底以上渗滤液的水头不超过30cm。设计的收集导出系统层要求能够迅速地将渗滤液从垃圾体中排出，主要是因为：（1）垃圾中出现壅水会使垃圾长时间淹没在水中，不同垃圾中的有害物质浸润出来，从而增加了渗滤液净化处理的难度；（2）壅水会对下部水平衬垫层增加荷载，可能会使水平防渗系统因超负荷而受到破坏的危险。

渗滤液收集系统通常由导流层、收集沟、多孔收集管、集水池、提升多孔管、潜水泵和调节池等组成，如果渗滤液收集管直接穿过垃圾主坝接入调节池，则集水池、提升多孔管和潜水泵可省略。按照《城市生活垃圾卫生填埋处理工程项目建设标准》的要求，所有这些组成部分要按填埋场多年逐月平均降雨量（一般为20年）产生的渗滤液产出量设计，并保证该套系统能在初始运行期较大流量和长期水流作用的情况下运转而功能不受到损坏。典型的渗滤液导排系统断面及其和水平衬垫系统、地下水导排系统的相对关系如图5-14所示。

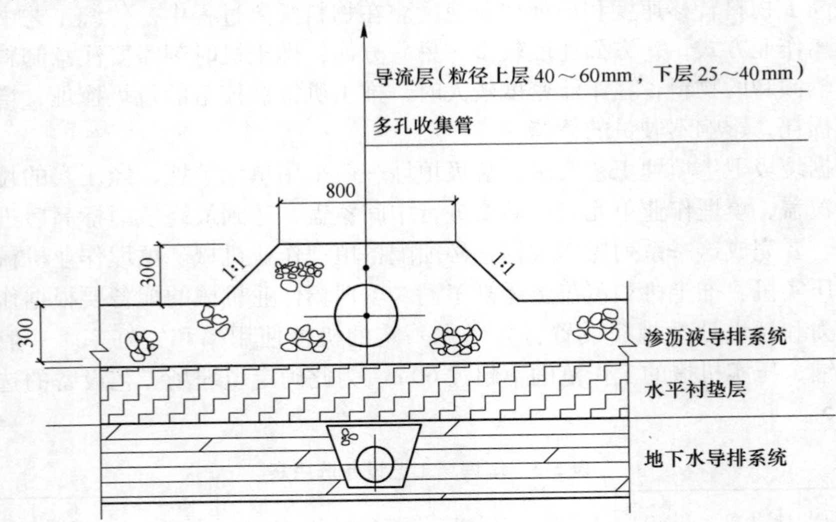

图5-14 典型渗滤液导排系统断面图

渗滤液中污染物浓度极高，处理难度极大。目前常用的处理方法包括调节池厌氧发酵、矿化垃圾生物反应床、膜生物反应器、纳滤、超滤、反渗透等关键技术，一般均可达标排放。鼓励渗滤液预处理后在填埋内部自行消纳，不外排。监

管部门可逐步要求填埋场不外排渗滤液，在填埋场不设污水排放口。

5.2.1.4 生活垃圾填埋场恶臭污染控制

生活垃圾中散发的恶臭物质成分复杂，性质多样，危害程度高。垃圾填埋场处置垃圾量大，由此散发的恶臭物质成为城市最重要的恶臭物质来源之一，引起居民的广泛关注。同国外发达国家相比，我国的生活垃圾由于没有实现分类收集、处理处置的模式，主要以各类垃圾混合填埋为主，垃圾中的有机质含量和含水率高，在填埋场厌氧微生物分解作用下，产生大量的恶臭物质。恶臭污染物质按照其化学组成可分为5类：（1）含硫物质，包括硫化氢、硫醇、硫醚等；（2）含氮物质，包括氨、胺、吲哚等；（3）含氧物质，包括醇、酚、醛酮和有机酸等；（4）含卤物质，主要是卤代烃类；（5）烃类物质，主要是长链烷烃、烯烃、炔烃、芳香烃等。我国《恶臭污染物排放标准》中，规定限制排放浓度的恶臭物质有八种，分别是硫化氢、甲硫醇、甲硫醚、二甲二硫、二硫化碳、氨、三甲胺、苯乙烯，含硫物质占了五种，可见含硫物质在恶臭污染中的重要地位。

生活垃圾的填埋过程包括生活垃圾的运输、填埋场的卸料、推铺、压实和长期的降解等过程，恶臭污染主要是垃圾中的有机成分在化学和生物降解作用下产生的，其中污染严重的包括生活垃圾倾卸区、生活垃圾推铺、压实过程和生活垃圾降解过程三个过程。

现阶段，恶臭污染控制方法主要有除臭剂除臭法、物理除臭法、化学除臭法、生物除臭法等。在填埋场得到广泛使用的主要是喷洒除臭药剂、燃烧氧化法和生物滤料覆盖层除臭。常规的物理、化学、生物法恶臭污染控制技术的实现是以恶臭气体的高效收集为前提的。在生活垃圾卫生填埋场广阔的作业空间中，恶臭气体的释放表现出面源污染的特征，填埋作业过程中垃圾直接暴露在大气中，恶臭物质肆意散发，恶臭污染物浓度最高，是填埋场垃圾稳定过程中最容易导致恶臭浓度超标的阶段，即使填埋结束封场后，填埋气体的收集效率通常也不高，仍将有大量的恶臭物质释放到大气中。

我国城市填埋场填埋单元划分过大，填埋作业过程中作业面直接暴露面较大，是导致作业过程中恶臭污染严重的重要原因之一。在农村，每日的生活垃圾产生量相对小，因此采用填埋单元优化划分技术，减小作业面面积，缩短作业时间，发展面积最小化和恶臭控制最大化的精细化填埋作业技术是填埋场作业面恶臭污染控制行之有效的工程措施。

寻找切实可行的填埋场恶臭污染控制技术，最大限度地抑制恶臭物质的产生，实现恶臭物质的高效去除，将卫生填埋场恶臭污染水平控制在最低水平上，是现阶段我国生活垃圾填埋场恶臭污染控制工程发展方向。为此，建立了基于恶臭控制的填埋作业集成技术主要包括作业面最小化及精细化作业技术、路基箱与

卸料平台铺设及道路排水技术、垃圾堆体排水技术、作业面负压抽吸除臭技术、新型膜材料覆盖技术、基于现状的膜下通风除臭技术和填埋场恶臭污染控制联动响应与管理体系（见图 5-15）。

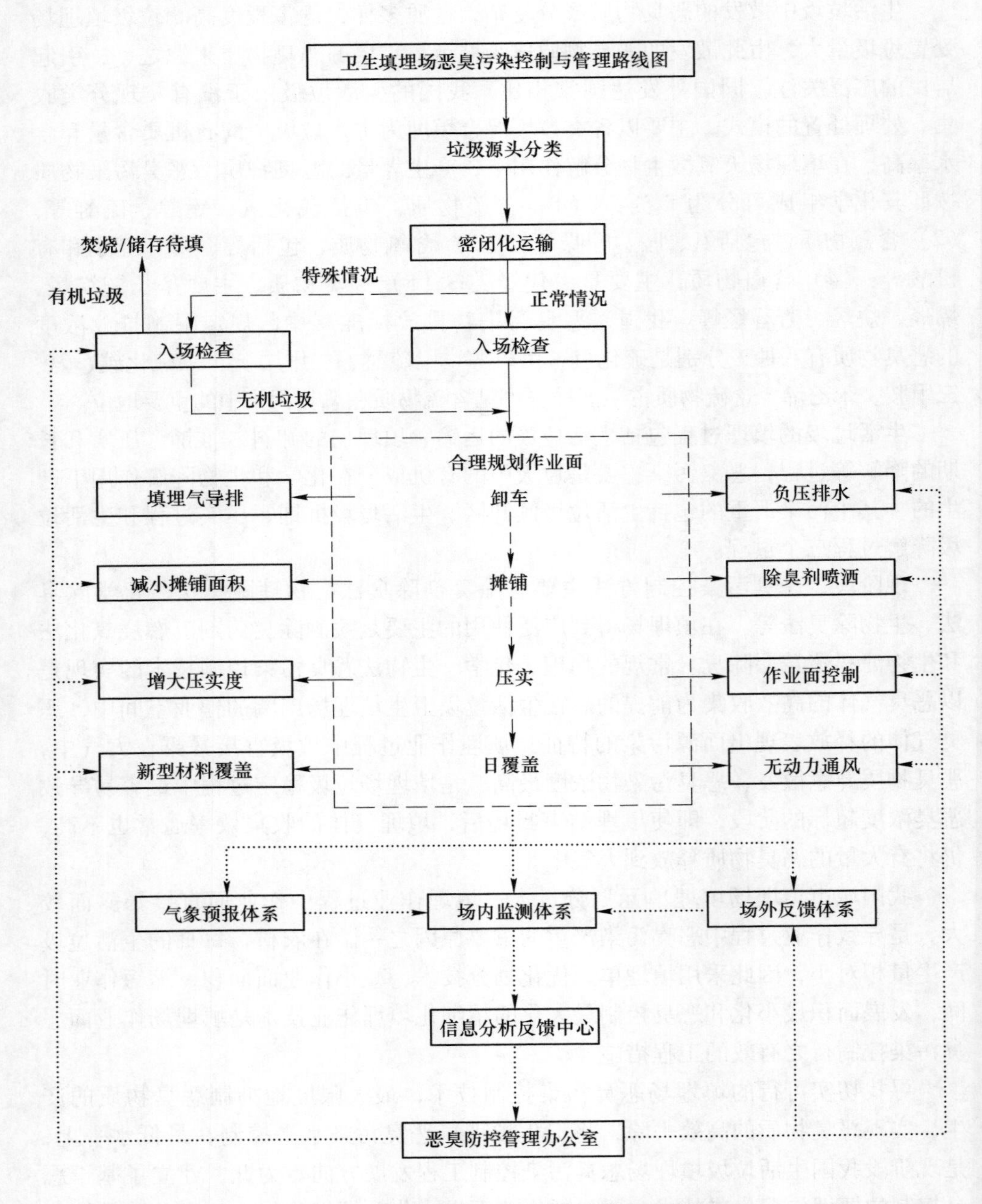

图 5-15　填埋场恶臭污染控制与管理路线图

5.2.1.5 控制作业暴露面的围堰作业技术

生活垃圾填埋过程中，填埋堆体的坡度一般为 1 : 3，甚至更缓。缓坡必然导致作业面积的扩大，造成裸露面积过大，产生更大的异味。如果能够把堆体坡度做的更陡，则可以有效减少作业裸露面积。根据垃圾的特性，采用前倾后支撑拼装式轻钢结构筑围堰的方式，将垃圾堆体斜坡做到 1 : 0.5，可防止垃圾在摊铺过程中散落到下层边坡，结合地膜做到雨污分流，外观整洁。

在软弱地基中，围堰并非越重越好，采用轻质垫层设于易沉移滑动的部位，以调整质量，使软弱地基受力平衡。产生减轻、加筋、防渗、隔离、堆高的作用，以均衡围堰荷重，增强整体稳定性，提高强度。前倾后支撑拼装式轻钢结构是一种可为工厂化制造围堰构件及机械化快速围堰建筑方法，一个新的围堰概念。围堰采用 1.5m 宽、2m 高前倾后支撑拼装式轻钢结构。前倾坡度为 1 : 0.5，挡板材料采用 3mm 厚铝板，下端为开孔段，需预先制孔，孔径 20mm、孔距 100mm，骨架采用 ϕ32mm×2.0mm 和 ϕ48mm×3.5mm 钢管，两侧、后背采用防水布，用塑料扎带绑扎，污水槽采用高强度塑料板并用两根 ϕ32PP-R 管向后伸出防水布外，如图 5-16 所示。前倾后支撑拼装式轻钢结构围堰的材料，包括外壳材料、污水槽材料及支撑材料。外壳材料和支撑材料可选用强度大、耐腐蚀的各种材料，比如高分子材料、玻璃钢、镀锌钢管等。外壳和支撑可以通过工厂预制生产，也可现场制作。污水槽材料可以因地制宜，就地取材，主要原则是价格低廉，耐腐蚀的各种材料。

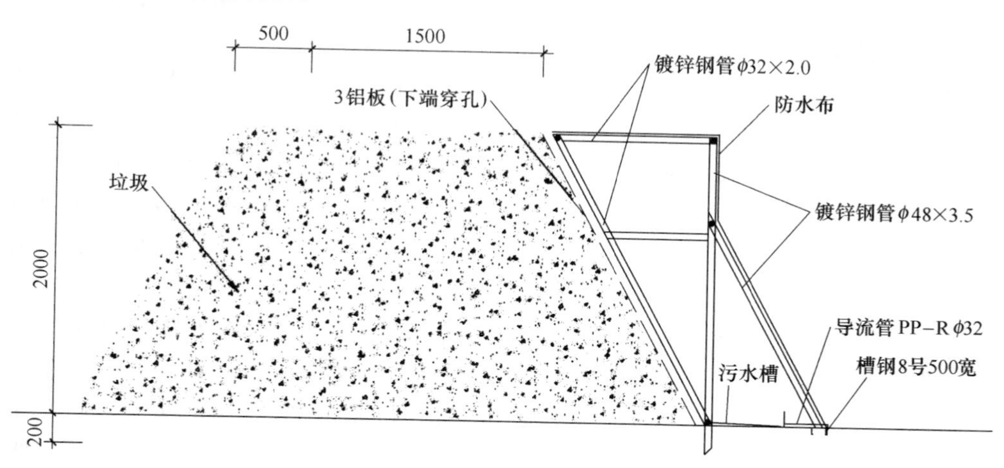

图 5-16 控制作业暴露面的围堰作业技术（单位：mm）

由图 5-16 可以看出，安装围堰后，垃圾在较小的作业面内堆出较高的高度，这有利于缩小作业面，减小裸露面积，降低恶臭释放量，可以与日覆盖膜完美衔接，有助于实现堆体表面的雨污分流。围堰可有效减小作业面面积，有助于降低作业面恶臭物质浓度，并且围堰与覆盖地膜结合可以有效分离作业面雨水和污水，投资少，效益高。

5.2.1.6 生活垃圾填埋场稳定化

针对我国生活垃圾填埋处置过程存在的问题，对填埋场不同尺度（小型实验和大型填埋场现场试验）反应器的稳定化过程进行了系统研究，包括渗滤液的来源与变化性质、填埋气产量与性质、生活垃圾的变化性质及组成以及三者不同分配比例等。为明确我国卫生填埋场稳定化时间，系统研究了生活垃圾性质变化过程和渗滤液污染物浓度衰减规律。

涉及填埋场降解残留物（渗滤液、垃圾）性质的参数较多，各参数间甚至出现相异的变化趋势，根据渗滤液各种性质分析结果，结合 C 物质本身的分子量分布状况、亲疏水结合过程，选择的参数包括 C、N、P 等常量元素以及 pH 值、电导率和 ORP 等综合指标，再辅以各时间段渗滤液的小于 1K Da 分子量分布所占质量分数以及亲疏水结合（HoA 所占比例）状况，最终归纳出一个反映渗滤液性质的综合指标，并计算出其反应动力学系数；对于填埋场中的垃圾，则选取 N、P、K、TOC、电导率、H/F 比值、粒径分布等一些宏观指标，并赋以实际的结果，计算其实际反应动力学参数。

生活垃圾填埋场降解产生的渗滤液如不进行人工调节或处理，其自然降解达到 COD<100mg/L 的时间约为 32 年。有机质从填埋生活垃圾中向渗滤液中迁移的速度要快于渗滤液中有机质的降解速度，渗滤液中氨氮比 COD 降解速度慢，是渗滤液处理的重点。对于填埋场中的生活垃圾，封场数年后（南方 8 年以上，北方 15 年以上），填埋场表面沉降量非常小（2 毫米/年），生活垃圾中有机质含量、细菌总数、离子交换容量、渗透系数、氮磷和钾总含量分别保持在 10%~12%、(6~9)×$10^{6\sim7}$ 个/克生活垃圾、1.30~1.40mmol/g 生活垃圾、9~12cm/min 和 2%~3%（均为干基），而且随着填埋时间的延长，这些参数变化非常小，此时所产生的稳定化生活垃圾称为矿化垃圾。

生活垃圾的最终处置方式的选择对于一个农村垃圾的有效处置具有重要意义。但由于长期以来对于传统填埋场形成了一些习惯看法，使得印象中的填埋场占地面积大、污染较为严重、而且土地长期得不到有效利用，不能实现垃圾处理的长效性。虽然大多数时候需要把填埋场作为最终的处置方式，但总是作为一种迫不得已的选择。通过对填埋场稳定化进程的研究，可有效缓解上述问题，为生活垃圾最终处置带来了崭新的理念。

通过以上填埋场稳定化理论的研究可以发现：填埋场并不只是一个最终处置方式，同时还是一个可以循环利用的场所（见图 5-17）。填埋场的最终定位是一

个巨大面积的“生活垃圾中转站”，不过这个中转站的周转周期需要8~10年的时间；同时还是一个巨型填埋反应器，通过适当的措施调节，填埋场可以加速其循环转化率，创造更大的经济、社会、环境价值。

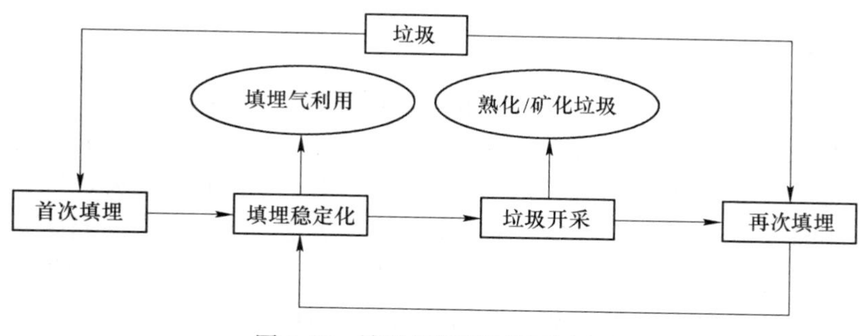

图5-17 填埋场循环利用示意图

5.2.1.7 填埋场生态恢复植被选择

由于填埋场址可能开发为潜在的娱乐设施或者公共场所，因此选择合适的植被种类对于后续利用具有重要作用。考虑到填埋场本身并不利于植物生长，植被选择的关键是选取适于填埋场址所在地区的植物品种。如果目标是恢复当地的生态环境，那么就必须选用合适的当地植物。从长期来看，将封场后的填埋场址恢复至本地的生态水平通常是花费最小的方案，并且可以提供恢复地区最需要的户外空地和绿化带。如果采用非当地植物来建造高尔夫球场或公园，就应当选择适合当地气候条件的种类。

在选择木本植物用于填埋场植被重建的时候，需要考虑生长速率、树的大小、根的深度、耐涝能力、菌根真菌和抗病能力等因素。生长较慢的树种比生长迅速的树种更容易适应填埋场的环境，因为它们需要的水分较少，而水分在填埋场覆盖土中一般是限制性因素。个头较小的树（高度在1m以下）能够在近地面的地方扎根生长，这样就避免了和较深的土壤层中填埋气的接触。但是，浅根树种需要更频繁的浇灌。具有天生浅根系的树种更能适应填埋场的环境。同样，浅根的树种需要更频繁的浇灌，并且易于被风吹倒。耐涝的植物比不耐涝的对填埋场表现出更强的适应性，但需要适当的灌溉。菌根真菌和植物根系存在一种共生的关系，可以使植物摄取到更多的营养物。易受病虫害攻击的植物不应当栽种在封场后的填埋场上。

除了木本植物之外，填埋场植被重建也需要种植草坪。草的根系都是纤维状且为浅根，从而使其比木本植物更容易在填埋场环境中存活下来。某些草本植物是一年生的，这意味着它们在一年或者更短的时间内就完成了生命周期。因此，一年生的草本植物在一年中最适宜的时期播种并生长。如果需要，一年生的草本

植物很容易再次播种。多年生草本植物存活时间在一年以上，但是它们的许多其他特征和一年生草本植物是相类似的。根系类型、生命周期、快速繁殖等特征使得草本植物在不利的填埋场环境下更容易生长。

5.2.2 生活垃圾焚烧技术

即使农村生活垃圾从源头产生到最终处理处置的过程中历经源头分类减量，到分类分质资源化利用，再到厌氧消化、好氧堆肥和焚烧或填埋等过程，在当前技术水平条件下也还无法达到“零废物”的效果。由于生活垃圾焚烧具有显著的减量化和无害化效果，世界各国都普遍采用该方法对生活垃圾进行末端处置的大背景下，我国东南沿海和部分中心城市有很多生活垃圾焚烧厂已经投入运营或正在建设中。同时，在“村收集、镇转运和县处理”模式的倡导下，许多地区的农村生活垃圾都将随之进入焚烧系统。

生活垃圾焚烧处理的一个关键因子是垃圾的低位热值必须达到理论要求，当垃圾的低位热值为800kcal/kg时，基本上可处于可燃的临界状态，而当垃圾的低位热值大于850kcal/kg时，能确保可燃。我国经过多年的经济发展，其经济技术水平达到了一定的高度，生活垃圾热值也达到了焚烧的最低要求。

A 生活垃圾焚烧设备

生活垃圾焚烧发电厂（以下简称“焚烧厂”）是生活垃圾处理无害化、资源化、减量化的重要设施。经过几十年垃圾焚烧运用和筛选，目前全世界用于垃圾焚烧的典型炉型大致有回转型焚烧炉、流化床焚烧炉、炉排炉，CAO（Controlled Air Oxidation）等，尤其是炉排炉，得到了广泛的推广和应用。

炉排型焚烧炉形式多样，其应用占全世界垃圾焚烧市场总量的80%以上，如图5-18所示。该类炉型的最大优势在于技术成熟，运行稳定、可靠，适应性广，绝大部分固体垃圾不需要任何预处理可直接进炉燃烧，尤其适用于大规模垃圾集中处理，可使垃圾焚烧发电（或供热）。但炉排需用高级耐热合金钢做材料，投资及维修费较高，而且机械炉排炉不适合含水率特别高的污泥，对于大件生活垃圾也不适宜直接用炉排型焚烧炉。

炉排式焚烧炉按炉排功能可分为干燥炉排、点燃炉排、组合炉排和燃烧炉排；按结构形式可分为移动式、住复式、摇摆式、翻转式和辊式等。炉排型焚烧炉的特点是能直接焚烧城市生活垃圾，不必预先进行分选或破碎。其焚烧过程如下：垃圾落入炉排后，被吹入炉排的热风烘干；与此同时，吸收燃烧气体的辐射热，使水分蒸发；干燥后的垃圾逐步点燃，运行中将可燃物质燃尽；其灰分与其他不可燃物质一起排出炉外。

到目前为止，炉排炉已广泛应用于生活垃圾处理中，主要包括如下类型：

（1）移动式（又称链条式）炉排，通常使用持续移动的传送带式装置。点

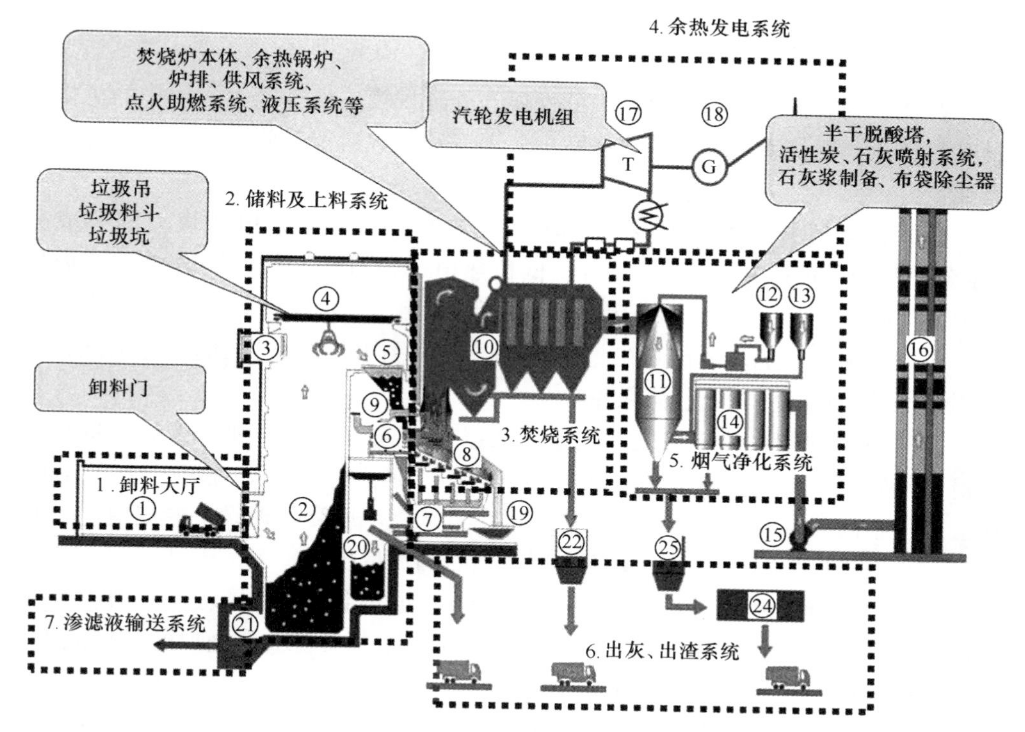

图 5-18　机械炉排炉的概念图

燃垃圾后通过调节炉排的速度可控制垃圾的干燥和点燃时间。点燃的垃圾在移动翻转过程中完成燃烧，燃烧的速度可根据垃圾组分性质及其焚烧特性进行调整。

（2）往复式炉排，是由交错排列在一起的固定炉排和活动炉排组成，它以推移形式使燃烧床始终处于运动状态。炉排有顺推和逆推两种方式，马丁式焚烧炉的炉排即为一种典型的逆推往复式炉排，这种炉排适合处理不同组分的低热值生活垃圾。

（3）摇摆式炉排，是由一系列块型炉排有规律地横排在炉体中。操作时，炉排有次序地上下摇动，使物料运动。相邻两炉排之间在摇摆时相对起落，从而起到搅拌和推动垃圾作用，完成燃烧过程。

（4）翻转式炉排，由各种弓型炉条构成。炉条以间隔的摇动使垃圾物料向前推移，并在推移过程中得以翻转和拨动，这种炉排适合于轻质燃料的焚烧。

（5）回推式炉排，是一种倾斜的来回运动的炉排系统。垃圾在炉排上来回运动，始终交错处于运动和松散状态，由于回推形式可使下部物料燃烧，适合于低热值垃圾的燃烧。

（6）辊式炉排。它由高低排列的水平辊组合而成，垃圾通过被动的轴子输入，在向前推动的过程中完成烘干、点火、燃烧等过程。

B　焚烧炉设计

焚烧炉的设计主要与被烧垃圾的性质、处理规模、处理能力、炉排的机械负荷和热负荷、燃烧室热负荷、燃烧室出口温度和烟气滞留时间、热灼减率等因素有关。

（1）垃圾性质：垃圾焚烧与垃圾的性质有密切关系，包括垃圾的三成分（水分、灰分、可燃分）、化学成分、低位热值、相对密度等，同时由于垃圾的主要性质随人们生活水平、生活习惯、环保政策、产业结构等因素的变化而变化，所以必须尽量准确地预测在此焚烧厂服务时间内的垃圾性质的变化情况，从而正确地选择设备，提高投资效率。

（2）处理规模：焚烧炉处理规模一般以每天或每小时处理垃圾的重量和烟气流量来确定，必须同时考虑这两者因素，即使是同样重量的垃圾，性质不同，则会产生不同的烟气量，而烟气量将直接决定焚烧炉后续处理设备的规模。一般而言，垃圾的低位热值越高，单位垃圾产生的烟气量越多。

（3）处理能力：垃圾焚烧厂的处理能力随垃圾性质、焚烧灰渣、助燃条件等的变化而在一定范围内变化。一般采用垃圾焚烧图来表示焚烧炉的焚烧能力。生活垃圾焚烧炉的处理能力随着垃圾热值、有无助燃等条件的改变而变化。

（4）炉排机械负荷和热负荷：炉排机械负荷是表示单位炉排面积的垃圾燃烧速度的指标，即单位炉排面积、单位时间内燃烧的垃圾量单位为 $kg/(m^2 \cdot h)$。炉排机械负荷是垃圾焚烧炉设计的重要指标，当衡量垃圾焚烧炉的处理能力时，不仅要考虑炉排面积，还要考虑炉型、结构等其他因素。针对我国垃圾特点，认为炉排机械负荷需在 $250kg/(m^2 \cdot h)$，而目前大多数焚烧场的炉排机械负荷约为 $300kg/(m^2 \cdot h)$，例如，江桥为 $292kg/(m^2 \cdot h)$。

（5）燃烧室热负荷：燃烧室热负荷是衡量单位时间内、单位容积所承受热量的指标，包括一次燃烧室和二次燃烧室。经过项目组的大量实践发现：热负荷值的一般在 $8\times10^4 \sim 15\times10^4 kcal/(m^3 \cdot h)$ 的范围内。燃烧室热负荷的大小即表示燃烧火焰在燃烧室内的充满程度。燃烧室过大，热负荷偏小，炉壁的散热过大，炉温偏低，炉内火焰充满不足，燃烧不稳定，也容易使焚烧炉渣热灼减率值较高。

（6）燃烧室出口温度和烟气滞留时间：生活垃圾焚烧炉的燃烧室出口温度需要在 850~650℃，且在此温度域的停留时间为 2s；从垃圾臭气焚烧分解角度来看，则要求燃烧温度在 700℃以上，停留时间大于 0.5s。经过大量的实践发现：燃烧室的出口温度需要在 800~950℃范围内。

（7）热灼减率：炉渣的热灼减率是衡量焚烧炉渣无害化程度的重要指标，也是炉排机械负荷设计的主要指标。目前焚烧炉设计时的炉渣热灼减率一般在

5%以下，大型连续运行的焚烧炉也有要求在3%以下。

（8）实际运行改进措施：目前，国内的生活垃圾由于含水率较高、热值较低，使得原本物料在焚烧炉内分干燥段、燃烧段以及燃尽段上燃烧的状态，物料不能在干燥段得到充分燃烧。因此，在实践过程中通过调整有关运行参数，使一次燃烧空气的温度、风量以及风压必须与垃圾层厚相互联动，通过空气预热器的改造、风量的调节、增加鼓风压力等措施。

C 焚烧炉运行

炉排的运动间隔时间需根据垃圾特性以及垃圾在炉内的燃烧情况及时调整，而不应保持不变，为此需动态调整燃烧控制系统，以保证垃圾在炉内的停留时间，使得垃圾在炉内完全燃烧。监管人员每天（运行日）检查一次垃圾进厂计量是否符合要求，符合要求的签字确认，不符合要求的签发整改指令。进厂车辆管理及垃圾计量重点内容应符合以下要求：每天的垃圾进厂计量记录资料应显示各车次车辆编号和净载量，计量记录资料应由现场监管人员审核、签字，建立进场垃圾车辆登记台账，记录每个车辆的详细信息；对新增或替换更新的日常垃圾运输车辆应及时补充至垃圾车辆登记台账中，对未进入登记台账的进场垃圾车辆应重点检查、检验。

焚烧厂卸料大厅运行管理的重点是臭味控制和安全操作，地面应及时冲洗，安全设施应保持完好，通风除臭系统应保持良好的工作状态。垃圾储料坑对环境影响较大的是垃圾散发的臭味和坑底产生的渗沥液。由于生活垃圾含水量较大，坑底易积存渗沥液，如不及时将渗沥液从垃圾储坑中导排出去，既影响垃圾热值又会散发出大量臭味。因此垃圾储料坑排风除臭和渗沥液导排是关键。卸料门应保持密封良好，卸料完毕应及时关闭。

部分焚烧炉停运后垃圾池排风除臭系统应及时投入使用，并应根据停运焚烧炉台数调节排风机风量，保证垃圾池臭味不外逸。全部焚烧炉停运前宜清空垃圾池，无法清空时，焚烧炉停运后应关闭所有卸料门，并及时启动垃圾池排风除臭系统。垃圾池排风除臭系统应保持良好工作状态，并定期检查除臭药剂或材料是否失效，若失效应及时更换；应保持垃圾池底部渗沥液导排畅通。

焚烧炉给料系统应运行做到以下几点：下料喉管内的垃圾不发生闷烧现象；推料器运动要均匀，要根据垃圾特点、余热锅炉负荷、炉渣热灼减率等情况调节料层高度，保证炉排料层高度均匀合理；应按焚烧炉设计小时处理能力向炉内给料，不宜长期过度超负荷和过度低负荷运行。

炉排燃烧工况的控制是垃圾焚烧工况控制的核心，焚烧炉运行期间应做好炉排燃烧工况的控制，其中包括一次风、料层高度、推料速度、炉排移动速度等控制。炉排上垃圾燃烧工况应做到以下几点：（1）炉排上干燥段、燃烧段和燃烬

段（以下简称“三段”）的长度控制应合理，确保垃圾燃烧完全，炉渣热灼减率应小于5%。(2) 炉排料层不得出现局部漏风现象。(3) 应结合推料速度、炉排移动速度等的调节，控制料层高度和“三段”长度。(4)“三段”的一次风风量、风压应根据各段的需要合理分配和控制。

炉膛燃烧工况应符合下列要求：炉膛应保持微负压；炉膛温度应均匀、稳定，并控制在850℃以上；炉膛内烟气应形成扰动，延长烟气在炉膛内的停留时间；助燃系统应保持良好备用状态，保证炉膛温度低于850℃时能立即启动助燃。炉膛温度的监测：炉膛上、中、下三个断面的温度需实时监测，并在控制电脑里形成温度变化曲线。测温元件及仪表定期校核。对低于850℃的时间段进行记录分析，并采取措施稳定炉温。焚烧炉停炉：停炉前，将炉排上的垃圾燃尽，燃尽前炉膛温度应保持850℃以上，随后应按设计的降温曲线逐渐降低炉膛温度。助燃燃烧器：定期启动助燃燃烧器，并检查助燃燃烧器能否自动运行。炉渣热灼减率的日常检测：(1) 焚烧厂运行方对炉渣热灼减率的日常检测频次不得小于每周2次；(2) 应对每台焚烧炉炉渣分别取样和检测；(3) 炉渣热灼减率检测所用炉渣样品应在一天的焚烧炉渣中均匀获取，取样应在24h内间歇进行，间隔时间不大于3h，每次所取炉渣量不少于5kg，总取样量不少于40kg；(4) 对取得的炉渣样品应先进行破碎和搅拌匀化，破碎粒度不应大于5mm；(5) 破碎、匀化后的炉渣样品可用四分法进行缩分，缩分后的样品重量不得小于2kg。

D 焚烧工艺辅助设备

垃圾焚烧发电系统主要由垃圾接受系统、焚烧系统、余热锅炉系统、燃烧空气系统、汽轮发电系统、烟气净化系统、灰渣、渗滤液处理系统、蒸汽及冷凝水系统、废金属回收、自动控制和仪表系统等组成。其典型的工艺流程如图5-19所示，因此一个焚烧工艺还需其他的一些辅助设备配合才能正常运行。

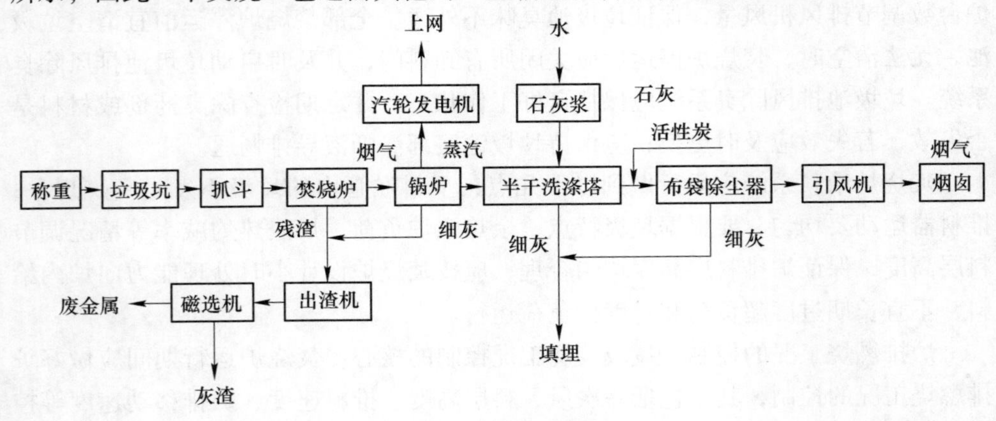

图5-19 焚烧工艺流程图

a 垃圾储坑

针对焚烧厂垃圾储坑排水不畅、渗滤液腐蚀坑壁严重以及垃圾仓臭气外溢等问题，对垃圾储坑排水措施进行了优化改进，增加一排排水孔；对垃圾储坑内侧坑壁和底板采取“有机硅类渗透剂涂层（底层）与聚脲涂料（表层）组成的复合涂层”的防腐措施（见表5-6）；对垃圾仓采用聚氨酯发泡材料进行密封。垃圾储坑排水畅通、进炉垃圾热值明显提高、“有机硅类渗透剂涂层（底层）与聚脲涂料（表层）组成的复合涂层防腐措施”防腐和防垃圾吊撞击的效果良好、垃圾仓密封良好。

储坑中会排挤出一定量的渗滤液，其污染物浓度极高，处理难度极大。目前常用的处理方法包括厌氧发酵、膜生物反应器、纳滤、超滤、反渗透等关键技术，处理后清水回用，反渗透处理后的浓缩液则回喷炉内焚烧。新建焚烧厂已经实现渗滤液零排放。

表5-6 有机硅类渗透剂涂层（底层）与聚脲涂料（表层）组成的复合涂层防腐措施

涂层	材料	施工方法	结构要求
有机硅渗透剂涂层	硅基渗透剂（美国道康宁GJ-923）	辊涂	渗透深度≥3mm，用量0.25L/m²； 涂覆区域和面积：垃圾坑南、北侧和上料侧，标高从-8.30m到+24.00m的侧面；卸料门侧，标高从-8.30m到+7.00m的侧面；标高为-8.30m的底板。上述总面积约为7035m²
聚脲涂层	打磨	用混凝土打磨机、喷砂机清除基材表面的灰尘、浮渣及污物	阳角应打磨成 R 角10mm的圆角，阴角应做成45°斜角
	填缝剂（环氧类或聚氨酯类）	刮腻子	基材表面的凹凸、洞穴及裂缝填平
	混凝土专用底漆（CC1975）	喷涂、刷涂或辊涂	用量0.1kg/m²
	聚脲	专用的聚脲喷涂机（GRACO-GUSMER H35 PRO）喷涂	厚度1.5mm； 涂覆区域和面积：南、北侧和上料侧，标高从-7.20m到+14.00m的侧面；卸料门侧标高从-7.20m到+4.20m的侧面；标高为-7.20m的垃圾坑底板。面积约5351m²

b 垃圾接收设施

生活垃圾经过运输车运到生活垃圾焚烧厂，并通过卸料门进入垃圾池，在池内堆存、发酵、脱水。为防止生活垃圾卸料过程运输车的掉落，经过项目组的实践经验，设计了一防掉落装置，并在实际焚烧厂得到广泛的应用：建立挡车墙，高度20cm以上，并在挡车墙上设置一宽度30cm左右的缺口，从而既保证卸料车的安全，又可使产生的渗滤液导排到垃圾储坑。同时垃圾运输车的停车区域坡面向垃圾储坑方向倾斜，从而使得地秤的最高标高在停车挡墙和导排沟之间。

垃圾池必须为一个密闭且微负压的水泥池，具有储存5~7天以上垃圾处理量的容积，同时保证在设备出现事故或检修时（5~6天内）能正常接受垃圾。同时，垃圾储坑上部设有焚烧炉一次风机和二次风机的吸风口。风机从垃圾储坑中抽取空气，用作焚烧炉的助燃空气。这可维持垃圾储坑中的负压，防止坑内的臭气外溢。另外，在垃圾储坑上部设有事故风机，事故风机出口通过旁路直通到烟囱，在全厂停炉检修或突发事故的情况下，将垃圾坑内的气体通过烟囱排入大气，避免臭气的自由外溢。垃圾储坑屋顶除设人工采光外，还设置自然采光设施，以增加垃圾坑中的亮度。垃圾储坑内设置消防水枪，防止垃圾自燃。垃圾储坑的两侧固定端留有抓斗的检修场地，可方便起重机抓斗的检修。垃圾仓上空装有红外线感应装置，一旦垃圾自燃，能够快速判断出着火点的位置，可以发出警报，也可以自动控制垃圾仓两侧的水炮进行灭火。

c　进料系统

卸料门可将卸料区与垃圾储存坑隔离开。这些卸料货门的启闭由安装在每个卸料门旁的按钮来控制，与工厂中央控制室内的交通控制与垃圾起重机操纵台是分离开来的。在这个卸料区内有两个特别的卸料点，卡车将垃圾卸在料斗内，送入破碎系统（剪切），剪切后，垃圾直接送入垃圾储存坑内。这两个特别的卸料点可以让部分卡车卸料，在垃圾水分最高的月份（6月和7月），可以减少水分，压出来的水被送到渗滤液处理站中。

垃圾投料料斗是垃圾进入焚烧系统的首要门户，当料斗中垃圾料位较高时，垃圾将发生架桥以及压实现象，所产生的垃圾渗滤液经过料斗下部向下流淌，将可能导致垃圾推料器的锁死问题。垃圾推料器结构复杂，潮湿的布条、绳子等杂物一旦进入执行机构后，油缸两侧将可能发生搓动，在两侧同样油压下很难维持稳定的供应垃圾。经过长时间的摸索，发现降低推送速度、调整推动频率是一种有效方法。在投料过程中，预先充分进行垃圾混料，调整水分，且实现间歇性的投加湿垃圾，从而不使垃圾过渡压实，产生渗滤液。

在焚烧厂运行过程中，发现对于垃圾推料器，由于其导轮和导轨间没有缝隙，使得油缸两侧油压不一致。因此，项目组经过技术改进，认为通过改进垃圾推料器导轨槽，放弃使用导轨槽结构，使用平板结构，可有效降低布条等杂物的卷入概率。

d　燃烧空气供应系统

在燃烧过程中，空气起着非常重要的作用，它提供燃烧所需要的氧气，使垃圾能充分燃烧，并根据垃圾的变化调节用量，使焚烧正常运行，烟气充分混合，使炉排及炉墙得到冷却。一般焚烧炉的空气系统由两部分组成：一次风、二次

风。燃烧用一次风从垃圾坑上方引入，风量可独立调节，以保证垃圾坑处于微负压状态，使坑内的臭气不会外泄。由于垃圾车的倾卸及吊车的频繁作业，造成垃圾坑内粉尘较多且湿度较大，因此在鼓风机前风道上设有抽屉式过滤器，定期清除从坑内吸入的细小灰尘、苍蝇等杂物。一次风从垃圾坑内抽取，经过一次风蒸汽式预热器后由炉排底部引入，中央控制系统可以通过炉排底部的调节阀对各个区域的送风量进行单独控制。一次风同时应具有冷却炉排和干燥垃圾的作用。

由于垃圾坑是全厂恶臭的主要来源，提高其负压、加大换气次数能够更好地控制污染，因此将二次风取风口位置设在垃圾仓内，每台炉配有 1 台二次风机，二次风经过二次风预热器后，从炉膛上方引入焚烧炉，使可燃成分得到充分燃烧，二次风量也可随负荷的变化加以调节。为了保证高水分、低热值的垃圾充分燃烧，加速垃圾干燥过程，一般燃烧空气先进行预热后再进入炉内，针对国内的垃圾特性，通常将一次风和二次风加热到 200℃左右，为了减少不必要的热量损失，一般采用两级加热。

e　焚烧灰渣收集系统

从飞灰沉降室出来、温度为 900℃左右的烟气进入余热锅炉，余热锅炉受热面的布置使从其尾部出来的烟气温度为 550℃左右，在后面的烟道内立即投入活性石灰吸收剂，活性石灰吸收剂与酸性气体 HCl、HF 和 SO_2反应的最佳温度为 500～550℃，烟道内喷入活性石灰，仅利用延长的烟道作为反应器，避免了反应器单体的设置，节省投资费用。在反应后 350℃以下的烟道进行喷水降温到 180～200℃，喷水不仅起到降温作用，而且起到增湿活化作用。

残渣处理系统包括炉渣处理系统和飞灰处理系统。每个焚烧炉都需要设单独的除渣系统，炉渣在燃尽炉排经风冷却排出后，落入半干式出渣机，进一步被水冷却后由推灰器推到带式输送机，输送机上方设置磁分选设备分选铁金属，分选后的炉渣送住渣坑。

余热锅炉收集的飞灰和布袋除尘器捕集下来的飞灰，分别输送到两个储仓。由于飞灰的成分以酸基为主，而且烟气净化过程中有大量的水蒸气混入，温度过低会有酸产生。需要在飞灰储仓灰斗及其卸料阀设置电伴热系统，以保证飞灰的温度高于露点温度。在每个灰仓下面设有旋转卸料阀，飞灰经卸料阀进入计量螺旋，经过计量螺旋飞灰由输送机送入混合机，同时药剂和水按一定的比例由输送泵送至药剂混合机，药剂混合机中设搅拌装置使得它们混合均匀。混合均匀的药剂按一定比例由泵输送至稳定化反应器，与飞灰搅拌混匀，停留一段时间后，形成稳定化产物，由卸料螺旋将其输送去最终处置。

E　生活垃圾焚烧厂烟气

a　烟气中主要污染物

垃圾焚烧烟气的主要成分是由 N_2、O_2、CO_2 和 H_2O 等四种无害物质组成，占烟气容积的99%。因垃圾成分不可控和燃烧过程的多变性，焚烧烟气中还含有1%左右的有害污染物，主要包括：（1）颗粒物，包括惰性氧化物、金属盐类、未完全燃烧产物等；（2）酸性污染物，包括氯化氢（HCl）、氟化氢（HF）、硫氧化物（SO_x）及氮氧化物（NO_x）等；（3）重金属，包括铅、汞、镉，及锰、铬、砷、钛、锌、铝、铁等单质与氧化物等；（4）残余有机物，包括未完全燃烧有机物与反应生成物，如芳香族多环衍生物、烃类化合物、不饱和烃化合物、二恶英类。生活垃圾焚烧烟气污染物原始排放浓度参考值见表5-7。

表5-7　生活垃圾焚烧烟气污染物原始排放浓度参考值

（标准状态，干烟气11%O_2状态下）

烟气污染物		符号	单位	参考范围
烟气成分	烟气量		Nm^3/t垃圾	3500~4500
	氧	O_2	%Vol	—
	氮	N_2	%Vol	—
	二氧化碳	CO_2	%Vol	—
	水蒸气	H_2O	%Vol	5~35
烟气污染物	颗粒物	Dust	mg/Nm^3	1000~6000
	氯化氢	HCl	mg/Nm^3	200~1600
	氟化氢	HF	mg/Nm^3	0.5~5
	硫氧化物	SO_x	mg/Nm^3	20~800
	氮氧化物	NO_x	mg/Nm^3	90~500
	一氧化碳	CO	mg/Nm^3	10~200
	铅	Pb	mg/Nm^3	1~50
	汞	Hg	mg/Nm^3	0.1~10
	镉	Cd	mg/Nm^3	0.05~2.5
	Cr+Cu+Mn+Ni+其他重金属	—	mg/Nm^3	10~100
	二恶英	DXN	$ng\text{-}TEQ/Nm^3$	1~15

b　烟气污染物控制

抑制烟气中的污染物排放有如下两种手段：（1）燃烧过程中尽量减少其产生；（2）通过烟气处理系统去除。第一种手段主要通过焚烧炉工艺进行控制，第二种手段主要通过烟气净化系统的性能进行保证。

氮氧化物（NO_x）、一氧化碳（CO）以及二恶英（DXN）都可以通过调整焚烧炉燃烧姿态降低其初始排放值。有一部分NO_x是空气中的氮在氧化气氛和高温条件下而产生的。可以通过降低垃圾焚烧过程中的供给空气量和有效控制炉膛燃

烧温度的方式降低 NO_x 的产生。CO 是不完全燃烧而产生的，而不完全燃烧是整体或局部供给空气量不足的结果，ACC 自动燃烧控制系统可以通过垃圾的热值及给料量实时计算出燃烧所需的空气量对燃烧空气进行有效地控制，另外，通过合理布置的二次风管座高速喷入二次风对高温区烟气进行搅动从而消除燃烧不均匀现象，使燃烧更充分。燃烧过程中 CO 浓度的高低不单表明燃烧的好坏，它也是影响二恶英产生的重要因素，CO 浓度高或瞬间波动大预示着燃烧不完全，燃烧不完全的时候将会产生大量的二恶英，所以，燃烧的组织和控制对降低污染物的排放至关重要。

通过“3T+E”原则可以有效地抑制二恶英的产生。所谓“3T”是指：Temperature（温度）：炉内保持高温（≥850℃）；Time（时间）：足够的停留时间（≥2s）；Turbulence（湍流）：烟气和空气充分混合（CO 浓度≤100ppm）。“E”是指 Excess-oxygen（过量空气）。当然要使“3T+E”发挥作用，必须有可靠的 ACC 自动燃烧控制系统对燃烧进行实时的跟踪和调整以达到充分燃烧的目的。

脱酸系统设置了两套装置一套是消石灰浆液半干法脱酸系统，另一套是消石灰干粉喷吹脱酸系统，两套系统既可以相互备用单独运行也可以同时投入运行，运行方式很灵活、运行效果很明显，脱酸化学反应式如下：

$$2HCl + Ca(OH)_2 \longrightarrow CaCl_2 + 2H_2O$$

$$2HF + Ca(OH)_2 \longrightarrow CaF_2 + 2H_2O$$

$$SO_2 + Ca(OH)_2 + 1/2O_2 \longrightarrow CaSO_4 + 2H_2O$$

通过向烟道内喷入活性炭干粉可以有效吸附烟气中的 Pb、Hg、Cd 等重金属，同时可以吸附烟气中的二恶英类物质。使其达标排放。布袋除尘器十分重要，其主要目的是捕集烟气中的颗粒物，布袋除尘器的除尘效率一般都在90%~99.9%范围，通过上述论述得知，脱酸反应后产生的盐类物质、被活性炭吸附的重金属以及二恶英类物质都是以颗粒状的形式存在在烟气里或附着在飞灰的表面，在其通过布袋除尘器时将被滤袋过滤掉以布袋灰的形式被收集，干净的烟气通过烟囱排入大气。布袋除尘器另一个重要作用就是重金属物质和二恶英类物质并不能在活性炭喷入烟道后的短短的行程中被充分吸附，当这些有害物质和活性炭到达滤袋表面后在滤袋表面停留的过程中吸附作用将继续进行，换言之，滤袋表面是活性炭吸附反应的重要场所。

F 典型烟气净化工艺

a 净化工艺分类

烟气净化工艺是按垃圾焚烧过程产生的废气中污染物组分、浓度及需要执行的排放标准来确定。在通常情况下，烟气净化工艺主要针对酸性气体（HCl、HF、SO_x）、二恶英及呋喃、颗粒物及重金属等进行控制，其工艺设备主要由两部分组成，即酸性气体脱除和颗粒物捕集。以酸性气体脱除方式来分类，目前，

垃圾焚烧烟气净化工艺主要有干法、半干法以及湿法。颗粒物捕集则采用袋式除尘器。特别一提的是，国外焚烧厂已发现使用静电除尘器，当入口烟气温度在150℃~300℃时，有二恶英与呋喃再合成的现象，并且温度每增加30℃，二恶英再合成的越多。因此，许多国家的垃圾焚烧炉除尘装置都禁止使用静电除尘器而必须采用袋式除尘器。烟气的排放指标见表5-8。

表5-8　烟气排放指标表

污染物名称	单 位	1992年欧盟标准	国标GB18485	本项目执行的标准
颗粒物	mg/Nm^3	30	80	≤10
HCl	mg/Nm^3	50	75	≤50
HF	mg/Nm^3	2	—	≤2
SO_x	mg/Nm^3	300	260	≤600
NO_x	mg/Nm^3	—	400	≤300
CO	mg/Nm^3	100	150	≤100
TOC	mg/Nm^3	20	—	≤20
Hg及其化合物	mg/Nm^3	0.1	0.2	≤0.1
Cd及其化合物	mg/Nm^3	0.1	0.1	≤0.1
Pb	mg/Nm^3	—	1.6	≤1.6
其他重金属	mg/Nm^3	6	—	≤6
烟气黑度	林格曼级	—	1	≤1
二恶英类	($ng\text{-}TEQ/Nm^3$)	0.1	1.0	≤0.1

注：1. 本表规定的各项标准限值，均以标准状态下含11% O_2的干烟气为参考值换算；

2. 烟气最高黑度时间，在任何1h内累计不得超过5min；

3. 本表中HCl、SO_x、NO_x、CO为小时均值，其余污染物均为测定均值；

4. 本表中Hg、Cd、Pb等其他重金属、二恶英类为测定均值。

b　净化工艺流程

净化系统指余热锅炉出口到烟囱的出口为满足烟气净化需要所设置的所有设备及设施。“半干法+干法+活性炭喷射+布袋除尘器”烟气净化系统主要包括以下部分：半干法反应塔（包括工艺水系统）；消石灰喷射系统；活性炭喷射系统；布袋除尘器系统（包括除尘器预加热系统）；引风机（含消音器）；烟气管道、管件及烟囱。其工艺特点有：该体系属于半干法工艺，能够确保在任何工况下酸性气体的达标排放。易于维护，半干法反应塔设计成完全蒸发型，无废水产生，几乎不会在反应塔侧壁上产生结块、附着等问题。此外，由于反应塔雾化固定喷头的维修频率低，因此系统维护工作量小。工艺流程简单，系统设备少，布置紧凑，节省占地。石灰浆雾化采用液体、压缩空气二流体雾化喷嘴，雾化效果良好，流量控制范围大。系统压降低，节省了引风机的耗电量。系统的技术成熟

度和可靠性比较高。烟气净化系统的工艺流程图如图 5-20 所示。

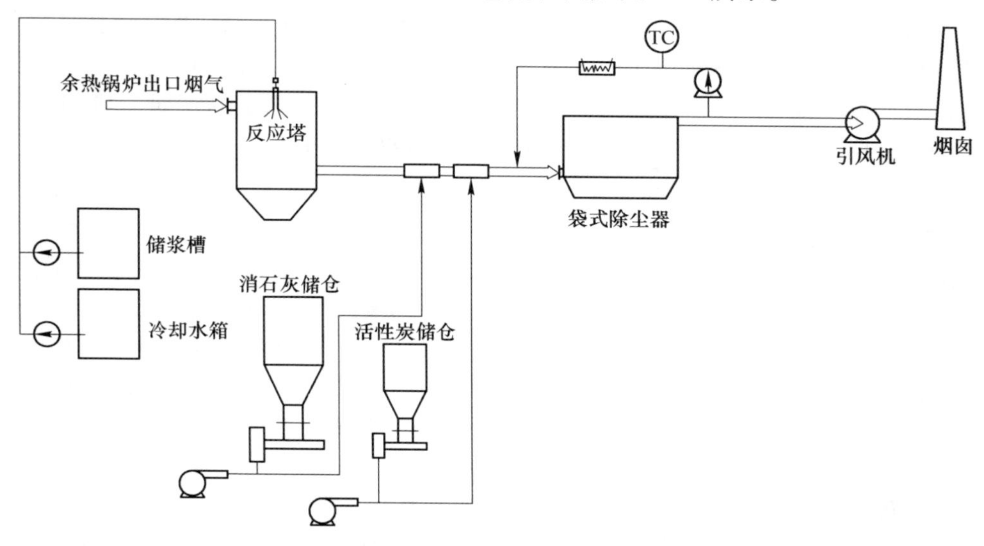

图 5-20　烟气净化系统的工艺流程图

G　焚烧飞灰及其稳定化处理

a　典型炉排炉飞灰

典型炉排炉飞灰特性见表 5-9~表 5-11。

表 5-9　飞灰特性指标

项　目	范　围	设 计 值
含水率/%	0.08~4.66	1.0
堆积密度/t·m^{-3}	0.4~0.65	0.5
热灼减率/%	2.4~4.8	3.0

表 5-10　飞灰主要元素分析　(>1%)

项目	Ca	Cl	Na	K	Mg	Fe	S	C
范围/%	13~36	8.4~11	2.5~5.6	2.3~3.9	1.36~3.54	1.54~2.86	0.7~1.9	0.97~1.42

表 5-11　飞灰元素分析

项目	Zn	Pb	Mn	H	Cu	Cr	O
范围/mg·kg^{-1}	522~6887	930~4915	806~1119	360~630	470~1498	301~646	0~1280
项目	N	Ni	As	Cd	Co	Ag	Hg
范围/mg·kg^{-1}	0~410	59.4~213.7	6.4~71.3	41.6~70.4	35.8~48.5	6.4~71.3	9.5~133.4

飞灰的表观形态与含水率有关，典型1%含水率时，呈浅灰或黄色粉末状固体，分散度高，易扬尘。主要污染物质是重金属和二恶英。《危险废物填埋污染控制标准》（GB 18598）中对重金属浸出毒性有明确规定。根据国内大型垃圾焚烧厂（包括上海江桥、上海御桥、深圳等）飞灰重金属测试的调研，典型飞灰中的重金属浸出毒性见表5-12（GB 5086. 1—1997，HVEP）。

表5-12　重金属浸出毒性平均表　（mg/L）

项目	As	Cd	Cr	Cu	Hg	Ni	Pb	Zn
平均值	0. 0137	1. 0242	0. 6492	0. 8998	0. 2256	0. 5583	66. 81	12. 442
最不利值	0. 1610	31. 210	5. 4630	10. 6500	0. 8062	1. 4226	277. 300	164. 900
平均值*	0. 0137	0. 1857	0. 6492	0. 8998	0. 2256	0. 5583	66. 8100	8. 2080
不利值*	0. 1610	1. 870	5. 4630	10. 6500	0. 8062	1. 4226	277. 300	63. 470

注：*最具代表性。

b　飞灰稳定化处理

飞灰预处理技术的选择要遵循以下三大原则：

（1）安全性。经过预处理的废物浸出毒性必须要达到《生活垃圾填埋场污染控制标准》（GB 16889—2008）。

（2）存量处理飞灰达到危险废物填埋场入场控制标准《危险废物鉴别标准　浸出毒性鉴别》（GB 5085. 3—2007）。

（3）经济性。在满足安全性条件下，预处理以及后续填埋处置的费用应该尽量低。

（4）节约库容。预处理技术带来一定的增容效应，过大的增容将占用宝贵的填埋场库容。根据以上四个原则，进行预处理技术的选择。各种飞灰稳定化技术比较见表5-13。

表5-13　各种飞灰稳定化处理工艺比选

预处理方法	技术成熟性	经济性	二次污染风险	填埋质量增加	项目适应性综合评价
水泥固化	好	好	小	大	宜配合选用
凝硬性废物固化	较好	好	小	很大	可选用
热塑性材料固化	较好	差	小	大	不宜选用
磷酸盐类稳定	好	好	小	小	宜配合选用
铁氧化物稳定	一般	较好	小	小	不宜选用
硫化物类稳定	较好	较差	一般	小	不宜选用
高分子螯合剂稳定	好	较好	小	小	宜选用

水泥固化和无机药剂稳定化工艺较为适合飞灰的填埋预处理。虽然无机药剂运行成本低，但是化学稳定性差，水泥投加量大，造成物料增容大，逐渐被有机高分子螯合剂取代。采用高分子有机药剂处理效果好，投加量少，成本略高，增

容效应小，目前在土地资源奇缺的先进国家开始大规模采用，取得了良好的经济效益和环境效益。由于飞灰浸出毒性的不确定性，除了采用高分子有机药剂稳定化外，其他任何一种单一的稳定化或者固化方法都无法很好满足上述三个原则的要求。因此，应该根据飞灰的浸出毒性结果，合理选用其中的一种或者两种技术组合加以处理，在保证安全的前提下，尽可能节省成本和库容。因此，可采用有机高分子螯合剂稳定化处理+水泥固化工艺对飞灰进行稳定化固化处理。飞灰预处理工艺流程如图 5-20 所示。

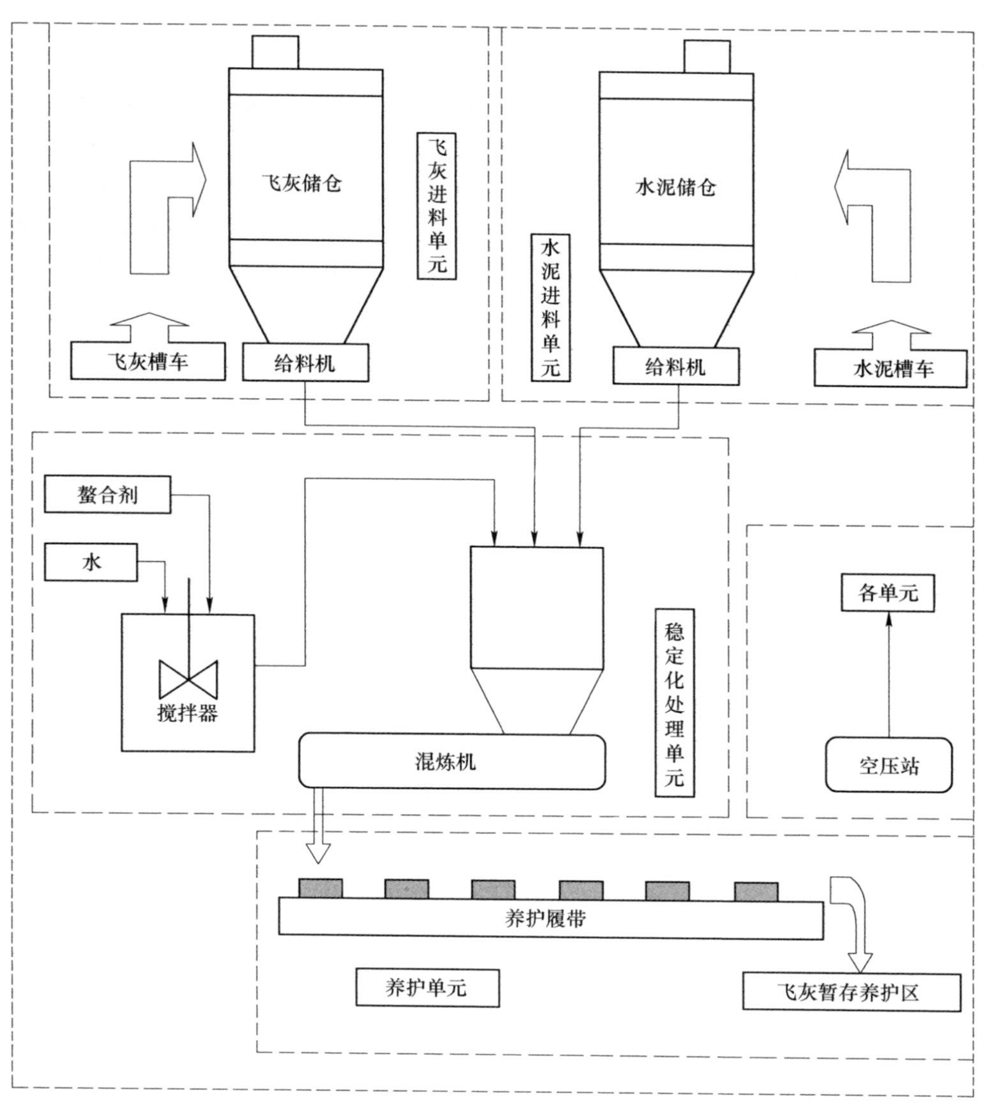

图 5-20　飞灰稳定化处理系统流程图

通过飞灰储仓下的圆盘给料机定量向混合螺旋输送机供应飞灰，与此同时水泥储仓下的圆盘给料机同时向混合螺旋输送机提供定量水泥。水泥储仓的圆盘给料机具有延时启动调节功能，以便调整飞灰和水泥定量同时混合。飞灰与水泥的混合物料由混合螺旋输送机初步混合后输送至混炼机进料口，混炼机进料口配置物料探测器，当物料到达混炼机时混炼机启动对物料进行搅拌混合。当混合物输送至混炼机后螯合剂混合溶液以 1.5MPa 的压力喷入混炼机。混炼机内设置水分自动调整装置，通过实时监测物料特性调整螯合剂和水的添加量。飞灰、螯合剂、水泥在混炼机内混合，飞灰中的重金属类与螯合剂发生络合反应，生成不溶于水的物质从而被稳定化。

经过混炼机混炼后的物料掉落在养护输送机上，稳定化的物料在养护输送机上养护 30min 后，水泥完成初凝过程，之后落入养护输送机下的运输车辆。运输车辆将飞灰运至厂内出料存储间内相应的堆放区堆放养护并取 10 组测试样品进行化验分析，经过 3 天的堆放化验分析并得出 10 组样品全部合格后由运输车辆将飞灰运输至填埋厂填埋，如果 10 组样品中任意一组样品浸出毒性监测不合格则全天处理的物料运回混炼机重新处理。

参 考 文 献

[1] 唐平，潘新潮，赵由才．环境保护知识丛书——城市生活垃圾——前世今生［M］．北京：冶金工业出版社，2012.
[2] 赵由才．生活垃圾处理与资源化［M］．北京：化学工业出版社，2016.
[3] 李杭芬．农户聚集区农村生活垃圾分类收集与示范研究［D］．上海：同济大学，2017.
[4] 娄成武．我国城市生活垃圾回收网络的重构——基于中国、德国、巴西模式的比较研究［J］．社会科学家，2016（07）：7～13.
[5] 曾超．农村生活垃圾源头分类分流与干废物资源化利用技术研究［D］．上海：同济大学，2017.
[6] 吕维霞，杜娟．日本垃圾分类管理经验及其对中国的启示［J］．华中师范大学学报（人文社会科学版），2016（01）：39-53.
[7] 马进．德国城市生活垃圾分类回收制度以及对中国的启示［D］．北京：清华大学，2011.
[8] 王聚亮．中德垃圾分类比较及中国垃圾分类的措施［J］．环境卫生工程，2004（02）：104-106.
[9] 北京市城市管理委员会赴德国培训团．垃圾分类垃圾减量　看看德国是怎么做的［J］．城市管理与科技，2016（04）：70-73.
[10] 胡一蓉．从国外城市生活垃圾的分类处理看我国城市垃圾处理发展方向［J］．环保前线，2011（1）：48-50.
[11] 廖利，冯华，王松林．固体废物处理与处置［M］．武汉：华中科技大学出版社，2010.
[12] 顾旺．我国城市垃圾分类处理问题研究［D］．南京：南京理工大学，2015.
[13] 王婷婷．公众生活垃圾源头分类行为影响因素研究［D］．杭州：浙江理工大学，2015.
[14] 陈琼．广州市城市生活垃圾分类管理政策研究［D］．西安：电子科技大学，2013.
[15] 刘梅．发达国家垃圾分类经验及其对中国的启示［J］．西南民族大学学报（人文社会科学版），2011（10）：98-101.
[16] 西伟力．日本垃圾分类及处理现状［J］．环境卫生工程，2007（02）：23-24，28.
[17] 胡一蓉．从国外城市生活垃圾的分类处理看我国城市垃圾处理发展方向［J］．环保前线，2011（1）：48-50.
[18] 曲英．城市居民生活垃圾源头分类行为的理论模型构建研究［J］．生态经济，2009（12）：135-141.
[19] 曲英，朱庆华．情境因素对城市居民生活垃圾源头分类行为的影响研究［J］．管理评论，2010（09）：121-128.
[20] 邓俊，徐琬莹，周传斌．北京市社区生活垃圾分类收集实效调查及其长效管理机制研究［J］．环境科学，2013（01）：395-400.
[21] 于晓勇，夏立江，陈仪，等．北方典型农村生活垃圾分类模式初探——以曲周县王庄村为例［J］．农业环境科学学报，2010（08）：1582-1589.
[22] 蔡传钰．农村生活垃圾分类与资源化处理技术研究［D］．杭州：浙江大学，2012.
[23] 程花．南京郊县农村生活垃圾分类收集及资源化的初步研究［D］．南京：南京农业大学，2013.

[24] 李海莹．北京市农村生活垃圾特点及开展垃圾分类的建议［J］．环境卫生工程，2008（02）：35-37.

[25] 王荣方，宋慧，杨慧娟，等．利用动物骨头制备多孔材料的方法及作为燃料电池电极催化剂的应用．patent CN103801342A，2014-05-21.

[26] 许成委．中国古代农村生活废弃物再利用研究［D］．咸阳：西北农林科技大学，2010.

[27] 任红敏，刘晓宇，陈翊平．畜禽骨的研究现状和发展前景［J］．农产品加工（学刊），2008（04）：34-37.

[28] Huang W，Zhang H，Huang Y，et al. Hierarchical porous carbon obtained from animal bone and evaluation in electric double-layer capacitors［J］. Carbon. 2011，49（3）：838-843.

[29] Moreno-Pirajan J C，Gomez-Cruz R，Garcia-Cuello V S，et al. Binary system Cu(Ⅱ)/Pb(Ⅱ) adsorption on activated carbon obtained by pyrolysis of cow bone study［J］. Journal of Analytical and Applied Pyrolysis，2010，89（1）：122-128.

[30] 王海波．骨炭去除原水中氟的研究［D］．昆明：昆明理工大学，2011.

[31] 徐峰．骨炭对水土中重金属吸附、钝化及玉米吸收积累重金属的影响［D］．兰州：甘肃农业大学，2013.

[32] 徐峰，黄益宗，蔡立群，等．骨炭对水中不同形态 Sb 吸附和解吸的影响［J］．环境工程学报，2013（12）：4659-4665.

[33] 丁益，任启芳，闻超．发泡混凝土研制进展［J］．混凝土，2011（10）：13-15，19.

[34] 李善评，阴文杰，马相如，等．一种利用建筑渣土制备的曝气生物滤池填料及其制备方法．patent CN102557550A，2012-07-11.

[35] 张盛斌，杨扬，乔永民，等．多孔生态混凝土净化生活污水的对比研究［J］．混凝土与水泥制品，2011（03）：18-21.

[36] 陈志山，刘选举．生态混凝土净水机理及其应用［J］．科学技术与工程，2003（04）：371-373.

[37] 蓝俊康，刘宝剑．生态混凝土净化生活污水的机理探讨［J］．环境科学与技术，2010（12）：90-93.

[38] 牛振怀．废旧涤纶织物再资源化的研究［D］．太原：太原理工大学，2015.

[39] 李世贵，郭海，徐小峰，等．南方城市近郊农村生活垃圾现状调查与处理模式研究［J］．农业环境与发展，2012（02）：61-64.

[40] 郝淑丽．我国旧衣回收企业废旧衣物回收再利用体系研究［J］．毛纺科技，2017（02）：73-76.

[41] 靳琳芳，马承愚，曹钦，等．利用废弃织物制作填料的研究［J］．中国资源综合利用，2010（11）：32-34.

[42] 靳琳芳．废旧织物应用于污水处理填料的可行性研究［D］．上海：东华大学，2011.

[43] 张益．我国生活垃圾焚烧处理技术回顾与展望［J］．环境保护，2016（13）：20-26.

[44] 王国安，刘伟，田国华．城市生活垃圾处理技术及焚烧炉渣资源化利用研究进展［J］．江苏建筑．2014（06）：96-98.

[45] 王朝，杨洋．生活垃圾炉渣资源化利用技术探讨［J］．环境与发展．2016（04）：42-44.

[46] 袁廷香．城市生活垃圾焚烧炉渣对水质除磷效果研究［J］．环境污染与防治，2016

(07)：77-81，92.

[47] Shim Y S, Kim Y K, Kong S H, et al. The adsorption characteristics of heavy metals by various particle sizes of MSWI bottom ash [J]. Waste Management, 2003, 23 (9): 851-857.

[48] 文科军，张衍杰，吴丽萍，等．潜流式滤池的污水处理效果 [J]. 湿地科学，2015 (04)：424-429.

[49] 宋立杰．生活垃圾焚烧炉渣特性及其在废水处理中的应用研究 [D]. 上海：同济大学，2006.

[50] 钱伯章．欧洲废塑料再生利用率首次达到50% [J]. 石油化工，2008，37 (4)：322.

[51] 高涛，章煜君，潘立．我国废旧塑料回收领域的现状与发展综述 [J]. 机电工程，2009，26 (6)：5-8.

[52] Achyut K. Panda, Singh R K, Mishra D K. Thermolysis of waste plastics to liquid fuel: A suitable method for plastic waste management and manufacture of value added products—A world prospective [J]. Renewable and Sustainable Energy Reviews, 2010, 14 (1): 233-248.

[53] Briassoulis D, Hiskakis M, Babou E, et al. Experimental investigation of the quality characteristics of agricultural plasticwastes regarding their recycling and energy recovery potential [J]. Waste Management, 2012, 32: 1075-1090.

[54] 阎利，邓辉，赵新．废旧电器中废塑料的分选技术 [J]. 中国资源综合利用，2009 (5)：7−10.

[55] 宋楠．生活垃圾中主要可回收组分清洁技术研究 [D]. 上海：上海电力学院，2016.

[56] Pongstabodee S, Kunachitpimol N, Damronglerd S. Combination ofthree-stage sink-float method and selective flotation technique forseparation of mixed post-consumer plastic waste [J]. Waste Management, 2008, 28 (3): 475-483.

[57] 邢紫云，许海燕，吴驰飞．浮沉分离法回收 HDPE/PP 混合物的研究 [J]. 塑料科技，2012，2：60-63.

[58] 黄扬明，王翔．废旧塑料的红外鉴别技术及其应用 [J]. 塑料，2008，37 (6)：94-97.

[59] Silvia S, Aldo G, Giuseppe B. Classification of polyolefins frombuilding and construction waste using NIR hyperspectral imagingsystem [J]. Resources, Conservation and Recycling, 2012, 61: 52-58.

[60] 谭曜，王群威，王豪．使用近红外 OPUS IDNET 软件定性分析判别废塑料 [J]. 塑料工业，2009，37 (9)：57-60.

[61] 杜婧，孙志锋，王浩．基于 NIR 技术的 PET /PVC 废旧塑料分离系统 [J]. 传感器与微系统，2011，30 (9)：98-101.

[62] Amar T, Karim M, Salah-Eddine B, et al. Electrostatic separators ofparticles: Application to plastic/metal, metal/metal and plastic/plasticmixtures [J]. Waste Management, 2009, 29 (1): 228-232.

[63] Hearn G L, Ballard J R. The use of electrostatic techniques for theidentification and sorting of waste packaging materials [J]. Resources, Conservation and Recycling, 2005, 44 (1): 91-98.

[64] Saeki, Masato. Triboelectric separation of three-component plastic mixture [J]. Particulate

Science and Technology, 2008, 26 (5): 494-506.

[65] 古山隆. 用摩擦带电静电分选机和风力摇床回收 PVC [J]. 国外金属选矿, 2001, 38 (6): 2-5.

[66] Calin L, Caliap L, Neamtu V, et al. Tribocharging of Granular Plastic Mixtures in View of Electrostatic Separation [J]. IEEE Transactionson Industry Applications, 2008, 44 (4): 1045-1051.

[67] Park C H, Jeon H S, Yu H S, et al. Application of Electrostatic Separation to the Recycling of Plastic Wastes: Separation of PVC, PET, and ABS [J]. Environmental Science and Technology, 2008, 42 (1): 249-255.

[68] 吴张琪, 谢林生, 马玉录, 等. 一种利用挤出法分离废旧 PP/PE 混杂塑料的方法 [J]. 高子材料科学与工程, 2012 (12): 97-101.

[69] 高玉新. 废塑料薄膜的干法清洗及设备研究 [D]. 昆明: 昆明理工大学, 2006.

[70] Araya M, Yuji T, Watanabe T, et al. Application to cleaning of waste plastic surfaces using atmospheric non-thermal plasma jets [J]. Thin Solid Films, 2007, 515 (9): 4301-4307.

[71] 郭新贺, 王磊, 景玉鹏. 干冰微粒喷射清洗技术 [J]. 微纳电子技术, 2012, 49 (4): 258-262.

[72] 孙洪孟. 干冰清洗技术研究 [D]. 大连: 大连理工大学, 2012.

[73] 周翠红, 路迈西, 吴文伟, 等. 北京市城市生活垃圾产量预测 [J]. 中国矿业大学学报, 2003 (02): 66-69.

[74] 陆娅楠. 农村垃圾数量猛增 住建部未来 5 年破解"垃圾围村". 人民日报, 2014-11-19.

[75] 姚伟, 曲晓光, 李洪兴, 等. 我国农村垃圾产生量及垃圾收集处理现状 [J]. 环境与健康杂志, 2009 (01): 10-12.

[76] 罗华伟, 谯小霞, 吴光卫. 几种灰色模型在农村生活垃圾产量预测中的应用 [J]. 中国农学通报, 2011 (32): 320-324.

[77] 王俊起, 王友斌, 李筱翠, 等. 乡镇生活垃圾与生活污水排放及处理现状 [J]. 中国卫生工程学, 2004 (04): 12-15.

[78] Huang K X, Wang J X, Bai J F, et al. Domestic solid waste discharge and its determinants in rural China [J]. China Agricultural Economic Review, 2013, 5 (4): 512-525.

[79] 黄开兴, 王金霞, 白军飞, 等. 农村生活固体垃圾排放及其治理对策分析 [J]. 中国软科学, 2012 (09): 72-79.

[80] Bernardes C, Günther WMR. Generation of domestic solid waste in rural areas: case study of remote communities in the Brazilian Amazon [J]. Human Ecology, 2014, 42 (4): 617-623.

[81] Taboada-Gonzalez P, Aguilar-Virgen Q, Ojeda-Benitez S, et al. Waste characteristic and waste management perception in rural communities in Mexico: A case study [J]. Environmental Engineering and Management Journal, 2011, 10: 751-1759.

[82] 王金霞, 李玉敏, 白军飞, 等. 农村生活固体垃圾的排放特征、处理现状与管理 [J]. 农业环境与发展, 2011 (02): 1-6.

[83] Yang C J, Yang M D, Yu Q. An analytical study on the resource recycling potentials of urban

and rural domestic waste in China [J]. Procedia Environmental Sciences, 2012, 16: 25-33.

[84] 李颖，许少华．我国农村生活垃圾现状及对策 [J]. 建设科技，2007 (07): 62-63.

[85] 武攀峰．经济发达地区农村生活垃圾的组成及管理与处置技术研究 [D]. 南京：南京农业大学，2005.

[86] 张后虎，胡源，张毅敏，等．太湖流域分散农村居民对生活垃圾的产生和处理认知分析 [J]. 安全与环境工程，2010 (06): 13-17.

[87] Zhang D Q, Tan S K, Gersberg R M. Municipal solid waste management in China: status, problems and challenges [J]. Journal of Environmental Management. 2010, 91 (8): 1623-1633.

[88] Qu X Y, Li Z S, Xie X Y, et al. Survey of composition and generation rate of household wastes in Beijing, China [J]. Waste Management, 2009, 29 (10): 2618-2624.

[89] 中华人民共和国国家统计局．2005-2016 年统计数据．http://www.stats.gov.cn/.

[90] 梁保松，党耀国．应用数学 [M]. 北京：气象出版社，1999.

[91] 周宇坤，施永生，卢林，等．云南省小城镇生活垃圾处理模式探索 [J]. 环境卫生工程，2015 (01): 21-23.

[92] 杨天周．关于农村生活垃圾处置工作的实践与探讨 [J]. 污染防治技术，2007 (05): 42-44.

[93] 李颖，许少华．适合我国农村生活垃圾处理方式的选择——以北京市韩台村为例 [J]. 农业环境与发展，2007 (03) 19-23.

[94] 刘侃，栾胜基．论中国农村环境管理体系的结构真空 [J]. 生态经济，2011 (07): 24-28, 37.

[95] 李曼．广州市某大学生活垃圾分类实施现况及其影响因素研究 [D]. 广州：暨南大学，2015.

[96] 曲英．城市居民生活垃圾源头分类行为的影响因素研究 [J]. 数理统计与管理，2011 (01): 42-51.

[97] 叶剑川．城市居民生活垃圾源头分类处理影响因素研究 [D]. 上海：上海交通大学，2015.

[98] 王笃明，王婷婷，葛列众．公众生活垃圾源头分类行为影响因素研究综述 [J]. 人类工效学，2016 (03): 75-79.

[99] 赵由才，李杭芬．中小城镇及农村地区生活垃圾问题分析 [J]. 水工业市场，2016 (6): 12-16.

[100] 张继鹏．我国农村环境管理体系研究 [D]. 泰安：山东农业大学，2009.

[101] 陆新元，熊跃辉，曹立平，等．对当前农村环境保护问题的研究 [J]. 环境科学研究，2006 (02): 115-119.

[102] 任晓冬，高新才．中国农村环境问题及政策分析 [J]. 经济体制改革，2010 (03): 107-112.

[103] 陈兴鹏．我国中小城镇垃圾处理现状及展望 [J]. 中国物价，2015 (07): 89-91.

[104] 张立秋．农村生活垃圾处理问题调查与实例分析 [M]. 北京：中国建筑工业出版社，2014.

[105] Zeng C, Niu D, Zhao Y. A comprehensive overview of rural solid waste management in China

[J]. Frontiers of Environmental Science & Engineering, 2015.

[106] De Feo G, De Gisi S. Public opinion and awareness towards MSW and separate collection programmes: A sociological procedure for selecting areas and citizens with a low level of knowledge [J]. Waste Management, 2010, 30 (6): 958-976.

[107] 梁增芳，肖新成，倪九派. 三峡库区农村生活垃圾处理支付意愿及影响因素分析 [J]. 环境污染与防治，2014 (09), 100-105, 110.

[108] Wang J, Han L, Li S. The collection system for residential recyclables in communities in Haidian District, Beijing: a possible approach for China recycling [J]. Waste Management, 2008, 28 (9): 1672-1680.

[109] Sembiring E, Nitivattananon V. Sustainable solid waste management toward an inclusive society: Integration of the informal sector [J]. Resources, Conservation and Recycling, 2010, 54 (11): 802-809.

[110] 何江南，何泽民. 农村废品回收也能形成大产业. 人民政协报，2015-02-02.

[111] 薛伟霞，郑金花，汤淑玲，等. 改进现有废品回收反向物流体系的初步思路——以厦门市思明区废品回收为例 [J]. 物流科技，2011 (02): 77-80.

[112] Gu B, Jiang S, Wang H, et al. Characterization, quantification and management of China's municipal solid waste in spatiotemporal distributions: A review [J]. Waste Management.

[113] 许碧君. 城市垃圾分类进展概述 [J]. 环境卫生工程，2012 (04): 31-33.

[114] 文一，郜志云，白辉，等. 地下水中病原菌及其快速检测技术研究进展 [J]. 中国环境监测，2014 (03): 132-139.

[115] 章也微. 从农村垃圾问题谈政府在农村基本公共事务中的职责 [J]. 农村经济，2004 (03): 89-91.

[116] 李颖，许少华. 我国农村生活垃圾现状及对策 [J]. 建设科技，2007 (07): 62-63.

[117] Liu T T, Wu Y F, Tian X, et al. Urban household solid waste generation and collection in Beijing, China [J]. Resources Conservation and Recycling, 2015, 104: 31-37.

[118] Yuan H, Wang L, Su F W, et al. Urban solid waste management in Chongqing: Challenges and opportunities [J]. Waste Management, 2006, 26 (9): 1052-1062.

[119] 王志国. 基于GIS技术的农村生活垃圾收集布点方法研究 [D]. 哈尔滨：东北林业大学，2013.

[120] 孙兴滨，王志国，刘丽娜，等. 基于GIS的农村生活垃圾收集布点方法研究 [J]. 哈尔滨商业大学学报（自然科学版），2013 (02): 167-170.

[121] 陆新元，熊跃辉，曹立平，等. 对当前农村环境保护问题的研究 [J]. 环境科学研究，2006 (02): 115-119.

[122] Zhao Youcai and Lou Ziyang. <Pollution Control and Resource Recovery: Municipal Solid Wastes at Landfill>, Elsevier Publisher Inc. 2017 (Oxford OX5 1GB, United Kingdom and Cambridge, MA 02139, United States)（生活垃圾卫生填埋及其污染控制与资源化）.

[123] Zhao Youcai. <Pollution Control and Resource Recovery: Municipal Solid Wastes Incineration Bottom Ash and Fly Ash >, Elsevier Publisher Inc. 2017 (Oxford OX5 1GB, United Kingdom and Cambridge, MA 02139, United States)（生活垃圾焚烧及其炉渣和飞灰污染控制与资源化）.

[124] Zhen Guangyin and Zhao Youcai. <Pollution Control and Resource Recovery: Sewage Sludge>,

Elsevier Publisher Inc. 2017 (Oxford OX5 1GB, United Kingdom and Cambridge, MA 02139, United States) (城市污泥污染控制与资源化).

[125] Zhao Youcai and Huang Sheng. <Pollution Control and Resource Recovery: Industrial Construction & Demolition Wastes>, Elsevier Publisher Inc. 2017 (Oxford OX5 1GB, United Kingdom and Cambridge, MA 02139, United States) (工业建筑废物污染控制与资源化).

[126] Zhao Youcai and Zhang Chenglong. < Pollution Control and Resource Reuse for Alkaline Hydrometallurgy of Amphoteric Metal Hazardous Wastes>, Springer International Publishing AG. 2017 (Gewerbestrasse 11 6330 Cham, Switzerland) (两性金属危险废物碱介质湿法冶金与污染控制和资源化).

[127] 赵由才. 固体废物处理与资源化技术 [M]. 上海: 同济大学出版社, 2015.

[128] 赵由才, 牛冬杰, 柴晓利, 等. 固体废物处理与资源化 [M]. 2版. 北京: 化学工业出版社, 2012.

[129] 赵由才, 等. 环境卫生工程丛书——可持续生活垃圾处理与处置 [M]. 北京: 化学工业出版社, 2007.

[130] 牛冬杰, 秦峰, 赵由才. 环境卫生工程丛书——市容环境卫生管理 [M]. 北京: 化学工业出版社, 2007.

[131] 王罗春, 赵爱华, 赵由才. 环境卫生工程丛书——生活垃圾收集与运输 [M]. 北京: 化学工业出版社, 2006.

[132] 柴晓利, 赵爱华, 赵由才. 固体废物处理与资源化丛书——固体废物焚烧技术 [M]. 北京: 化学工业出版社, 2005.

[133] 柴晓利, 张华, 赵由才. 固体废物处理与资源化丛书——固体废物堆肥原理与技术 [M]. 北京: 化学工业出版社, 2005.

[134] 赵由才, 龙燕, 张华. 固体废物处理与资源化丛书——生活垃圾卫生填埋技术[M]. 北京: 化学工业出版社, 2004.

[135] 陈善平, 赵爱华, 赵由才. 生活垃圾处理与处置 [M]. 郑州: 河南科学技术出版社, 2017.

[136] 宋立杰, 陈善平, 赵由才. 可持续生活垃圾处理与资源化技术 [M]. 北京: 化学工业出版社, 2014.

[137] 陆文龙, 崔广明, 陈浩泉, 等. 生活垃圾卫生填埋建设与作业运营技术 [M]. 北京: 冶金工业出版社, 2013.

[138] 牛冬杰, 魏云梅, 赵由才. 中国市长培训教材——城市固体废物管理 [M]. 北京: 中国城市出版社, 2012.

[139] 张益, 赵由才. 生活垃圾焚烧技术 [M]. 北京: 化学工业出版社, 2000.

[140] 赵由才, 宋玉. 生活垃圾处理与资源化技术手册 [M]. 北京: 冶金工业出版社, 2007.

[141] 楼紫阳, 赵由才, 张全. 渗滤液处理处置技术与工程实例 [M]. 北京: 化学工业出版社, 2007.